高等职业教育电子信息类系列教材

现代电子工艺

（第二版）

李晓虹　田子欣　编著

西安电子科技大学出版社

内 容 简 介

本书以培养学生从事实际工作的综合职业能力和综合职业技能为目的,本着理论联系实践、仿真与实际操作并用、会做与能写会画相结合的原则,注重知识的实用性、针对性和综合性,注重专业操作技能的训练与综合职业素质的培养,同时反映了电子工艺的新技术、新动向,有利于学生的可持续发展。

全书分为三篇:上篇"电子工艺基础知识"包括常用电子仪器仪表的使用、常用电子材料、常用电子元器件三章;中篇"电子产品装配工艺"包括常用技术文件、电子产品安装工艺基础、线材加工与连接工艺基础、电子部件装配工艺、表面组装技术(SMT)、电子整机总装与调试工艺、检验与包装工艺七章;下篇"电子工艺实验与综合实训"包括电子工艺基础实验、电子工艺综合实训两章。书中所有实例、实验及综合实训都具有很强的可操作性,均可通过实际操作或仿真完成,且对实验设备的要求不高,适用面较广。

本书可作为高等职业院校应用电子技术、电子信息工程技术、通信技术等专业的教材,也可作为学生电子兴趣小组学习电子制作的指导用书,亦可供从事电子信息技术相关工作的工程技术人员参考。

图书在版编目(CIP)数据

现代电子工艺/李晓虹编著. —2 版. —西安:西安电子科技大学出版社,
2022.5(2025.4 重印)
ISBN 978 - 7 - 5606 - 6420 - 0

Ⅰ. ①现… Ⅱ. ①李… ②田… Ⅲ. ①电子技术—高等职业教育—教材 Ⅳ. ①TN

中国版本图书馆 CIP 数据核字(2022)第 048240 号

策   划   秦志峰
责任编辑   秦志峰
出版发行   西安电子科技大学出版社(西安市太白南路 2 号)
电   话   (029)88202421 88201467   邮   编   710071
网   址   www.xduph.com   电子邮箱   xdupfxb001@163.com
经   销   新华书店
印刷单位   陕西天意印务有限责任公司
版   次   2022 年 5 月第 2 版   2025 年 4 月第 2 次印刷
开   本   787 毫米×1092 毫米   1/16   印张   14.5
字   数   341 千字
定   价   39.00 元
ISBN 978 - 7 - 5606 - 6420 - 0
XDUP 6722002 - 2

* * *如有印装问题可调换* * *

前　　言

　　"现代电子工艺"是高等职业院校应用电子技术、电子信息工程技术、通信技术等专业必修的一门专业综合能力训练课程，目的是为电子产品整机生产企业培养具有产品装配、调试、检验与维修等能力的高端技能型专门人才。

　　本书是高等职业教育课程教学改革的成果。为了满足高等职业教育培养高端技能型专门人才的教学需要，本书的编写注重融入自己的独特风格，将教师多年的教学经验总结升华，体现"教、学、做、画、写"多元一体的课程教学组织模式，实现理论与实践教学相融合，并在教学过程中引入 Proteus 仿真实验、工艺视频等现代教学技术手段。教学内容与当今企业的实际应用紧密结合，既强调传统工艺基础知识，又引入表面组装等新知识、新技术、新工艺，注重学生专业操作技能的训练与综合素质的培养。实际技能操作以元器件检测与应用、电路板装配为基础，以故障分析与处理、PCB 识图为重点，且每个实验及实训课题都可进行实际的操作与制作。在教学的过程中引导学生积极思考，注重学生创新能力的培养，提倡同一课题任务的研究结果能够百花齐放；实验实训内容充实，除完成课程教学之外，留有足够的扩展空间及实训课题供学生课外自我提高，从而将课程教学由课内延伸到了课后，这一切充分体现了教材体系的完整性、先进性、针对性与适用性。

　　通过本书全部教学内容的学习与实践，学生能够获得电子工艺必要的基本理论、基本知识、基本技能及综合分析问题和解决问题的方法、能力，为学习后续专业知识以及今后从事工程技术工作打下坚实的基础。

　　通过本书全部教学内容的学习与实践，学生可以掌握电子整机生产中装配准备、装联、总装、调试、检验、包装等工艺；掌握电子整机装配工艺常用技术文件的识读、工艺文件的编制；能够正确检测和合理使用各类电子元器件，掌握电子电路分析与仿真、电路识图与绘图；掌握电路板元件布局、电路板布线；掌握电子电路故障分析与处理等技能，能熟练地运用电子仪器仪表检测元器件、电路和整机的工作状态或性能；掌握实验与实训报告的撰写方法。

　　此外，在学习本书内容的过程中，学生还可以培养根据项目任务制订、实施工作计划的能力，分析问题、解决问题的能力，沟通能力及团队协作精神，养成勇于创新、敬业乐业的工作作风，形成一定的社会责任感、质量意识、成本意识等。

本书为高职高专院校应用电子技术、电子信息工程技术、通信技术等专业的教学用书，不同的院校和专业选用本书时，可根据具体情况选取相关内容。

第二版对原书的基本框架未作大的调整。为了更好地开展实训教学，增加了一个综合实训课题，以供选用本书的学校根据实际情况选作。

全书共 12 章，由武汉工程职业技术学院李晓虹和三门峡职业技术学院田子欣编著。其中，第 2、6、10 章由田子欣编写，其他章节内容由李晓虹编写，全书由李晓虹统稿。本书配有 PPT 课件及工艺视频，可在出版社网站"本书详情"处免费下载或向作者索取，以方便教师教学或读者学习。

由于作者水平有限，书中不足之处在所难免，真诚地欢迎读者及时进行交流并予以指正。作者邮箱：292918392@qq.com。

编著者

2022 年 3 月

目　　录

上　篇　电子工艺基础知识

中　篇　电子产品装配工艺

上篇　电子工艺基础知识

第1章　常用电子仪器仪表的使用

【教学目标】
1. 掌握万用表的使用。
2. 掌握示波器的使用。
3. 掌握信号发生器的使用。
4. 了解兆欧表的使用。

1.1　万　用　表

万用表是电子电路安装与调试过程中使用最多的仪表。它一般以测量电阻、电压和电流为主要目的，同时具有测量电容、电感、晶体三极管直流电流放大系数等功能，由于用途广泛而被称为万用表。

万用表按指示方式可分为模拟式和数字式两大类。模拟式万用表以指针的形式指示测量结果，它由指示部分（磁电系表头）、测量电路和转换装置三部分组成；数字式万用表以数字的方式显示测量结果，可以自动显示测量数值及正、负极性，读数十分方便。

1.1.1　MF47 型万用表

1. MF47 型万用表的技术性能指标

电压灵敏度和欧姆表的中值电阻是万用表的两个重要指标。电压灵敏度以每伏的内阻表示，单位为 Ω/V 或 $k\Omega/V$。电压灵敏度越高，取自被测电路的电流越小，对被测电路正常工作状态的影响就越小，测量电压也越准确。中值电阻是当欧姆表的指针偏转至刻度的几何中心位置时所指示的电阻值，其数值正好等于该量程欧姆表的总内阻值。欧姆表标度的不均匀性，使欧姆表的有效测量范围仅局限于基本误差较小的刻度中央部分，它一般对应于 $0.1\sim10$ 倍的中值电阻，因此测量电阻时应合理选择量程，使指针尽量靠近中心处（满刻度的 $1/3\sim2/3$ 之间），确保所测阻值准确。

2. 面板部件功能

MF47 型万用表面板如图 1-1 所示，面板上半部分是表头，表头中有红、绿、黑三种刻度线；表头下方是欧姆调零电位器旋钮（右）、h_{FE} 测量插孔（左）以及量程选择开关（用于选择测量项目和测量范围）；面板左下方有两个常用的表笔插孔，标有"＋"的插孔插红表笔，标有"－"及"COM"的公共插孔插黑表笔；面板右下方也有两个表笔插孔，其中标有"5 A"的为大电流测量插孔，红表笔插入该插孔时可测量 $500\text{ mA}\sim5\text{ A}$ 的直流电流，标有"2500 V"的为高电压测量插孔，红表笔插入该插孔时在直流 1000 V 或交流 1000 V 挡可

测量交、直流 1000～2500 V 高压；在 10 V 交流电压挡处有"C. L. dB"标识，用于外加
50 Hz、10 V 交流电压时测量电容、电感及电平值。面板下方正中还有一个表头机械调零
旋钮，用于机械调零。

图 1-1　MF47 型万用表

3. 使用方法

（1）机械调零。使用万用表前，需先调节机械调零旋钮，使指针指到零位。

（2）测量电压。量程选择开关旋至合适的电压量程，如果不能估计被测电压的大约数
值，应先选择最大量程"1000 V"，经试测后再确定适当量程。测量电压时，要分清交、直流
电压量程。测量交、直流 2500 V 时，量程选择开关应分别旋至交流 1000 V 或直流 1000 V
挡位，红表笔插入"2500 V̰"专用插孔，黑表笔插入"COM"插孔，而后将红、黑表笔跨接于
被测电路两端。注意：测量直流电压时，黑表笔应接低电位点，红表笔应接高电位点。测量
电压时，应在指针偏转较大的位置进行读数，以减小测量误差。

（3）测量直流电流。量程选择开关旋至合适的直流电流挡，红表笔串入电路的高电位
点，黑表笔串入电路的低电位点，切不可将电流表跨接于电路中，防止烧坏表头。当测量
500 mA～5 A 电流时，万用表红表笔应插在"5 A"插孔内，量程选择开关置于 500 mA 直
流电流量程挡。测量直流电流时，应在指针偏转较大的位置进行读数，以减小测量误差。

（4）测量电阻。量程选择开关旋至适当的电阻挡，先将红、黑表笔短接，调节欧姆调零
电位器使指针指向欧姆刻度线的"0 Ω"处（满偏），然后将表笔接至被测电阻两端，使表针
指示在欧姆刻度线的中部进行读数。注意：测量小阻值电阻时，要使表笔与电阻接触良好，
测量大阻值电阻时，要防止两手或其他物体造成旁路，影响测量结果；每次转换量程都应

重新进行欧姆调零后再测量；测量电路中的电阻时，应先切断电源，如电路中有电容则应先行放电，严禁在带电线路上测量电阻，因为这样做实际上是把欧姆表当作电压表使用，极易使电表烧毁；测量电解电容器的漏电电阻时，可转动量程选择开关至 $R×1\ kΩ$ 挡，红表笔接电容器负极，黑表笔接电容器正极。

（5）测量音频电平。测量方法同测量交流电压一样，读数时观察面板最下方标有"dB"字样的刻度线。测量音频电平时，量程选择开关旋至交流"10V"挡，此时可以直接读数。如果音频电平很高，可将量程选择开关旋至交流 50 V、250 V、500 V 挡，测量结果应在 dB 刻度线读取数值基础上分别加上 +14 dB、+28 dB 和 +34 dB。如被测电路中带有直流电压成分，可以在"+"表笔中串接一个 $0.1\ μF$ 的隔直电容器。

（6）二极管极性判别。测试时选电阻 $R×100\ Ω$ 挡或 $R×1\ kΩ$ 挡，测得阻值小时黑表笔所接的引脚为正极（MF47 型万用表的电阻挡中，红表笔为低电位极，黑表笔为高电位极）。

（7）三极管直流电流放大系数 h_{FE} 值的测量。先转动量程选择开关至 ADJ 挡位，将红、黑表笔短接，调节欧姆调零电位器，使指针对准 h_{FE} 刻度线最大值（0 Ω）处，然后将量程选择开关旋至 h_{FE} 挡位，将要测的三极管引脚分别插入相应的三极管测试座的 e、b、c 孔内，指针偏转所示数值约为三极管直流电流放大系数 h_{FE} 值。标有"N"的插孔用于 NPN 型三极管，标有"P"的插孔用于 PNP 型三极管。

4. 使用注意事项

（1）在使用万用表之前，应先进行机械调零，即在没有被测电量时，使万用表指针指在零电压或零电流的位置上。

（2）遵守"临测检查"原则。要在每次临测前坚持检查是否"孔插对、挡拨对、笔接对"。其中："孔插对"有两个意思，一是两表笔插头是否插进该插的孔，二是笔与孔的正、负不应颠倒；"挡拨对"是指测电路中的什么参数，就要对应相应挡位；"笔接对"是指表笔的正、负与被测电路的电位高、低应相对应（红表笔接高电位，黑表笔接低电位）。有这"三对"后才能接入测量。严禁用电流挡、电阻挡去测量电压。

（3）遵守"单手操作"原则。如单手用握筷姿势握住两笔测量，测量间隔远的两个点时，可用鳄鱼夹固定一支表笔，单手持另一笔测量。测量高压时，应单手操作，注意安全。

（4）遵守"未知用大"的原则。测未知电压或电流时，应选择最高量程挡，待测出粗值后，方可变换量程以准确测量。测量各电量时，遵守"不超极限"的原则。

（5）遵守"测不换挡"原则。在测量某一电量时，不能在测量的同时换挡，尤其是在测量高电压或大电流时更应注意。否则，会使万用表毁坏。如需换挡，应先断开表笔，换挡后再去测量。

（6）选择合适的量程挡后，测量时应用表笔触碰被测试点，同时观察指针的偏转情况。如果指针急剧偏转并超过量程或反偏，应立即抽回表笔，查明原因，予以改正。

（7）所使用的电阻挡挡位应尽量使指针指在刻度中部或中部偏右的区域，这时测量更准确些。有反射镜的表，应看到指针"物像重合"才读数；而无反射镜的表，则应让视线在指针所指刻度处垂直于表面读数。

（8）万用表使用完毕，应将量程选择开关置于交流电压的最大挡位。定期检查、更换电池，以保证测量精度。如果长期不使用，应取出电池，以免电池腐蚀表内其他器件。

（9）当发生过载而烧断熔断器时，可打开表盒更换相同型号的熔断器（通常为 0.5 A）。

1.1.2　MY - 61型数字万用表

MY - 61型万用表是一种数字式仪表，与一般指针式万用表相比，该表具有测量精度高、显示直观、可靠性好、功能全等优点。另外，它还具有自动调零和极性显示、超量程显示、低压指示等功能，装有快速熔丝管过流保护电路和过压保护元件。

1. MY - 61型数字万用表面板结构

MY - 61型数字万用表面板结构如图1 - 2所示。

（1）电源开关（AUTO POWER OFF）：按键按下时，电源接通；按键弹起时，电源断开。

（2）功能量程选择开关：用于测量功能和量程的选择。

（3）输入插孔：共有四个输入插孔，分别标有"V·Ω""COM""mA"和"10A"。其中，"V·Ω"和"COM"两个插孔间标有"CAT Ⅲ 600 V　CAT Ⅱ 1000 V"字样，表示从这两个插孔输入的交流电压不能超过600 V（有效值），直流电压不能超过1000 V。此外"mA"和"COM"两个插孔之间标有"200 mA MAX"，"10 A"和"COM"两个插孔之间标有"20 A 15SEC MAX"，它们均表示由插孔输入的交、直流电流的最大允许值。其中"20 A 15SEC MAX"表示最大输入电流为20 A的时间不能超过15 s。测试过程中，黑表笔固定于"COM"不变，测量电压或电阻时，红表笔置于"V·Ω"，测量电流时置于"mA"或"10 A"。

（4）h_{FE}插座为8孔插座，标有B、C、E字样，其中E孔有两个，它们在内部是连通的，该插座用于测量晶体三极管的h_{FE}参数。

图1 - 2　MY - 61型数字万用表

（5）液晶显示器用于显示测量的数值和极性。该仪表可自动调零和自动显示极性。当仪表所用的 9 V 层叠电池的电压低于 7 V 时，低压指示符号被点亮，提醒更换电池以保证测量精度；极性指示是指被测电压或电流为负时符号"—"点亮，为正时极性符号不显示。最高位数字兼作超量程指示"1"。

2. MY－61 型数字万用表的使用方法

（1）测量电压。红表笔插入"V·Ω"插孔，黑表笔插入"COM"插孔，将功能量程选择开关拨到"V═"或"V～"区域内适当的量程挡位，即可进行直流或交流电压的测量。使用时将表与被测电路并联。注意：由"V·Ω"和"COM"两个插孔输入的直流电压最大值不得超过对应量程的允许值。另外，应注意所测交流电压的频率在 40～400 Hz 范围内。

（2）测量电流。红表笔插入"mA"插孔（被测电流小于 200 mA）或插入"10 A"插孔（被测电流大于 200 mA），黑表笔插入"COM"插孔，将功能量程选择开关拨到"A═"区域内适当的量程挡位，即可进行直流电流的测量。使用时应注意由"mA""COM"两个插孔输入的直流电流不得超过 200 mA。将功能量程选择开关拨到"A～"区域内适当的量程挡位，即可进行交流电流的测量，其余操作与测直流电流时的相同。

（3）测量电阻。红表笔插入"V·Ω"插孔，黑表笔插入"COM"插孔，将功能量程选择开关拨到"Ω"区域内适当的量程挡位，即可进行电阻阻值的测量。精确测量电阻时应使用低阻挡（如 20Ω），将两表笔短接测出两表笔引线电阻，并据此值修正测量结果。为避免仪表或被测设备的损坏，测量电阻前，应切断被测电路的所有电源，并将所有高压电容器放电。

（4）测量二极管。红表笔插入"V·Ω"插孔，黑表笔插入"COM"插孔，将功能量程选择开关拨到二极管挡，即可进行测量。红表笔为高电位极、黑表笔为低电位极，两表笔的开路电压为 2.8 V（典型值）。测量时，红表笔接二极管正极、黑表笔接二极管负极时为二极管正向接入，锗管应显示 0.15～0.3 V，硅管应显示 0.55～0.7 V；当二极管反向接入时，显示超量程指示"1"。

（5）测量三极管。将功能量程选择开关拨到"h_{FE}"挡，并将三极管的三个引脚分别插入 h_{FE} 插座"NPN"或"PNP"位置对应的孔内，再打开电源开关，即可进行测量。由于被测管工作于低电压、小电流状态（未达额定值），因而测出的 h_{FE} 值仅供参考。

（6）测量电容。将功能量程选择开关拨到"F"区域内适当的量程挡位，即可进行电容容量的测量。测量时，将电容的两个引脚分别插入"Cx"插座的插孔内。注意：MY－61型数字万用表所能测量的最大电容值为 20 μF，超过量程时显示超量程，指示"1"。

（7）检查线路通断。红表笔插入"V·Ω"插孔，黑表笔插入"COM"插孔，将功能量程选择开关旋至蜂鸣器挡（与二极管挡为同一挡位），测量线路时，若被测线路电阻低于规定值（20 Ω±10 Ω），则蜂鸣器会发出声音，表示线路是通的。

3. MY－61 型数字万用表使用注意事项

（1）后盖没有盖好前严禁使用，否则有电击危险。

（2）使用前应检查表笔绝缘层完好，无破损及断线。

（3）使用前注意测试表笔插孔旁的符号"⚠"，这是提醒测试电压和电流不要超出指示数字。测量前，量程开关置于对应量程。

（4）严禁在测量时任意改变量程开关挡位。

（5）在被测电压高于 DC 60 V 和 AC 36 V 的场合，均应小心谨慎，防止触电。

（6）为延长电池的使用寿命，在每次测量结束后，应立即关闭电源。若欠压符号点亮，应及时更换电池。

1.2 示 波 器

示波器可将电信号转换为可以观察的视觉图形，是用于观察电信号波形的电子仪器。利用示波器可测量周期性信号波形的周期（或频率）、脉冲波形的脉冲宽度和前后沿时间、同一信号任意两点间的时间间隔、同频率两正弦信号间的相位差等多种电参量，若借助传感器还可以测量非电量。

示波器可分为模拟式示波器和数字式示波器两大类。模拟式示波器以连续方式将被测信号显示出来。数字式示波器首先将被测信号抽样和量化，变为二进制信号存储起来，再从存储器中取出信号的离散值，通过算法将离散的被测信号以连续的形式在屏幕上显示出来。

1.2.1 SR-8型双踪示波器

1. SR-8型双踪示波器面板

各种示波器的面板旋钮和开关的功能大同小异，高档示波器由于功能较多，相应的旋钮和开关也会多一些，而低档示波器的旋钮则相应少一些。

SR-8型双踪示波器面板如图1-3所示。

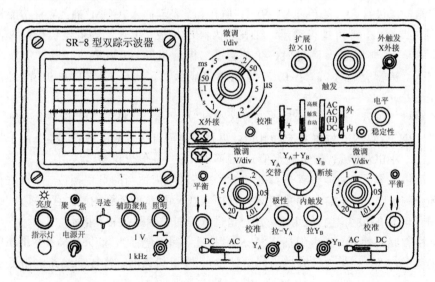

图1-3 SR-8型双踪示波器面板

面板上各旋钮和开关的功能如下：

1）基本旋钮和开关

（1）亮度——调整显示波形的亮度。

（2）聚焦和辅助聚焦——调整波形的清晰度。

（3）照明——屏幕背景照明，主要用于看清屏幕上的标尺刻度线。

（4）寻迹——当显示波形偏移出屏幕时，按下此按键可以看到显示波形。

（5）校准信号输出插座——采用 BNC 型。校准信号由此插座输出。

2）X 轴旋钮和开关

（1）"微调 t/div"——水平扫描速度开关，用来调节 X 轴扫描信号的周期。此开关采用套轴结构，其黑色波段旋钮的刻度单位为 s/div、ms/div、μs/div（时间/格），表示示波器屏幕上 X 轴方向每一格代表的时间。当红色微调旋钮按顺时针方向转至满度，即"校准"位置时，黑色波段旋钮所指示的标称值可被直读为扫描速度值。

（2）X 轴位移（⇌）——用来调节显示信号在 X 轴方向的位置。

（3）"扩展 拉×10"——扫速扩展开关。按下此开关时为常态，拉出时相当于 X 轴扫速放大 10 倍，放大后的允许误差也相应增加。

（4）触发方式选择——有"高频""触发""自动"三个位置。一般情况下可置于"自动"或"触发"位置，"高频"则更适合用于观察高频信号。

（5）触发源选择——有"内""外"两个位置，一般情况下放在"内"位置。选择"内"触发源时，扫描触发信号取自 Y 轴通道的被测信号；在"外"的位置上时，触发信号取自外来信号源，取自"外触发 X 外接"输入端的触发信号。

（6）触发耦合方式选择——有"AC""AC（H）""DC"三个位置，一般情况下放在"AC""DC"均可。"AC"触发形式属交流耦合状态，其触发性能不受直流分量的影响；"AC（H）"其触发形式属低频抑制状态；"DC"其触发形式属于直流耦合状态，可用于对变化缓慢的信号进行触发扫描。

（7）"＋ －"——触发极性开关，用以选择触发信号的上升沿或下降沿来对扫描进行触发控制。"＋"扫描是以触发输入信号波形的上升沿进行触发使扫描启动的，"－"扫描是以触发输入信号波形的下降沿进行触发使扫描启动的。

（8）"电平"——用于选择输入信号波形的触发点，使在某一所需的电平上启动扫描。当触发电平的位置越过触发区域时，扫描将不启动，屏幕上无被测波形显示。

（9）"稳定性"——用以调节扫描电路的工作状态，使达到稳定的触发扫描。调准后无需经常调节。

3）Y 轴旋钮和开关

（1）输入耦合方式——有三个位置："AC"允许被测信号交流成分进入，此时示波器显示的波形为被测信号的交流成分的波形；"DC"则允许交流和直流合成信号进入，示波器显示的波形是被测信号的合成波形；"⊥"则表示被测信号不能进入示波器，当然也就不会有波形显示。一般情况下应放在"AC"位置。但在观察矩形波脉冲信号时，最好放在"DC"位置。

（2）"微调 V/div"——Y 轴灵敏度选择开关，用来调整显示波形在 Y 轴方向的幅度大小。此开关采用套轴结构，其黑色波段旋钮是粗调装置，指示的数值表示屏幕上 Y 轴方向每一格代表的电压值。红色微调旋钮是用以连续调节输入信号增益的细调装置。在作定量测试时，此红色旋钮应处在顺时针满度的"校准"位置上，再按黑色波段旋钮所指示的标称值读取被测信号的幅度值。

（3）Y 轴位移（↕）——调整显示波形在 Y 轴方向的位置。

（4）显示方式：

Y_A——只显示 Y_A 通道输入信号的波形。

Y_B——只显示 Y_B 通道输入信号的波形。

$Y_A + Y_B$——将 Y_A 和 Y_B 通道输入信号波形叠加后显示。

交替、断续——均为双踪显示模式。交替方式比较适合观察高频信号，断续方式则比较适合观察低频信号。

(5)"极性　拉- Y_A"——拉出时可以将 Y_A 通道信号反相。在这种情况下，$Y_A + Y_B$ 显示两信号相减的波形，即 $Y_B - Y_A$ 的波形。

(6)"内触发　拉 Y_B"——用来选择内触发源。按下时为常态，扫描的触发信号取自经电子开关后 Y_A 及 Y_B 通道的输入信号；拉出时，扫描的触发信号只取自于 Y_B 通道的输入信号，通常适用于有时间关系的双踪信号的显示。

(7) Y 轴输入插座(Y_A 及 Y_B)——采用 BNC 型。被测信号由此经探头输入。

2. 使用方法

将被测信号输入到 Y_A 或 Y_B 端，此时示波器的屏幕上可能出现三种情况：一种情况是显示出相应的波形，另一种情况是显示一条垂直亮线，第三种情况则是什么都不显示或只有一个小亮点。对于第一种情况，只需适当调节 Y 轴灵敏度、Y 轴位移，使波形易于观察即可。第二种情况说明信号已输入到示波器，但扫描电路没有工作，此时可以调节"电平"旋钮使波形出现。第三种情况，原因较复杂。可能是被测信号没有进入示波器的输入端；也可能是被测信号幅度太小，此时可调节 Y 轴灵敏度旋钮；还有一种可能是 X 轴和 Y 轴位移旋钮位置不合适，此时可适当调节 X 轴和 Y 轴位移旋钮。

在用示波器进行测量时，应将 X 轴扫描速度的红色微调旋钮置于"校准"位置（测量频率、周期和时间时），Y 轴灵敏度的微调旋钮也要置于"校准"位置（测量信号的幅度时）。

图 1-4 为示波器显示的两个同频不同相的信号波形。设此时 Y_A 和 Y_B 的灵敏度均为 2 V/div，扫描速度为 10 μs/div，则从图 1-4 中可以看出，信号的周期为 80 μs，两信号的相位差为 90°，信号的峰-峰电压 $U_{p\text{-}p}$ 为 12 V。

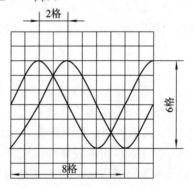

图 1-4　两个同频不同相波形的显示

3. SR-8 型示波器的读数

(1) X 轴扫速开关上微调旋钮顺时针方向转至满度即为"校准"位置，此时可读数。

$$周期(T) = \frac{\text{一个周期的水平距离(格)} \times \text{水平扫描速度挡位值(时间/格)}}{\text{水平扩展倍数}}$$

注：若示波器"拉×10"按钮置拉出位，则水平扩展倍数为 10；若示波器"拉×10"按钮置非拉出位，则水平扩展倍数为 1。

(2) Y 轴灵敏度选择开关上微调旋钮顺时针方向转至满度即为"校准"位置，此时可读数。

被测信号峰-峰电压 U_{p-p}＝垂直方向的格数×垂直灵敏度挡位值(电压/格)

$$×探头衰减倍数$$

注：若示波器的测量探头置"×10"位，则探头衰减倍数为10；若示波器的测量探头置"×1"位，则探头衰减倍数为1。

（3）应用举例。

例：用示波器观测实验台上低压交流电源～6 V挡输出的正弦波。

低压交流电源置～6 V交流电压挡，先用万用表测量此时的交流电压值，则所测值为交流电压的有效值，记录所测值；再用示波器观测该低压交流电源输出的正弦波，正确读数，读出峰-峰值、周期，进而计算出有效值、频率。比较用万用表测量的交流电压值与示波器测量的交流电压值是否很接近，看看示波器测量的交流电的频率是否为50 Hz，如果相差很大，可能有以下原因：

① 用示波器读数时，"V/div"微调的红色旋钮、"t/div"微调的红色旋钮没有置于"校准"的挡位，从而造成读数错误。

② 示波器的测量探头置"×10"位时，使得测量结果衰减10倍，而读数时却没注意这个因素。通常示波器的测量探头置"×1"位时，方可不用换算直接读数。

③ 用示波器读数时，"V/div"波段开关或"t/div"波段开关的挡位已经错位，从而造成读数错误。

④ 仪器本身误差较大(探头或示波器质量较差)。

1.2.2　TDS1002型数字示波器

通过数字示波器可以直观地观测被测电路的波形，包括形状、幅度、频率(周期)、相位，还可以对两个波形进行比较，从而迅速、准确地找到故障原因。

1. TDS1002型数字示波器面板

TDS1002型数字示波器面板如图 1-5 所示，面板上各操作旋钮和按键如图 1-6 所示。

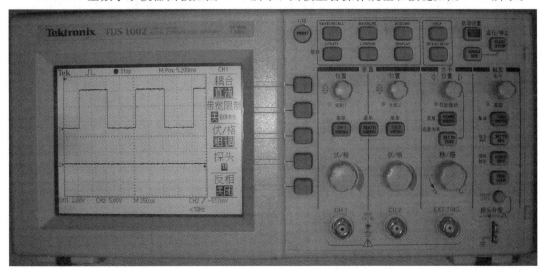

图 1-5　TDS1002 型数字示波器面板

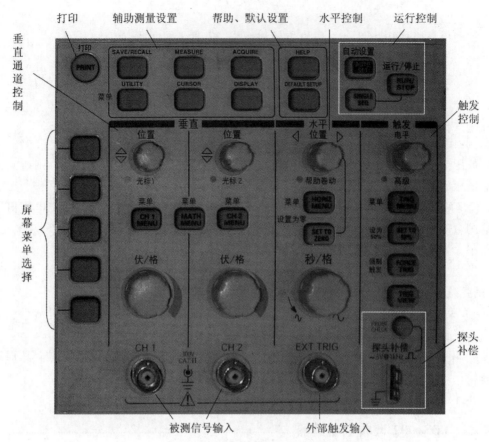

图 1-6　TDS1002 型数字示波器操作旋钮和按键

（1）电源开关：在示波器的顶部，控制示波器电源的通断。

（2）屏幕：用于显示被测信号的波形、测量刻度以及操作菜单。

屏幕菜单选择按键：屏幕菜单选择按键共 5 个，根据屏幕显示选择相应的选项。

（3）探头补偿：

① 5V@1 kHz ⎍：提供 1 kHz 5 V 的方波校准信号，用于示波器的自检。

② PROBE CHECK：探头检查，用于调节探头补偿。

（4）垂直通道控制：用于选择被测信号通道，控制被测信号在 Y 轴方向的大小或位置。

① 位置：调节波形上、下移动。

② CH1 MENU：通道 1 菜单，用于显示/关闭 CH1 通道波形。

③ CH2 MENU：通道 2 菜单，用于显示/关闭 CH2 通道波形。

④ 伏/格：调整所选波形的垂直刻度系数。

⑤ MATH MENU：运算菜单，用于显示所选波形及运算类型。

（5）被测信号输入插座：用于连接输入探头，以便输入被测信号，有 CH1 和 CH2 两路。

（6）水平控制：用于控制显示的波形在 X 轴方向的变化。

① 位置：调节波形左、右移动。

② HORIZ MENU：水平视窗菜单，用于调节水平视窗及释抑电平。

③ SET TO ZERO：设置相对于已采集波形的触发点到中点。

④ 秒/格：调整所选波形的水平刻度系数。

(7) 触发控制：用于控制显示的被测信号的稳定性。

① 电平：调节触发电平。

② TRIG MENU：触发菜单，用于调节触发功能。

③ SET TO 50%：设置触发电平至中点。

④ FORCE TRIG：强制进行一次立即触发事件。

⑤ TRIG VIEW：触发线，显示垂直触发点位置。

(8) EXT TRIG：外部触发输入端，使用 TekProbe 界面进行外部触发输入。

(9) 运行控制。

① AUTO SET：自动设置垂直、水平和触发器控制器以获得稳定的波形显示。

② SINGLE SEQ：一次单脉冲采集设置触发参数至正确位置。

③ RUN/STOP：启动连续采集波形或停止采集。

注意：在停止状态下，对于波形垂直挡位和水平时可在一定的范围内进行调整，即可对信号进行水平或垂直方向上的扩展。

(10) 辅助测量设置：提供显示方式、测量方式、光标方式、采样频率、应用方式等选择。

① SAVE/RECALL：存储/调出，存储波形到内存或软盘以及取回波形。

② MEASURE：执行自动化的波形测量。

③ ACQUIRE：采样设置。

④ UTILITY：激活系统工具功能，如选择语言。

⑤ CURSOR：激活光标，测量波形参数。

⑥ DISPLAY：改变波形外观和显示。

(11) 帮助、默认设置。

① HELP：激活帮助系统。

② DEFAULT SETUP：恢复出厂设置。

(12) 打印 PRINT：打印机设置。

2. 示波器基本操作

1) 功能检查

(1) 打开电源，等待确认所有自检通过。

(2) 探头检查。在首次将探头与任一输入通道连接时，需进行此项调节，使探头与输入通道相配。未经补偿或补偿偏差的探头会导致测量误差或错误。

① 将探头上的衰减开关置"×1"(或"×10")挡并将探头连接器与示波器的 CH1 或 CH2 连接，将探头端部连接至 PROBE CHECK 下方的探头补偿 5V@1 kHz 终端，将基准导线连接到接地终端。

② 按下 CH1 MENU(CH1 菜单)，按下屏幕菜单选择按键将"探头"选项设置为"1×"(或"10×")，注意与探头衰减开关所选保持一致。

③ 按下 AUTO SET 按键，在显示屏上会显示一个方波(约 5 V，1 kHz)。

④ 检查所显示波形的形状。若屏幕显示的波形如图 1-7(a)、(b)所示，则为过度补偿和补偿不足，用无感一字起调整探头上的可变电容，直到屏幕显示的波形如图 1-7(c)所

示的"正确补偿"波形为止。

(a) 过度补偿　　　　　　(b) 补偿不足　　　　　　(c) 正确补偿

图 1-7　三种补偿情况

2）电压、周期的测量

（1）将探头连接器与示波器的 CH1 被测信号输入插座连接，并将探头上的衰减开关置"×1"挡。

（2）将通道选择置 CH1，耦合方式置 DC 挡。

（3）将探头端部与被测信号两输出端相连，按下"AUTO SET"键，此时示波器屏幕出现被测信号光迹。

（4）调节垂直旋钮和水平旋钮，使屏幕显示的波形稳定，按下"RUN/STOP"键，保存所测波形。

（5）读出被测信号的电压、周期。

$$周期(T) = 1 个周期的水平距离（格）×水平刻度系数（秒/格）$$

被测信号峰-峰电压 U_{p-p} = 垂直方向的格数×垂直刻度系数（伏/格）×探头衰减倍数

注：若示波器的测量探头置"×10"挡，则探头衰减倍数为 10；若示波器的测量探头置"×1"挡，则探头衰减倍数为 1。

3）两个信号的测量

通过 CH1 MENU、CH2 MENU 按键激活两个通道来进行测量，测量设置与一个通道的测量相同。

1.3　信号发生器

信号发生器能产生一定频率范围的信号。信号发生器类型很多，按频率和波段可分为低频、高频、脉冲信号发生器等。下面以天煌实验台上的数控智能信号发生器为例介绍信号发生器的使用。

数控智能信号发生器有两处不同波形的输出口，其中 A 口可输出正弦波、三角波及锯齿波，B 口可输出矩形波、四脉方列及八脉方列。

（1）要选用 A 口波形时，按下"A 口"按钮，要选用 B 口波形时，按下"B 口/B↑"或"B 口/B↓"按钮。

（2）"波形"按钮用于切换要输出的波形。

（3）频率调节。按下"粗↑""中↑""细↑"键或"粗↓""中↓""细↓"键可精确调整输出波形的频率。

（4）幅度调节。通过"细调"旋钮将输出波形的幅度调至所需数值。

注意：按下"20 dB"按钮时，幅度衰减为原始状态的 1/10；按下"40 dB"按钮时，幅度衰减为原始状态的 1/100；按下"20 dB"＋"40 dB"按钮时，幅度衰减为原始状态的 1/1000。

（5）当选择矩形波形时，按下"脉宽"按钮可选择占空比（1∶1、1∶3、1∶5、1∶7）。

（6）四脉方列、八脉方列这两种波形固定，频率不可调。

1.4 兆 欧 表

兆欧表又称摇表，是用来测量设备的绝缘电阻和高值电阻的仪表，它由一个手摇发电机、表头和三个接线柱（即 L 线路端、E 接地端、G 保护环）组成。

1. 兆欧表的选用原则

（1）额定电压等级的选择。一般情况下，额定电压在 500 V 以下的设备，应选用 500 V 或 1000 V 的兆欧表；额定电压在 500 V 以上的设备，选用 1000～2500 V 的兆欧表。

（2）电阻量程范围的选择。兆欧表的表盘刻度线上有两个小黑点，小黑点之间的区域为准确测量区域。所以在选表时应使被测设备的绝缘电阻值在准确测量区域内。

2. 兆欧表的使用

（1）校表。测量前应对兆欧表进行一次开路和短路试验，检查兆欧表是否良好。将 L 端和 E 端开路，摇动手柄，指针应指在刻度尺"∞"处，再把 L 端和 E 端短接，指针应指在"0"处，符合上述条件者即良好，否则不能使用。

（2）被测设备与线路、电源断开，对于大电容设备还要进行放电。

（3）选用电压等级符合需要的兆欧表。

（4）测量绝缘电阻时，一般只用"L"和"E"端，但在测量电缆对地的绝缘电阻或被测设备的漏电流较严重时，就要使用"G"端，并将"G"端接屏蔽层或外壳。线路接好后，可按顺时针方向转动摇把，摇动的速度应由慢而快，当转速达到每分钟 120 转左右时（ZC-25型），保持匀速转动，表头示值稳定时读数，并且要边摇边读数，不能停下来读数。

（5）拆线放电。读数完毕，一边慢摇，一边拆线，然后将被测设备放电。放电方法是将测量时使用的地线从兆欧表上取下来与被测设备短接一下即可（不是兆欧表放电）。

3. 注意事项

（1）禁止在雷电时或高压设备附近测绝缘电阻，只能在设备不带电，也没有感应电的情况下测量。

（2）摇测过程中，被测设备上不能有人工作。

（3）兆欧表引线不能绞在一起，要分开。

（4）在兆欧表未停止转动之前或被测设备未放电之前，严禁用手触及。拆线时，也不要触及引线的金属部分。

（5）测量结束时，对大电容设备进行放电。

（6）定期校验兆欧表的准确度。

习 题 1

1. 简述指针式万用表的使用步骤和注意事项。

2. 简述数字式万用表的使用步骤和注意事项。

3. 示波器有何作用？使用探头应注意哪些问题？用示波器测量波形时，怎样正确读数？

第2章　常用电子材料

2.1　线　　材

2.1.1　线材的分类

常用线材分为电线和电缆两类。它们是电能或电磁信号的传输线。构成电线与电缆的核心材料是导线。

电线一般又分为裸线、电磁线、绝缘电线。按导线材料分为单金属丝(如铜丝、铝丝)、双金属丝(如镀银铜线)和合金线。按导线股数分为单股和多股。

电缆由数根绝缘导线或在单根或数根绝缘导线的外面根据具体情况和需要包上屏蔽层、绝缘层、保护层等而组成。电缆根据用途可分为如下四类：

(1) 电力电缆。电力电缆主要用于电力系统中电能的传输和分配。

(2) 电气装配用电缆。电气装配用电缆主要指电气设备用电缆。

(3) 带状电缆。带状电缆又称为排线，主要作为各类总线的连接导线，用于信号的传输。

(4) 通信电缆。通信电缆包括通信系统、有线广播系统、有线电视系统及网络传输系统中使用的各种通信电缆、射频电缆、光缆等，用于信号的传输。

下面介绍几种常用的传输线缆。

1) 同轴电缆

同轴电缆即单芯高频电缆，对外界有很强的抗干扰能力，其传输效率很高，适用于长距离和高频传输。

同轴电缆由导体、绝缘层、屏蔽层、护套组成，如图2-1所示。

(1) 导体：主要材料是铜线或铝线。

(2) 绝缘层：由绝缘材料组成，作用是防止通信电缆漏电和电力电缆放电。

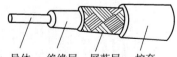

图2-1　同轴电缆结构示意图

(3) 屏蔽层：一般由细金属丝编织而成，也有采用双金属和多层复合屏蔽结构的。

(4) 护套：电缆线外包裹的物质称为护套。它主要起机械保护和防潮的作用，有绝缘层护套和金属铠装护套两种。有些电缆在绝缘层护套外面还加有钢带铠装、镀锌扁钢丝或镀锌圆钢丝铠装等铠装护套保护层。

2）双绞线

双绞线是一种最常用的网络传输介质。双绞线采用一对互相绝缘的金属导线绞合的方式来抵御部分干扰。双绞线电缆是将多对双线绞合的绝缘导线一起包在一个绝缘电缆套管里，典型的双绞线电缆有一对的，有四对的，也有更多对双绞线放在一个电缆套管里的，如图 2-2 所示。

双绞线分为屏蔽双绞线和非屏蔽双绞线。屏蔽双绞线的抗干扰性要优于非屏蔽双绞线，但由于屏蔽层给双绞线的驱动电路增加了容性阻抗，因此会影响网络段的最大长度。

图 2-2　双绞线

3）光缆

光缆的种类很多，根据缆芯结构划分主要有层绞式、束管式、骨架式、单元式等。光缆普遍用于各类光纤数字传输系统中，具有传输衰减小、频带宽、容量大、保密性能好、通信质量高、干扰小等特点。

光缆的核心材料是光纤，如图 2-3 所示。光纤利用全反射来传输经信号编码的光束，在发送端需要用单色光作为光源，并且经调制后送入光纤。在接收端需要把光信号转变成电信号。由于光纤依靠光来传送信号，因此避免了金属导线遇到的信号衰减、电容效应、串扰等问题，能可靠地

图 2-3　光缆

实现高效的数据传输，并且有极好的保密性。由于光信号不容易被分支，因此使用光纤作为传输介质主要用于两个节点间的点对点连接。光纤传输距离可高达 160 km。

4）市话通信电缆

全塑市话通信电缆是传输音频信号的对称电缆，如图 2-4 所示。市话通信电缆内有多对传输音频信号的绝缘导线，有的多达几百甚至上千对，因此为了便于识别与安装，此类电缆内的绝缘导线均为色码线，即有 5 个主色，顺序分别为白、红、黑、黄、紫，每个主色里面又包括 5 种次色，顺序分别为蓝、橙、绿、棕、灰，组成的线对 1～25 对的排序（主色次色）为白蓝、白橙、白绿、白棕、白灰；红蓝、红橙、红绿、红棕、红灰；……紫蓝、紫橙、紫绿、紫棕、紫灰。每 25 对用色谱扎带扎好，扎带的色谱排序（次色主色）为蓝白、橙白、绿白、棕白、灰白、蓝红、橙红、绿红……

图 2-4　市话通信电缆

2.1.2　线材的选用

1. 电路条件

（1）允许电流。允许电流指常温下导线正常工作时的最大电流值，实际工作电流应小于允许电流。

（2）导线电阻的压降。导线很长时，要考虑导线电阻对电压的影响。

（3）额定电压。导线实际工作电压应小于额定电压。

（4）使用频率与高频特性。对不同的频率选用不同的线材，要考虑高频信号的趋肤效应。如果电路的频率较高，应选用高频电缆。为减小趋肤效应，可选用粗裸铜线或铜管。

（5）特性阻抗。在射频电路中选用射频电缆时，应注意阻抗匹配。

（6）屏蔽。当信号较小、相对于信号电平的外来噪声不可忽略时，应选用屏蔽线。

2. 环境条件

（1）温度。温度会使电线的覆层变软或变硬。

（2）耐老化性。一般情况下线材不要与化学物质及日光直接接触。

3. 机械强度

电线应具有良好的拉伸强度、耐磨损性和柔软性，质量要轻，以适应环境的机械振动等条件。

选用线材还要考虑安全性，防止火灾和人身事故的发生。易燃材料不能作为导线的覆层。

2.2　绝缘材料和磁性材料

2.2.1　绝缘材料

具有高电阻率、能隔离相邻导体或防止导体间发生接触的材料称为绝缘材料，又称电介质。

1. 绝缘材料的种类

（1）按物质形态可分为气体、液体和固体绝缘材料三种类型。

① 气体绝缘材料，如空气、氢气等。

② 液体绝缘材料，如绝缘的油类等。

③ 固体绝缘材料，如云母、陶瓷、玻璃等。

（2）按化学性质的不同，分为有机、无机和混合绝缘材料三种类型。

① 有机绝缘材料，如棉纱、麻、蚕丝、树脂等。

② 无机绝缘材料，如石棉、陶瓷、大理石、云母等。

③ 混合绝缘材料，是将有机、无机绝缘材料混合加工制成的各种绝缘材料，常用作电器底座、外壳等。

2. 常用绝缘材料的性能及用途

1）绝缘材料的主要性能

（1）抗电强度。抗电强度又称为耐压强度，即每毫米厚度的材料所能承受的电压。它与材料的种类及厚度有关。

（2）机械强度。绝缘材料的机械强度一般指抗拉强度，即每平方厘米的材料所能承受的拉力。对于不同用途的绝缘材料，机械强度的要求不同，选择时应该注意。

（3）耐热等级。耐热等级指绝缘材料允许的最高工作温度，它取决于材料的成分。耐热等级可分为七级。在一定耐热级别的电机、电器中，应该选用同等耐热等级的绝缘材料。必须指出，耐热等级高的材料，价格也高，但其机械强度不一定高。所以，在不要求耐高温处，要尽量选用同级别的材料。

2）常用绝缘材料

使用绝缘材料时，应根据产品的电气性能和环境条件要求合理选用。

（1）薄型绝缘材料：主要应用于包扎、衬垫、护套等，如绝缘纸、绝缘布、有机薄膜、粘胶带、塑料套管等。

（2）绝缘漆：使用最多的地方是浸渍电器线圈和表面覆盖。

（3）热塑性绝缘材料：这类材料有硬聚乙烯板、软管及有机玻璃板/棒。

（4）热固性层压材料：具有良好的电气性能和机械性能，耐潮、耐热、耐油。常用的层压板材有酚醛层压纸板、酚醛层压布板、酚醛层压玻璃布板、有机硅环氧层压玻璃布板、环氧酚醛层压玻璃布板等。

（5）云母制品：云母是具有良好的耐热、传热、绝缘性能的脆性材料。

（6）橡胶制品：橡胶在较大的温度范围内具有优良的弹性、电绝缘性以及耐热、耐寒和耐腐蚀性，是传统的绝缘材料，用途非常广泛。近年来电子工业所用的天然橡胶已被合成橡胶所取代。

2.2.2　磁性材料

磁性材料主要是指由过渡元素铁、钴、镍及其合金等组成的能够直接或间接产生磁性的物质。磁性材料的应用很广泛，主要分为软磁材料和硬磁材料两大类。

1. 软磁材料

软磁材料的功能主要是导磁、电磁能量的转换与传输。因此，对这类材料要求有较高的磁导率和磁感应强度，同时磁滞回线的面积或磁损耗要小。

软磁材料的特点是容易被磁化，磁化后也容易去磁，剩磁小，矫顽力低。

软磁材料的应用甚广，主要用于制作磁性天线、电感器、变压器、磁头、耳机、继电器、电磁铁、磁场探头、磁性基片、磁场屏蔽、电磁吸盘、磁敏元件等。

2. 硬磁材料

硬磁材料又称永磁材料，经饱和磁化再将外磁场撤除后仍能保持强而稳定的磁性，磁化后不易去磁，剩磁大。它具有宽磁滞回线、高矫顽力和高剩磁等优点。

硬磁材料主要用作电声器件（如扬声器、拾音器、话筒等）的永久磁铁。硬磁材料广泛用于电子、电气、机械、运输、医疗及生活用品等各个领域中。

2.3　印　制　电　路　板

2.3.1　覆铜箔层压板

1. 覆铜箔层压板

覆以铜箔的绝缘层压板称为覆铜箔层压板，简称覆铜板，是制作印制电路板的主要材料。

高分子合成树脂和增强材料组成的绝缘层压板可以作为覆铜板的基板。合成树脂作为胶粘剂，是基板的主要成分，决定其电气性能；增强材料一般有纸质和布质两种。常用覆铜板有酚醛纸基覆铜板、环氧玻璃布覆铜板、聚四氟乙烯玻璃布覆铜板和柔性聚酰亚胺覆铜板等品种。

铜箔是制造覆铜板的关键材料，必须有较高的导电率及良好的焊接性。铜箔质量直接影响覆铜板的性能。要求铜箔表面不得有划痕、砂眼和皱折，金属纯度不低于99.8%，厚度误差不大于±5 μm。

铜箔能否牢固地附着在基板上，胶粘剂是重要因素。覆铜板的抗剥强度主要取决于胶粘剂的性能。常用的覆铜板胶粘剂有酚醛树脂、环氧树脂、聚四氟乙烯和聚酰亚胺等。

2. 覆铜板的种类

覆铜板按基材的品种可分为纸基板和玻璃布板；按粘接树脂的种类来分有酚醛覆铜板、环氧覆铜板、环氧酚醛覆铜板、聚四氟乙烯覆铜板、聚酰亚胺覆铜板等。

3. 覆铜板的非电技术指标

（1）抗剥强度：使单位宽度的铜箔剥离基板所需的最小力，用来衡量铜箔与基板之间的结合强度。

（2）翘曲度：指单位长度上的翘曲（弓曲或扭曲）值，是衡量覆铜板相对于平面的平直度指标。覆铜板的翘曲度取决于基板材料和板材厚度。目前以环氧酚醛玻璃布覆铜板的质量为最好。

（3）抗弯强度：表明覆铜板所能承受弯曲的能力，以单位面积所受的力来计算。这项指标主要取决于覆铜板的基板材料及厚度。在同样厚度下，环氧酚醛玻璃布层压板的抗弯强度大约为酚醛纸基板的30倍左右。

（4）耐浸焊性（耐热性）：指覆铜板置入一定温度的熔融焊料中停留一段时间（大约10 s）后，所能承受的铜箔抗剥能力。这项指标取决于基板材料和胶粘剂，对印制电路板的质量影响很大。环氧酚醛玻璃布覆铜板能在260℃的熔锡中停放180～240 s而不出现起泡和分层现象。

此外，衡量覆铜板质量的非电技术指标还有表面平整度、光滑度、耐化学溶剂侵蚀度等。

2.3.2　印制电路板的分类和特点

1. 印制电路

印制电路是指在绝缘基板上用印制的方法所形成的印制导线系统。具有印制电路的绝缘基板称为印制电路板，简称为PCB(Printed Circuit Board)。

使用印制电路板制造的产品具有可靠性高、稳定性好、机械强度高、耐振、体积小、重量轻、维修方便以及用铜量小等优点，成批生产效率高；其缺点是制造工艺较复杂，单件或小批量生产不经济。

2. 印制电路板的类型

印制电路板按其结构可分为如下四种。

（1）单面印制电路板：单面覆铜箔板经印制和腐蚀，在绝缘基板覆铜箔一面制成印制导线的印制电路板。

（2）双面印制电路板：两面都有印制导线的印制电路板，一般采用金属化过孔连通两面的印制导线，其布线密度比单面板高，使用更为方便。

（3）多层印制电路板：在绝缘基板上制成 4 层及 4 层以上印制导线的印制电路板。它由几层较薄的单面或双面印制电路板（每层厚度在 0.4 mm 以下）叠合压制而成。一般采用金属化过孔和盲孔连通各层之间的印制导线，布线密度更高。多层印制电路板的主要优点如下：

① 与集成电路配合使用，有利于整机小型化及减轻重量。

② 布线密度高，接线短、直，信号失真小。

③ 由于引入了接地层，因此减少了局部过热，提高了整机的稳定性。

（4）软性印制电路板：以软质绝缘材料为基材制成的印制电路板，也称柔性印制电路板。它可分为单面、双面和多层三大类。此类印制电路板除重量轻、体积小、可靠性高以外，最突出的特点就是具有挠性，能折叠、弯曲、卷绕，自身可端接以及三维空间排列。软性印制电路板在计算机、自动化仪表、通信设备中的应用已日益广泛。

2.3.3　印制电路板常用抗干扰设计

印制电路板是电子产品中元器件、信号线、电源线的高密度集合体，其设计不单是器件、线路的简单布局安排，而且必须要符合抗干扰的设计原则。通常应有下述抗干扰措施。

1. 地线设计

电子产品中地线结构大致有系统地、机壳地（屏蔽地）和模拟地等，接地是抗干扰的重要方法，如能将接地和屏蔽正确结合起来使用可解决大部分干扰问题。

（1）单点接地与多点接地选择。在低频电路中，信号的工作频率小于 1 MHz 时，它的布线和元器件间的电感影响较小，而接地电路形成的环流会产生较强的干扰，宜采用一点接地；当信号的工作频率大于 10 MHz 时，地线阻抗变得很大，此时应尽量降低地线阻抗，应采用就近多点接地法；当工作频率在 1～10 MHz 之间时，如果采用一点接地，其地线长度不应太长，否则宜采用多点接地法。

（2）数字电路、模拟电路要分开。当电路板上既有高速逻辑电路又有线性电路时，应使它们尽量分开，且两者的地线不要相混，应分别与电源端地线相连。要尽量加大线性电路的接地面积。

（3）接地线应尽量加粗。若接地线较细，则接地电位会随电流的变化而起伏，致使抗干扰性能变差。因此应将接地线加粗，使它能通过 3 倍于印制电路板的允许电流。如有可能，接地用线的宽度应在 2～3 mm 以上。

（4）接地线构成闭环路。只由数字电路组成的印制电路板接地时，将接地电路做成闭环路可以明显地提高抗干扰能力。其原因是：当印制电路板上有很多集成电路，特别是有耗电大的元件时，因受到接地线粗细的限制，地线上会产生较大的电位差，导致抗干扰能力下降，若将接地线构成环路，则可以缩小电位差，提高电子设备的抗干扰能力。

2. 电源线布置

除了要根据电流的大小，尽量加粗导线宽度，还要使电源线、地线的走向与数据传递的方向一致，也将有助于增强抗干扰能力。

3. 去耦电容配置

在印制电路板各个关键部位配置去耦电容应视为印制电路板设计的一项常规做法。

（1）电源输入端跨接 $10\sim100~\mu F$ 的电解电容器。如有可能，接 $100~\mu F$ 以上的电容更好。

（2）原则上每个集成电路芯片都应配置一个 $0.01~\mu F$ 的陶瓷电容器。这种器件的高频阻抗特别小，在 $500~kHz\sim20~MHz$ 范围内阻抗小于 $1~\Omega$，而且漏电流很小（$0.5~\mu A$ 以下）。

（3）对于抗干扰能力弱、关断时电流变化大的器件，如 ROM、RAM 存储器件，应在芯片的电源线（Vcc）和地线（GND）间直接接入去耦电容。

（4）电容引线不能太长，特别是高频旁路电容。

4. 印制电路板的尺寸与器件布置

印制电路板大小要适中，过大时，印制导线较长，阻抗增加，不仅抗干扰能力下降，成本也高；过小，则散热不好，同时易受邻近导线干扰。

在器件布置方面，应把相互有关的器件尽量放得靠近些，能获得较好的抗干扰效果。易产生噪声的器件、大电流电路等应尽量远离逻辑电路，如有可能，应另做电路板。

另外，一块电路板要考虑在机箱中放置的方向，将发热量较大的器件放置在上方。

5. 印制电路板导线的形状

由于导线本身可能承受附加的机械应力以及局部高电压引起的放电作用，因此，应尽可能避免出现尖角或锐角拐弯。一般优先选用和避免采用的印制导线形状见图 2-5。

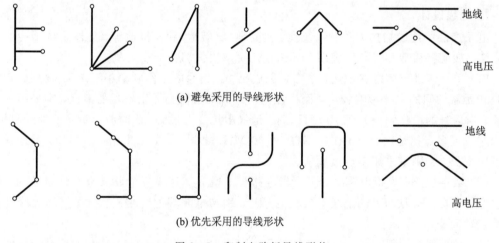

(a) 避免采用的导线形状

(b) 优先采用的导线形状

图 2-5　印制电路板导线形状

6. 印制导线的宽度与间距

印制导线应尽可能宽一些，这有利于承受电流，便于制造。由于在蚀刻过程中有侧蚀，导线会变窄，因此，在导线宽度有严格要求的场合，设计时可适当对导线宽度进行补偿。一般补偿量为基体铜箔厚度的两倍。

在决定印制导线宽度时，除需要考虑载流量外，还应注意它在板上的抗剥强度以及与焊盘的协调。

印制电路的电源线和接地线的载流量较大，设计时要适当加宽。

当要求印制导线的电阻和电感小时，可采用较宽的信号线；当要求分布电容小，导线的电阻和电感无关紧要时，可采用较窄的信号线。

7. 金属填充

金属填充一般用于制作板卡插件的接触表面，或者用于为提高系统的抗干扰性而设置大面积的电源及接地区域，这样做也可增加电路板的强度。填充如果用于制作接触表面，则放置填充的部分在实际的电路板上是一个裸露的覆铜区，表面没有绝缘漆。如果是作为大面积的电源及地，或者仅为器件、导线间抗干扰而用，则表面会涂上绝缘漆。一般厂家在制作印制电路板时会区分填充的用途，用户也可以对他们提出要求。

放置金属填充的方式有两种：矩形金属填充和多边形金属填充。

多边形金属填充也称放置敷铜，就是将电路板中空白之处铺满铜膜，这样不是为了好看，而是为了提高电路板的抗干扰能力。通常情况下将敷铜接地，这样使电路板中空白之处铺满接地的铜膜，电路板的抗干扰能力会大大提高。

矩形金属填充和多边形金属填充是有区别的。首先前者填充的是整个区域，没有任何遗留的空隙。后者则是用铜膜线来填充区域，线与线之间是有空隙的。矩形金属填充会覆盖区域内的所有导线、焊盘和过孔，使它们具有电气连接关系，而多边形金属填充则会绕开区域内的所有导线、焊盘、过孔等具有电气意义的图件，不改变它们原有的电气连接关系。

8. 屏蔽导线

屏蔽导线是为了防止相互干扰，而将某些导线用接地线包住，故又称包地。一般来说，容易干扰其他电路的线路，或容易受其他电路干扰的线路需要屏蔽起来。

2.4　辅助材料

2.4.1　焊料

凡是用来熔合两种或两种以上的金属面，使之成为一个整体的金属或合金都叫焊料。

在电子整机装配中常用的是锡铅焊料，简称焊锡。纯锡能与多种金属反应形成化合物，但强度低、较脆、价格贵，而且不能很快地流灌和填充焊接处的空隙，所以一般不用纯锡作焊料。用锡与铅制成的锡铅合金，既可降低焊料的熔点，又可克服纯锡较脆的缺点，提高了焊接强度。

1. 锡铅共晶焊料

锡铅合金的熔化温度随锡的含量而变化。当含锡 63%、含铅 37% 时，合金的熔点是 183℃，凝固点也是 183℃，可由固体直接变为液体，这时的合金称为共晶合金。按共晶合金的配比制成的焊锡称共晶焊锡。锡铅共晶焊料有如下优点：

（1）熔点低。共晶焊锡的熔化温度比非共晶焊锡要低，减少了元器件受热损坏的机会。

（2）熔流点一致。共晶焊锡只有一个熔流点，焊点可迅速凝固，可缩短焊接时间，减少虚焊。

（3）表面张力小、流动性好。焊料能很好地填满焊缝并对工件有较好的浸润性，这些都有利于减少虚焊点。

（4）强度高。共晶焊锡能承受较大的拉力和剪切力，具有较高的焊接强度。

2. 杂质对焊锡的影响

焊锡中往往含有少量其他元素，这些元素会影响焊锡的熔点、导电性、强度等性能。

（1）铜（Cu）。铜的成分来源于印制电路板的焊盘和元器件的引线，并且铜的熔解速度随着焊料温度的提高而加快。随着铜的含量增加，焊料的熔点增高，黏度加大，容易产生桥接、拉尖等缺陷。一般焊料中铜的含量允许在 0.3%～0.5% 范围。

（2）锑（Sb）。加入少量锑会使焊锡的机械强度增高，光泽变好，但浸润性变差。

（3）锌（Zn）。锌是焊锡中最有害的金属之一。焊料中熔入 0.001% 的锌就会对焊料的焊接质量产生影响。当熔入 0.005% 的锌时，会使焊点表面失去光泽，流动性变差。

（4）铝（Al）。铝也是焊锡中有害的金属，即使熔入 0.005% 的铝，也会使焊锡出现麻点，致使流动性变差。

（5）铋（Bi）。含铋的焊料熔点下降，且有使焊锡变脆的倾向，冷却时易产生龟裂。

（6）铁（Fe）。铁难熔于焊料中，它会使焊料熔点升高，难于焊接。

3. 常用焊料

（1）管状焊锡丝。由助焊剂与焊锡制作在一起，在焊锡管中夹带固体助焊剂。助焊剂一般选用特级松香为基质材料，并添加一定的活化剂。管状焊锡丝适用于手工焊接。

（2）抗氧化焊锡。在锡铅合金中加入少量的活性金属，能使氧化锡、氧化铅还原，并漂浮在焊锡表面形成致密覆盖层，从而保护焊锡不被继续氧化。这类焊锡适用于浸焊和波峰焊。

（3）含银的焊锡。在锡铅焊料中添加 0.5%～2.0% 的银，可减少镀银件中的银在焊料中的熔解量，并可降低焊料的熔点。

（4）焊膏。焊膏是电子产品表面组装技术中的一种重要焊接材料，由焊料粉、助焊剂和一些添加剂混合组成，制成膏状物，能方便地用丝网、模板或锡膏印刷机印涂在印制电路板上，再将片式元器件贴装在印制电路板上。焊膏适合片式元器件用再流焊进行的焊接。

2.4.2　助焊剂

助焊剂的作用是清除金属表面氧化物、硫化物、油和其他污染物，并防止在加热过程中焊料继续氧化。同时，它还具有增强焊料与金属表面的活性、增加浸润的作用。

1. 对助焊剂的要求

（1）有清洗被焊金属和焊料表面的作用。

（2）熔点要低于所有焊料的熔点。

（3）在焊接温度下能形成液状，具有保护金属表面的作用。

（4）有较低的表面张力，受热后能迅速均匀地流动。

（5）熔化时不产生飞溅或飞沫。

（6）不导电，无腐蚀性，残留物无副作用。

（7）完成焊接后的助焊剂的膜要光亮、致密、不吸潮、热稳定性好。

2. 助焊剂的种类

助焊剂一般可分为有机、无机和树脂三大类。

（1）无机类助焊剂：适用于钎焊，腐蚀性大，不宜在电子产品装配中使用。

（2）有机类助焊剂：具有一定程度的腐蚀性，残渣不易清洗，焊接时有废气污染，因而限制了它在电子产品装配中的使用。

（3）树脂类助焊剂。这类助焊剂在电子产品装配中应用较广，其主要成分是松香。

在电子产品焊接中，常常将松香溶于酒精制成"松香水"，松香同酒精的比例一般以1∶3为宜，也可以根据使用经验增减；但不宜过浓，否则使用时流动性会变差。

松香加热到 300℃ 以上或经过反复加热，就会分解并发生化学变化，成为黑色的固体，失去化学活性。碳化发黑的松香不仅不能起到帮助焊接的作用，还会降低焊点的质量。因此使用树脂类助焊剂时一定要注意用量适当及焊接时间适当。

2.4.3　阻焊剂

阻焊剂是一种耐高温的涂料。将印制电路板上不需要焊接的部位涂上阻焊剂保护起来，在焊接时可使焊料只在需要焊接的焊接点上进行。

1. 阻焊剂的优点

（1）阻焊剂可避免或减少焊接时桥接、拉尖、虚焊等弊病，使焊点饱满，提高了焊接质量。

（2）使用阻焊剂后，除了焊盘外，其余印制导线均不上锡，节省了大量焊料；由于受热少、冷却快，降低了印制电路板的温度，保护了元器件。

（3）由于印制电路板的板面除焊盘外全部为阻焊剂膜所覆盖，增加了一定硬度，是印制电路板很好的永久性保护膜，起到了防止印制电路板表面受到机械损伤的作用。

2. 阻焊剂的分类

阻焊剂的种类很多，一般分为干膜型阻焊剂和印料型阻焊剂。现广泛使用印料型阻焊剂，这种阻焊剂又可分为热固化和光固化两种。

2.4.4　胶粘剂

胶粘剂可用于同类或不同类材料之间的胶接。绝大部分的胶粘剂由合成树脂、橡胶等化工材料配制而成。胶粘剂有单组份和双组份两类。双组份由主体胶与固化剂组成，固化剂所占比例会影响胶膜固化条件。

胶粘剂分类的方法很多，这里介绍其中两种。

1. 按胶合件材料分

（1）橡胶胶：用于橡胶之间、橡胶与金属之间的粘合。

（2）木胶：用于木料之间的粘合。

（3）塑料胶：用于一般塑料之间、塑料与金属之间的粘合。

（4）层压纤维胶：用于纤维板层压、浸渍及胶合。

（5）硬质材料胶：用于陶瓷、玻璃、金属等材料之间的粘合。

（6）有机玻璃胶：用于粘合有机玻璃，经抛光后无痕迹。

2. 按胶膜的特殊性能分（特种胶粘剂）

（1）导电胶：内加有银粉，具有良好的导电性。

（2）导磁胶：具有较好的导磁性，用于硅钢片、铁氧体磁芯的胶接。

（3）感光胶：内含感光剂，胶膜对光照敏感，曝光后的胶膜具有较强的粘接力，非曝光部分的胶膜容易洗除，可用于制作丝网漏印的模板。

（4）密封胶：胶膜的气密性好，有一定的弹性，用于需密封的场合。

（5）防潮灌封胶：具有防潮、绝缘和固定的作用，作为灌封材料。

（6）超低温胶：在－196℃或更低的负温下仍有较好的粘合强度。

（7）高温结构胶：在180℃～250℃温度中仍具有中等粘合强度。

（8）热熔胶：在室温时热熔胶为固态，加热到一定温度时成为熔融状态，冷却后可与被粘物体接在一起。

习　题　2

1．按化学性质的不同绝缘材料分为几类？

2．简述覆铜箔板的种类及选用方法。

3．印制电路板是如何分类的？

4．磁性材料分为几类？

5．助焊剂、阻焊剂在焊接装配过程中起何作用？

6．简述胶粘剂的特点和应用。

7．常用线材分为_____和_____两类，它们的作用是_____。

8．在电子产品装配中，常用的焊料是用_____两种金属按63％和37％的比例配制而成，熔点为_____；常用的助焊剂是_____类助焊剂，其主要成分是松香。

9．用于各种电声器件的磁性材料是（　　）。

　　A．硬磁材料　　　　　　　　B．金属材料　　　　　　　　C．软磁材料

10．印制电路板上（　　）都涂上阻焊剂。

　　A．整个印制电路板覆铜面

　　B．仅印制导线

　　C．除焊盘外其余印制导线

　　D．除焊盘外其余部分

第3章　常用电子元器件

【教学目标】

　　1. 掌握常用电阻器、电容器、电感元件的识别、质量判断和使用。

　　2. 熟悉常用半导体器件的种类和用途，掌握二极管、三极管、场效应管、晶闸管的识别、质量判断和使用。

　　3. 了解集成电路的一般知识，掌握集成电路引脚序号的识别。

　　4. 了解常用电声器件的种类和用途，熟悉扬声器、传声器的基本知识。

　　5. 熟悉继电器、开关和接插件的种类和用途。

　　6. 熟悉显示器件的种类和用途。

3.1　电　阻　器

3.1.1　电阻器概述

　　电阻器通常称为电阻。它分为固定电阻和可变电阻或电位器，在电路中起分压、分流和限流等作用，是一种应用非常广泛的电子元件。电阻器的图形符号如图 3-1 所示。

电阻器　　　　　热敏电阻器　　　　　　　　电位器
(一般符号)　　　　　　　　　　　　　　　　　(可调电阻器)

图 3-1　电阻器的图形符号

　　按照制造工艺或材料，电阻器可分为以下三类。

　　(1) 合金型：用块状电阻合金拉制成合金线或碾压成合金箔制成的电阻，如线绕电阻、精密合金箔电阻等。

　　(2) 薄膜型：在玻璃或陶瓷基体上沉积一层电阻薄膜制成的电阻器，膜的厚度一般在几微米以下，薄膜材料有碳膜、金属膜、化学沉积膜及金属氧化膜等。

　　(3) 合成型：电阻体由导电颗粒和化学粘接剂混合而成，可以制成薄膜或实芯两种类型，常见的有合成膜电阻和实芯电阻。

　　除以上分类方法外，电阻器还可按工作性能及电路功能分为以下三种特殊电阻。

　　(1) 熔断电阻。又叫作保险电阻，兼有电阻和熔断器的双重作用。熔断电阻在正常工作状态下是一个普通的小阻值(一般几欧姆至几十欧姆)电阻，但当电路出现故障、通过熔断电阻器的电流超过该电路的规定电流时，它就会迅速熔断开路，从而保护了电路中的其他元器件不被损坏。

（2）水泥电阻。水泥电阻实际上是封装在陶瓷外壳里、并用水泥填充固化的一种线绕电阻。水泥电阻内的电阻丝和引脚之间采用压接工艺，如果负载短路，压接点会迅速熔断，起到保护电路的作用。水泥电阻功率大、散热好，具有良好的阻燃、防爆特性和高达100 MΩ的绝缘电阻，广泛用在开关电源和功率输出电路中。

（3）敏感电阻。使用不同材料及工艺制造的特殊电阻，具有对温度、光通量、湿度、压力、磁通量、气体浓度等非电物理量敏感的性质，这类电阻叫作敏感电阻。通常有热敏、压敏、光敏、湿敏、磁敏、气敏等不同类型的敏感电阻。利用这些敏感电阻，可制作用于检测相应物理量的传感器及无触点开关。各类敏感电阻按其信息传输关系可分为"缓变型"和"突变型"两种，广泛应用于检测和自动控制等技术领域。

热敏电阻是敏感电阻中的一类，按照温度系数不同分为负温度系数热敏电阻器（NTC）和正温度系数热敏电阻器（PTC）。负温度系数热敏电阻器（NTC）其阻值随温度的升高而减小，可用于稳定电路的工作点。正温度系数热敏电阻器（PTC）在达到某一特定温度前，电阻值随温度的升高而缓慢下降，当超过这个温度时，其阻值急剧增大，该特定温度称为居里点，而居里点可以通过改变组成材料中各成分的比例而实现。PTC热敏电阻器在家电产品中应用较广泛，如彩色电视机中的消磁电阻、电饭煲中的温控器等。

3.1.2　电阻器主要技术参数

1. 标称阻值和允许误差

标称阻值指在电阻器表面所标示的阻值。一般阻值范围应符合国家标准中规定的阻值系列，目前电阻器常用标称阻值有E6、E12和E24三大系列，如表3-1所示，其中E24系列产品最全。

表3-1　电阻器常用标称阻值系列

标称值系列	允许误差	电阻器、电位器标称值							
E24	Ⅰ级 （±5%）	1.0	1.1	1.2	1.3	1.5	1.6	1.8	2.0
		2.2	2.4	2.7	3.0	3.3	3.6	3.9	4.3
		4.7	5.1	5.6	6.2	6.8	7.5	8.2	9.1
E12	Ⅱ级 （±10%）	1.0	1.2	1.5	1.8	2.2	2.7	3.3	3.9
		4.7	5.6	6.8	8.2				
E6	Ⅲ级 （±20%）	1.0	1.5	2.2	3.3	4.7	6.8		

实际阻值与标称阻值之间有一定的偏差，该偏差与标称阻值的百分比叫作电阻器的误差。误差越小，电阻器的精度越高。电阻器的误差范围有明确的规定，对于普通电阻器其允许误差通常分为三大类，即Ⅰ级（±5%）、Ⅱ级（±10%）、Ⅲ级（±20%）。对于精密电阻精度要求更高，允许误差有±2%、±1%、±0.5%～±0.001%等。常用的电阻精度等级用字母表示，如表3-2所示。

表 3 - 2　电阻的精度等级符号

符号	C	D	F	G	J	K	M
精度	±0.2%	±0.5%	±1%	±2%	±5%	±10%	±20%
符号	E	X	Y	H	U	W	B
精度	±0.001%	±0.002%	±0.005%	±0.01%	±0.02%	±0.05%	±0.1%

2. 额定功率

额定功率是指电阻器在正常大气压力及额定温度条件下，长期安全使用所允许消耗的最大功率值。它是选择电阻器的主要参数之一。

额定功率 2 W 以下的小型电阻，其额定功率值通常不在电阻体上标出，观察外形尺寸即可确定；额定功率 2 W 以上的电阻，因体积较大，其功率值均在电阻体上用数字标出。

3. 温度系数

温度系数是指温度每升高或降低 1℃所引起的电阻值的相对变化。

此外，电阻器的参数还有绝缘电阻、绝缘电压、稳定性、可靠性、非线性度等。

3.1.3　电阻器的标识

1. 电阻的单位

电阻的单位是欧姆，用 Ω 表示。常用单位除欧姆外，还有千欧(kΩ)和兆欧(MΩ)。其换算关系为

$$1\ \text{M}\Omega = 1000\ \text{k}\Omega = 10^6\ \Omega, \qquad 1\ \text{k}\Omega = 10^3\ \Omega$$

表示电阻的阻值时，应遵循以下原则：

若 $R < 1000\ \Omega$，用 Ω 表示；若 $1000\ \Omega \leqslant R < 1000\ \text{k}\Omega$，用 kΩ 表示；若 $R \geqslant 1000\ \text{k}\Omega$，用 MΩ 表示。

2. 电阻值的标识方法

大部分电阻器只标注标称阻值和允许误差。电阻器的标识方法主要有直标法、文字符号法和色标法。

1）直标法

直标法是指用阿拉伯数字和单位符号在电阻器的表面直接标出标称阻值和允许误差的方法。

如 100 Ω±5%，表示标称电阻值为 100 Ω，允许误差为±5%。

2）文字符号法

文字符号法是指用阿拉伯数字和字母符号两者有规律的组合来表示标称阻值及允许误差的方法。

文字符号法规定：用于表示电阻值时，单位字母符号 Ω(R)、k、M、G 之前的数字表示电阻值的整数值，之后的数字表示电阻值的小数值，单位字母符号表示小数点的位置和电阻值的单位；允许误差用相应的精度字母符号表示。

如 5k1J，表示标称电阻值为 5.1 kΩ，允许误差为±5%。

3）色标法

色标法是指用不同的色环在电阻器表面标出标称电阻值和允许误差的方法，色环颜色

规定如表 3 - 3 所示。色标法又分为四环色标法和五环色标法。

普通电阻器大多用四环色标法来标注。四色环的前两条色环表示电阻值的有效数字，第三条色环表示电阻值的倍率（即 10 的乘方数），基本单位为 Ω，第四条色环表示电阻值的允许误差。

精密电阻器大多用五环法来标注，五色环的前三条色环表示电阻值的有效数字，第四条色环表示电阻值的倍率，基本单位为 Ω，第五条色环表示电阻值的允许误差。

表 3 - 3　色环颜色规定

颜色	有效数字	倍率	允许误差
黑	0	10^0	
棕	1	10^1	±1%
红	2	10^2	±2%
橙	3	10^3	
黄	4	10^4	
绿	5	10^5	±0.5%
蓝	6	10^6	±0.2%
紫	7	10^7	±0.1%
灰	8	10^8	
白	9	10^9	
金		10^{-1}	±5%
银		10^{-2}	±10%

例：四环色环电阻的色标为黄紫橙金，表示电阻阻值为：47×10^3 Ω±5% = 47 kΩ±5%。

五环色环电阻的色标为棕黑黑红棕，表示电阻阻值为：100×10^2 Ω±1% = 10 kΩ±1%。

通常用电阻体的底色区别电阻器的种类。浅色（淡绿色、淡蓝色、浅棕色）表示碳膜电阻，红色表示金属膜或金属氧化膜电阻，深绿色表示线绕电阻。

3.1.4　可变电阻器

可变电阻器是指电阻值在规定范围内可连续调节的电阻器，又称电位器。

1. 种类

电位器的种类很多，按调节方式可分为旋转式（或转柄式）和直滑式电位器；按联数可分为单联式和双联式电位器；按有无开关可分为有开关和无开关电位器；按阻值输出函数特性可分为直线式电位器（X 型）、指数式电位器（Z 型）和对数式电位器（D 型）。

2. 主要技术参数

电位器的主要技术参数除了标称阻值、允许误差和额定功率与固定电阻器相同外，还有以下几个主要参数。

（1）零位电阻。零位电阻指的是电位器的最小阻值，即动片端与任一定片端之间的最小阻值。

（2）阻值变化特性。阻值变化特性是电位器的阻值随活动触点移动长度或转轴转动角度变化的规律，即阻值输出函数特性。

①　直线式（X 型）：阻值按旋转角度均匀变化（或阻值的变化与动触点位置的变化接近直线关系），用于需要阻值线性变化的场合。阻值与转角成正比变化，适合于分压、单调等方面的调节作用。

②　指数式（Z 型）：阻值按旋转角依指数关系变化（或电位器阻值的变化与动触点位置的变化接近指数关系），即开始转动轴柄时，阻值变化小，接近最大转角时阻值变化大。这种类型的电位器多用在音量控制电路中，如收音机、录音机、电视机中的音量控制器。因为人的听觉对声音的强弱是依指数关系变化的，若调制音量随电阻阻值按指数规律变化，这样人耳听到的声音就感觉平稳舒适。

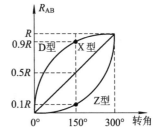

③　对数式（D 型）：阻值按旋转角度依对数关系变化（或电位器阻值的变化与触点位置的变化接近对数关系），即开始转动轴柄时，阻值变化大，接近最大转角时阻值变化小。这种类型的电位器多用在仪表当中，也适用于音调控制电路。

三种电位器阻值变化规律如图 3-2 所示。

图 3-2　旋转式电位器阻值变化特性曲线

3.1.5　电阻器的检测与选用

1. 电阻器质量检测

通常电阻器的好坏可以根据引线是否折断、电阻体颜色是否变化或烧焦等直观作出判断，而对于电阻值发生较大变化外观却没什么改变的电阻器，需用万用表合适的电阻挡位进行测量进而作出判断。测量时应避免测量误差。

2. 电位器的检测

1）质量检测

选取指针式万用表合适的电阻挡，用表笔分别连接电位器的两固定端，测出的阻值即为电位器的标称阻值；然后将两表笔分别接电位器的固定端和活动端，缓慢转动电位器的轴柄，电阻值应平稳地变化，如果发现有断续或跳跃现象，说明该电位器接触不良。

2）类型判断

例：一无标记的旋转式电位器如图 3-3 所示，其类型判断方法是：先将电位器的轴柄向上，焊片对准自己，并将轴柄逆时针方向旋到底，再用万用表合适的电阻挡位测焊片 1、3 间总电阻 R（即 R_{13} 标称值），并同时转动电位器轴柄，注意转角与万用表所示阻值 R 间的关系：转角约一半（约 150°）时 R_{12} 为电位器总电阻 R_{13} 一半的是 X 型，为 0.1 倍的是 Z 型，为 0.9 倍的是 D 型。

图 3-3　旋转式电位器

3. 电阻器的选用

（1）电阻器的额定功率值应高于电阻在电路工作中实际功率值的 0.5~1 倍。

（2）考虑温度对电路工作的影响，应根据电路特点来选择正、负温度系数的电阻。

（3）电阻的允许误差及噪声应符合电路要求。

（4）考虑工作环境、可靠性、经济性。

3.2 电 容 器

3.2.1 电容器概述

电容器是一种储能元件，也是组成电子电路的基本元件之一。在电子电路中起到耦合、滤波、隔直流和调谐等作用。

电容器按结构可分为固定电容器、可变电容器和微调电容器；按绝缘介质可分为空气介质电容器、云母电容器、瓷介电容器、涤纶电容器、聚苯乙烯电容器、金属化纸介电容器、电解电容器、独石电容器等。

各类电容器的常用电路符号如图 3-4 所示。

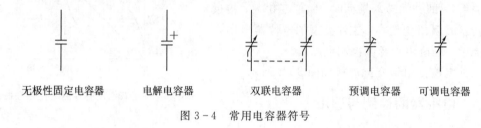

无极性固定电容器　　电解电容器　　　双联电容器　　　预调电容器　　可调电容器

图 3-4　常用电容器符号

3.2.2 电容器主要技术参数

1. 标称容量和允许误差

电容器的标称容量及允许误差的基本含义同电阻一样，标称容量越大，电容器储存电荷的能力越强。标称容量和允许误差也分许多系列，常用的是 E6、E12 和 E24 系列。电容器的允许误差系列主要有±5%（J）、±10%（K）、±20%（M）。

2. 额定电压

电容器的额定电压通常也称耐压，是指在允许的环境温度范围内，电容器在电路中长期可靠地工作所允许加的最大直流电压。工作时交流电压的峰值不得超过电容器的额定电压，否则电容器中介质会被击穿造成电容器的损坏。

3. 绝缘电阻

电容器的绝缘电阻是指电容器两极之间的电阻，也称漏电阻。一般电容器绝缘电阻在 $10^8 \sim 10^{10}$ Ω 之间，电容量越大绝缘电阻越小，所以不能单凭所测绝缘电阻值的大小来衡量电容器的绝缘性能。

电容器的技术参数还有电容器的损耗、频率特性、温度系数、稳定性和可靠性等。

3.2.3 电容器的标识

电容器容量的大小表明了储存电荷能力的强弱，它的基本单位是法拉（F）。由于法拉这个单位太大，因而常采用较小的单位微法（μF）、纳法（nF）和皮法（pF）。其换算关系为

$$1\ \mu F = 10^{-6}\ F, \quad 1\ nF = 10^{-9}\ F, \quad 1\ pF = 10^{-12}\ F$$

电容器的标识方法主要有直标法和文字符号法两种。

1. 直标法

直标法是指在电容体表面直接标注出其主要技术指标的方法。一般必须标注标称容量、额定电压及允许误差三项，有些体积太小的电容器仅标注标称容量一项（单位也省略）。

2. 文字符号法

文字符号法是指在电容体表面用阿拉伯数字和字母符号两者有规律的组合来标注标称容量的方法。标注规则如下：

（1）不带小数点的数值，若无标志单位，则单位为皮法。例如：2200 表示 2200 pF。

（2）凡带小数点的数值，若无标志单位，则单位为微法。例如：0.56 表示 0.56 μF。

（3）对于三位数字的电容，前两位为有效数字。

① 最后一位数字为 1~8 时应视为倍率，单位为皮法。

例如：103→10×10^3 pF＝0.01 μF；334→33×10^4 pF＝0.33 μF。

② 最后一位数字为 9 时，倍率为 10^{-1}，单位为皮法。

例如：479→47×10^{-1} pF＝4.7 pF。

③ 最后一位数字为 0 时，直接读数，单位为皮法。

例如：120→120 pF。

（4）对于两位数字的电容，直接读数，单位为皮法。

例如：22→22 pF。

（5）许多小型的固定电容器体积较小，为了便于标注，习惯上省略其单位。标注时单位符号的位置代表标称容量有效数字中小数点的位置，允许误差用相应的精度字母符号表示。

例如：3n3J→3.3 nF，允许误差为±5%。

3.2.4　可变电容器和微调电容器

可变电容器是一种容量可连续变化的电容器，主要用在调谐回路中；微调电容器的容量变化范围较小，调好后一般不需变动。可变电容器的种类很多，按介质可分为空气介质和固体介质两种；按联数可分为单联、双联和多联可变电容器。

可变电容器的主要技术参数有：

（1）最大电容量与最小电容量。当动片全部旋进定片时的电容量为最大电容量，当动片全部旋出定片时的电容量为最小电容量。

（2）容量变化特性。它指可变电容器的容量随动片旋转角度变化的规律，常用的有直线电容式、直线频率式、直线波长式、电容对数式。

（3）容量变化平滑性。它指动片转动时容量变化的连续性和稳定性。

除上述之外，可变电容器的技术指标还有耐压、损耗、接触电阻等。

3.2.5　电容器的检测与选用

1. 电容器质量的判断与检测

1）质量判定

将指针式万用表置于电阻挡的 $R×1$ kΩ 挡，用两表笔接触电容器（电容量 1 μF 以上）

的两引脚，接通瞬间，指针应向顺时针方向偏转，然后逐渐逆时针返回到"∞"，如果不能返回到"∞"，则稳定后的读数就是电容器的漏电电阻，阻值越大表示电容器的绝缘性能越好；若在上述检测过程中指针无摆动，说明电容器开路；若指针向右摆动的角度大且不返回到"∞"，说明电容器已击穿或严重漏电；若指针保持在 0 Ω 附近，说明该电容器内部短路。

对于电容量小于 1 μF 的电容器，因电容充、放电现象不明显，可用电阻挡 $R×10\ kΩ$ 挡检测，检测时指针偏转幅度很小或闪动即可。

对于电容量较大的电容器如 470 μF，可用电阻挡 $R×10\ Ω$ 或 $R×1\ Ω$ 挡检测，可减少测量的时间。

2）容量判定

检测过程同上，用相同的挡位测量不同的电容，指针向右摆动角度越大，说明电容器容量愈大，反之说明容量愈小。

有的数字万用表可测量其允许范围内的电容器的容量。

3）电解电容器极性判定

一般通过电解电容器外壳上标有的"－"或"＋"可判断其正、负极。同时也可根据电解电容器正接时漏电流小、漏电阻大，反接时漏电流大、漏电阻小的特点来判断其极性。将指针式万用表置于电阻挡的 $R×10\ kΩ$ 挡，先测一次电解电容器的漏电阻值，而后将两表笔对调，再测一次漏电阻值。两次测试中，漏电阻值小的一次，黑表笔接的是电解电容器的负极，红表笔接的是电解电容器的正极。

4）测量电容器的注意事项

（1）每次测量电容器（特别是大容量的电解电容器）前必须先放电。

（2）根据不同的容量选择不同的挡位。

（3）选用电阻挡时要注意万用表内电池电压不应大于电容器的额定电压。

5）可变电容器检测

例：用万用表测量晶体管收音机用的双联可变电容器。

（1）碰片检测。晶体管收音机用双联可变电容器的两组动片与轴柄相连，并由一个公用焊片引出，两组定片则由两个焊片引出。定片与动片之间都是绝缘的，因此用万用表测量定片与动片之间时不应该直接接通，且旋转双联的动片至任何位置，都不应当直接接通。如果它们之间直接接通了，就说明定片与动片之间碰片短路了。

（2）容量检测。旋转双联的动片时，可用数字万用表电容挡观察其定片与动片之间电容量的变化。用数字万用表的电容挡，将动片和定片的引线端分别插入两测试孔，慢慢转动可变电容器的转轴，容量应相应改变。

2. 电容器的选用

电容器的种类很多，性能指标各异，合理选用电容器对于产品设计十分重要。电容器的选用一般应从以下几方面进行考虑。

（1）额定电压。所选电容器的额定电压一般是实际工作电压的 1.5～2 倍。不论选用何种电容器，都不得使其额定电压低于电路的实际工作电压，否则电容器将被击穿；也不要使其额定电压太高，否则不仅提高了成本，而且电容器的体积必然增大。但选用电解电容器（特别是液体电介质电容器）应特别注意，一是由于电解电容器自身结构的特点，应使其实际工作电压相当于所选额定电压的 $50\% \sim 70\%$，以便充分发挥电解电容器的作用。如果实际工作电压相当于所选额定电压的一半，反而容易使电解电容器的损耗增大。二是在选用电解电容器时，还应注意电容器的存放时间（存放时间一般不超过一年）。长期存放的电容器可能会因电解液干涸而老化。

（2）标称容量和精度。大多数情况下，对电容器容量要求并不严格，但在振荡、延时及音调电路中，电容量要求非常精确，电容器容量及其误差应满足电路要求。

（3）使用场合。根据电路的要求合理选用电容器。云母电容器或瓷介电容器一般用在高频或高压电路中。在特殊场合，还要考虑电容器的工作温度范围、温度系数等参数。

（4）体积。设计时一般希望使用体积小的电容器，以便减小电子产品的体积和重量，更换时也要考虑电容器的体积大小能否正常安装。

3.3　电 感 元 件

凡是能产生电感作用的元件统称为电感元件，也称为电感器，是一种储能元件，在电路中有阻交流、通直流的作用，在谐振、耦合、滤波等电路中的应用十分普遍。在电子整机中，电感元件主要指线圈和变压器等。

3.3.1　电感线圈

通常电感器由线圈构成，又称为电感线圈。与电阻器、电容器不同的是电感线圈没有品种齐全的标准产品，特别是一些高频小电感，通常需要根据要求自行设计制作。这里主要介绍标准商品电感线圈。

1. 电感线圈的作用与分类

电感线圈有通直流而阻碍交流的作用，可以在交流电路中起阻流、降压、耦合和负载等作用。电感线圈与电容器配合时，可以构成调谐、滤波、选频等电路。

电感线圈的种类很多，按电感的形式可分为固定电感线圈和可变电感线圈；按导磁性质可分为空芯线圈和磁芯线圈；按工作性质可分为天线线圈、振荡线圈、低频扼流线圈和高频扼流线圈；按耦合方式可分为自感应线圈和互感应线圈；按绕线结构可分为单层线圈、多层线圈和蜂房式线圈等。

2. 电感线圈的主要技术参数

（1）电感量。电感量也称作自感系数（L），是表示电感元件自感应能力的物理量。线圈电感量的大小与线圈直径、匝数、绕制方式及磁芯材料有关。

电感的基本单位是亨利（H），常用单位有毫亨（mH）、微亨（μH）、纳亨（nH）。

固定电感的标称电感量可用直标法标注，也可用色标法标注。色环电感的外形与色环电阻差不多，只是色环电感比色环电阻看上去更粗一些。色环电感大多用四环色标法来标注，识读方法与色环电阻器相同，单位是 μH。

例：四环色环电感的色标为蓝灰棕银，表示电感量为 68×10^1 μH $\pm 10\% = 680$ μH $\pm 10\%$。

（2）电感量误差。同电阻器、电容器一样，商品电感器的标称电感量也有一定误差。常用电感器误差为Ⅰ级、Ⅱ级、Ⅲ级，分别表示误差为 $\pm 5\%$、$\pm 10\%$、$\pm 20\%$。精度要求较高的振荡线圈，其误差为±0.2%～±0.5%。

（3）品质因数。品质因数也称作 Q 值，是指线圈在一个周期中储存的能量与消耗能量的比值，它是表示线圈品质的重要参数。它的大小取决于线圈电感量、等效损耗电阻、工作频率。Q 值越高，电感的损耗越小，效率就越高。但 Q 值的提高往往会受到一些因素的限制，如线圈导线的直流电阻、骨架和浸渍物的介质损耗、铁芯和屏蔽罩的损耗以及导线高频趋肤效应损耗等。

（4）分布电容。线圈匝与匝之间、线圈与地之间、线圈与屏蔽盒之间以及线圈的层与层之间都存在着电容，这些电容统称为线圈的分布电容。分布电容的存在会使线圈的等效总损耗电阻增大，品质因数 Q 降低。为减少分布电容，高频线圈常采用多股漆包线或丝包线，绕制线圈时常采用蜂房绕法或分段绕法等。

（5）额定电流。额定电流是指允许长时间通过线圈的最大工作电流。

（6）稳定性。电感线圈的稳定性主要指其参数受温度、湿度和机械振动等影响的程度。

3.3.2　变压器

变压器主要用于交流电压变换、交流电流变换、传递功率、阻抗变换、耦合和缓冲隔离等，是电子整机中不可缺少的重要元件之一。

1. 变压器的种类

变压器按其磁芯的材料可分为铁芯（硅钢片或坡莫合金）变压器、磁芯（铁氧体芯）变压器和空芯变压器等，其外形及电路符号如图 3-5 所示。铁芯变压器用于低频及工频电路，而磁芯（铁氧体芯）或空芯变压器则用于中、高频电路。变压器按防潮方式可分为非密封式、灌封式、密封式变压器。

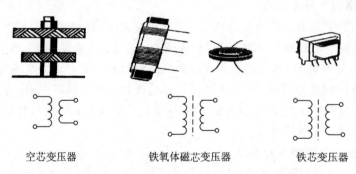

空芯变压器　　　　　铁氧体磁芯变压器　　　　铁芯变压器

图 3-5　变压器的外形及电路符号

变压器按使用的工作频率可以分为高频、中频、低频、脉冲变压器等。高频变压器一般在收音机和电视中作为阻抗变换器，如收音机的天线线圈等；中频变压器常用于收音机和电视机的中频放大器中；低频变压器的种类很多，如电源变压器、音频变压器、线间变压器、耦合变压器等；脉冲变压器则用于脉冲电路中。

1）低频变压器

低频变压器可分为音频变压器与电源变压器两种，在电路中又可分为输入变压器、输出变压器、级间耦合变压器、推动变压器及线间变压器等。低频变压器是铁芯变压器，其结构形式多采用芯式或壳式结构。大功率变压器以芯式结构为多，小功率变压器以壳式结构为多，如图 3-6 所示。

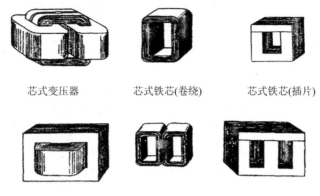

芯式变压器　　　　芯式铁芯(卷绕)　　　　芯式铁芯(插片)

壳式变压器　　　　壳式铁芯(卷绕)　　　　壳式铁芯(插片)

图 3 - 6　低频变压器及其铁芯

2）中频变压器

中频变压器(又称中周)适用范围从几千赫兹到几十兆赫兹。一般变压器仅仅利用电磁感应原理，而中频变压器除此之外还应用了并联谐振原理。因此，中频变压器不仅具有普通变压器变换电压、电流及阻抗的特性，还具有谐振于某一固定频率的特性。在超外差收音机中，它起到了选频和耦合作用，在很大程度上决定了收音机的灵敏度、选择性和通频带等指标。

中频变压器内部结构及符号如图 3 - 7 所示。中频变压器一般采用螺纹调杆帽形结构，并用金属外壳作屏蔽罩，在磁帽顶端涂有色漆(用不同的色漆代表序号)，以区别于外形相同的中频变压器和振荡线圈。

屏蔽罩　　　磁帽　　　尼龙架　　　绕线磁芯　　　底座

(a) 内部结构　　　　　　　　　　　　　　　　(b) 符号

图 3 - 7　中频变压器内部结构及符号

3）高频变压器

高频变压器又称耦合线圈或调谐线圈，如天线线圈和振荡线圈都是高频变压器。

2. 变压器的常用铁芯

变压器的铁芯通常由硅钢片、坡莫合金或铁氧体材料制成，其形状有"EI""F""C"型等，如图 3 - 8 所示。

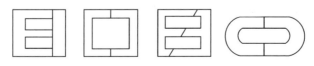

图 3 - 8　常用铁芯形状

3. 变压器的主要技术参数

(1) 额定功率。额定功率是指在规定的频率和电压下，变压器能长期工作而不超过规定温度的输出功率。变压器输出功率的单位用瓦（W）或伏安（V·A）表示。电子产品中变压器功率一般都在数百瓦以下。

（2）变压比。变压比指次级电压与初级电压的比值或次级绕组匝数与初级绕组匝数的比值。

（3）效率。效率为变压器的输出功率与输入功率的比值。变压器的效率与设计参数、材料、制造工艺及功率有关。变压器在传递能量的过程中，往往因铜损、铁损和漏磁等损耗了部分能量。变压器功率越大，损耗与输出功率相比就越小，变压器的效率也就越高；反之，变压器功率越小，效率就越低。通常 20 W 以下的变压器效率约为 70%～80%，而100 W 以上的变压器效率可达 95% 以上。一般电源、音频变压器要注意效率，而中频、高频变压器不考虑效率。

（4）温升。温升主要是指线圈的温度。当变压器通电工作后，其温度上升到稳定值时比周围环境温度高出的数值。

（5）空载电流。变压器在工作电压下次级空载时初级线圈流过的电流称为空载电流。一般不超过额定电流的 10%。空载电流大的变压器损耗大、效率低。

除此以外，变压器的技术参数还有绝缘电阻、漏电感、频带宽度和非线性失真等。

4. 变压器的性能检测

1）变压器同名端的检测

将指针式万用表置于直流电流挡 0.05 mA 挡。

将变压器按如图 3-9 所示电路图连接，阻值较小的绕组 1、2 可直接与电池 E 相接。当开关 S 闭合的一瞬间，若万用表指针正偏，说明 1、4 脚为同名端；若反偏，则说明 1、3 脚为同名端。

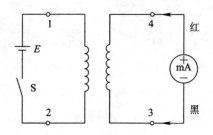

图 3-9　变压器同名端的检测

若开关 S 本为闭合，在断开的一瞬间，若万用表指针反偏，说明 1、4 脚为同名端；若正偏，则说明 1、3 脚为同名端。

2）电源变压器初级绕组与次级绕组的区分

电源变压器多为降压变压器，初级绕组接交流高压（如～220 V），匝数较多，直流电阻较大，而次级为降压输出，匝数较少，直流电阻也较小，利用这一特点可以用万用表很容易地判断出初级绕组和次级绕组。

3）变压器的故障及检修

变压器的故障有开路和短路两种。开路故障用万用表电阻挡测电阻进行判断。一般中、高频变压器的线圈匝数不多，其直流电阻很小，在零点几欧姆至几欧姆之间，随变压器规格而异；音频和中频变压器由于线圈匝数较多，直流电阻较大，可达几百欧至千欧以上。变压器的直流电阻正常并不能表示变压器完好无损，如电源变压器有局部短路时对直流电阻影响并不大，但变压器已不能正常工作。中、高频变压器的局部短路更不易用测直流电阻法判别，其表现为 Q 值下降，一般要用专门测量仪器才能判别。需要注意的是，测试时应切断变压器与其他元件的连接。

电源变压器内部短路故障可通过空载通电实验进行检查，方法是切断电源变压器的负载，接通电源，如果通电 15～30 分钟后温升正常，说明变压器正常；如果空载温升较高（超过正常温升），说明内部存在局部短路现象。初学者可用同型号的好变压器作比较。

变压器开路是由线圈内部断线或引出端断线引起。引出端断线是常见的故障，仔细观察即可发现。如果是引出端断线可以重新焊接，但若是内部断线则需要更换或重绕。

3.4　半 导 体 器 件

3.4.1　半导体二极管

半导体二极管由一个 PN 结、电极引线和外加密封管制成，具有单向导电特性。

1. 二极管的分类

二极管按结构可分为点接触型和面接触型两种。点接触型二极管的结电容小，正向电流和允许加的反向电压小，常用于检波、变频等电路；面接触型二极管的结电容较大，正向电流和允许加的反向电压较大，主要用于整流等电路。面接触型二极管中用得较多的一类是平面型二极管，平面型二极管可以通过更大的电流，在脉冲数字电路中用作开关管。

二极管按材料可分为锗二极管和硅二极管。锗管与硅管相比，具有正向压降低（锗管 0.2～0.3 V，硅管 0.5～0.7 V）、反向饱和漏电流大、温度稳定性差等特点。

二极管按用途可分为普通二极管、整流二极管、开关二极管、变容二极管、稳压二极管、发光二极管、光敏二极管等。

2. 二极管的主要技术参数

(1) 最大正向电流 I_{DM}。最大正向电流指长期工作时二极管允许通过的最大正向平均电流。

因为电流流过时二极管会发热，电流过大，二极管会因过热而烧毁，所以使用二极管时要特别注意最大电流不得超过 I_{DM} 值。大电流整流二极管应用时要加散热片。

(2) 最大反向电压 U_{RM}。最大反向电压是指不致于引起二极管击穿的最大反向电压。工作电压的峰值不能超过 U_{RM}，否则反向电流增大，整流特性将变坏，甚至会烧毁二极管。

(3) 反向饱和电流 I_{RM}。实际上二极管在反向电压下总有微弱的电流，这一电流在反向击穿之前大致不变，故称反向饱和电流。该值越小，说明二极管的单向导电性越好。

通常硅管的 I_{RM} 为 1 μA 或更小，锗管为几百微安。

(4) 最高工作频率 f_M。二极管因材料、制造工艺和结构的不同，其使用频率也不相同。二极管保持原来良好工作特性的最高频率称为最高工作频率。

3. 普通二极管极性判别及性能检测

1）用指针式万用表判别

用指针式万用表电阻挡 $R\times100\ \Omega$ 或 $R\times1\ \mathrm{k}\Omega$ 挡测量二极管正、反向电阻，阻值较小的一次二极管导通，黑表笔（高电位笔）接触的是二极管正极，红表笔（低电位笔）接触的是二极管负极，如图 3-10(a) 所示。二极管的正、反向电阻值相差越大，说明其单向导电性越好。

若二极管正、反向电阻都为 ∞，说明二极管内部开路；若二极管正、反向电阻都为 0，说明二极管内部短路。二极管正、反向电阻相差越大越好，阻值相同或相近都视为坏管。

2）用数字万用表判别

使用数字万用表的二极管挡，将红表笔（高电位笔）接二极管的正极，黑表笔（低电位笔）接负极，所测得的数值为二极管的正向压降，如图 3-10(b) 所示。通常，硅二极管的正向压降为 $0.5\sim0.7\ \mathrm{V}$，反向连接时显示溢出符号"1"；锗二极管的正向压降为 $0.15\sim0.3\ \mathrm{V}$，反向连接时显示溢出符号"1"。测量时，如果正反向均显示"0"，蜂鸣器长响，表明被测二极管已经击穿短路；而如果正反向皆显示溢出符号"1"，则表明被测二极管内部开路；若测得结果与正常数值相差较远，则表明被测二极管性能不佳。

(a) 指针式万用表电阻挡测二极管　　　　(b) 数字万用表二极管挡测二极管

图 3-10　二极管测试时的正向连接

4. 二极管的代用

当原电器装置中二极管损坏时，最好选用同型号的二极管代替。如果找不到相同的二极管，首先要查清原二极管的性质及主要参数。检波二极管一般不存在反向电压的问题，只要工作频率能满足要求的二极管均可代替。整流二极管要满足反向电压（不能低于原二极管的反向电压）和整流电流的要求（大于原二极管的整流电流）。稳压二极管一定要注意稳定电压的数值，更换后要求各项指标尽量相同，必要时还应调整有关的电路元件参数，使其输出电压与原来的相同。

3.4.2　晶体三极管

晶体三极管又叫双极型三极管（因有两种载流子同时参与导电而得名），简称三极管。三极管是信号放大和处理的核心器件，广泛用于电子产品中。

1. 晶体三极管的分类

三极管的种类很多，按 PN 结的组合方式可分为 NPN 型和 PNP 型；按材料可分为锗和硅晶体三极管；按工作频率可分为高频管（$f_\alpha\geqslant3\ \mathrm{MHz}$）和低频管（$f_\alpha<3\ \mathrm{MHz}$）；按功率可分为大功率管（$P_{\mathrm{CM}}\geqslant1\ \mathrm{W}$）和小功率管（$P_{\mathrm{CM}}<1\ \mathrm{W}$）等。

2. 三极管的主要技术参数

（1）交流电流放大系数：分为共发射极电流放大系数（β）和共基极电流放大系数（α）。它是表明晶体管放大能力的重要参数。

（2）集电极最大允许电流 I_{CM}：当电路中的集电极电流 I_C 超过一定值时，三极管的电流放大系数 β 就要下降，将电流放大系数下降到其额定值的 2/3 时的集电极电流值定义为集电极最大允许电流。

（3）集-射极间反向击穿电压 $U_{(BR)CEO}$：指三极管基极开路时，集电极和发射极之间允许加的最高反向电压。

（4）集电极最大允许耗散功率 P_{CM}：三极管参数变化不超过规定允许值的最大集电极耗散功率。

除以上参数外，三极管的主要技术参数还有表明热稳定性、频率特性等性能的参数。

3. 三极管的检测

1）指针式万用表检测三极管

选用指针式万用表电阻挡 $R \times 100$ Ω 或 $R \times 1$ kΩ 挡。

（1）基极 b 和管型的判别。如图 3-11 所示，以任一引脚为基准（即公共引脚），测量其与另外两引脚的极间电阻，找出两次测量值都较小的情况，且调换表笔重复测量时，两次测量值都较大，则两次测量的极间电阻都较小时的基准极为基极 b，此时基极上所接表笔为基准笔。若基准笔为红表笔（低电位笔），则该三极管为 PNP 型；若基准笔为黑表笔（高电位笔），则该三极管为 NPN 型。

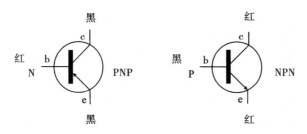

图 3-11　用指针式万用表电阻挡判别三极管基极 b

（2）发射极 e 和集电极 c 的判别。如图 3-12 所示，用潮湿的手指（相当于图中的 100 kΩ 电阻）捏住基极 b 和一个未知引脚，但两极不能相碰，以基准笔接触该未知引脚，另一表笔接触另一未知引脚，记住此次的读数。调换未知引脚，用上述方法再测一次，比较两次测得的电阻值，其中电阻值较小的那次基准笔所接的引脚是集电极 c，另一引脚是发射极 e。

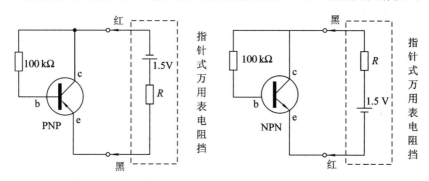

图 3-12　用指针式万用表电阻挡判别三极管的 e、c 极

（3）h_{FE} 的测量。先将功能量程选择开关旋至 ADJ 挡位，将红、黑表笔短接，调节欧姆调零电位器，使指针对准 h_{FE} 刻度线最大值（$h_{FE}=300$）处，然后再将功能量程选择开关旋至

h_{FE}挡位，将已测出 e、b、c 三极的三极管插在测试座相应插孔上测出相应的 h_{FE} 值。标有"N"的插孔用于 NPN 型三极管，标有"P"的插孔用于 PNP 型三极管。

2）数字万用表检测三极管

（1）基极 b、管型及材料的判别。如图 3-13 所示，将数字万用表功能量程开关旋至二极管挡。将任一表笔接管子的任一引脚（称公共引脚），另一表笔分别接另外两引脚测量，如果两次均显示值均小于 1 V（显示 0.5~0.8 V 为硅管，显示 0.15~0.3 V 为锗管），且调换表笔测量时两次均显示溢出符号"1"，则公共引脚就是基极 b，并且在两次显示值均小于 1 V 时，若公共引脚上接的是红表笔（高电位笔），则被测管为 NPN 型管；若公共引脚上接的是黑表笔（低电位笔），则被测管为 PNP 型管。如果在两次测试中，一次显示值小于 1 V，另一次显示溢出符号"1"，表明公共引脚不是基极 b，此时应改换其他引脚作公共引脚重新测量，直到找出基极 b 为止。

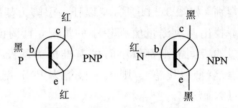

图 3-13　用数字万用表二极管挡判别三极管基极 b

（2）发射极 e 和集电极 c 的判别（兼测 h_{FE} 值）。将数字万用表拨至 h_{FE} 挡。如果被测管是 NPN 型管，使用 NPN 插孔；如果被测管是 PNP 型管，则使用 PNP 插孔。将基极 b 插入 B 孔内固定不动，剩下两个引脚分别插入 C 孔和 E 孔中测一次 h_{FE} 值，然后调换此两未知引脚再测一次 h_{FE} 值，以仪表显示 h_{FE} 值大（几十到几百）的一次为准，C 孔插的引脚是集电极 c，E 孔插的引脚则是发射极 e。

上述测试方法的原理很简单：对于质量良好的三极管，当使用 h_{FE} 挡按正常接法插入插孔时，发射结加上了正向偏置电压，集电结加上了反向偏置电压，这时三极管处于放大状态，放大倍数较高，仪表显示的 h_{FE} 值较大（几十到几百）。如果将集电极 c 与发射极 e 的引脚插反了，管子就不能正常工作，放大倍数很低，仪表显示的 h_{FE} 值很小（几到十几）。

3.4.3　场效应管

1. 场效应管及分类

场效应管简称 FET，也是一种常用的半导体器件，是通过电压来控制输出电流的，是电压控制器件，用于放大、开关等电路中。

场效应管的种类很多，常用的有结型（JFET）和绝缘栅型（MOSFET）两种，每一种又分为 N 沟道和 P 沟道。绝缘栅型又分为增强型和耗尽型。

场效应管的三个电极为源极（S）、栅极（G）与漏极（D），其电路符号如图 3-14 所示，其中图 3-14(a)是 N 沟道结型场效应管、图 3-14(b)是 P 沟道结型场效应管、图 3-14(c)是 P 沟道增强型绝缘栅场效应管、图 3-14(d)是 N 沟道增强型绝缘栅场效应管、图 3-14(e)是 P 沟道耗尽型绝缘栅场效应管、图 3-14(f)是 N 沟道耗尽型绝缘栅场效应管。

通常增强型 N 沟道绝缘栅场效应管应用较多，其次是增强型 P 沟道场效应管，结型管和耗尽型管应用较少。

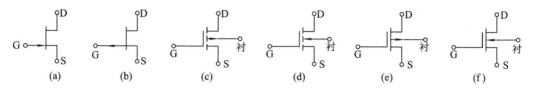

图 3-14 场效应管的电路符号

2. 场效应管的主要技术参数

场效应管的主要技术参数有夹断电压(结型)、开启电压(MOS 管)、饱和漏极电流、直流输入电阻、跨导、噪声系数和最高工作频率等。

3. 结型场效应管的检测

由于结构对称,结型场效应管的源极 S 和漏极 D 功能可互换。

1) 判别电极及管子类型

3DJ 系列结型场效应管引脚排列如图 3-15(a)所示,检测时选用指针式万用表电阻挡 $R×1$ kΩ 挡,将任一表笔接管子的任一引脚(称公共引脚),另一表笔分别接另外两个引脚测量,看两次测得的电阻值是否都小于几千欧;若不是,则另设公共引脚再测,直到测得两次电阻值都小于几千欧为止。这时,公共引脚为栅极 G。若红表笔接的是公共引脚,则是 P 沟道管;若黑表笔接的是公共引脚,则是 N 沟道管。其余两个引脚是源极 S 和漏极 D,但因 S 和 D 可互换使用,故不必再加以区分。

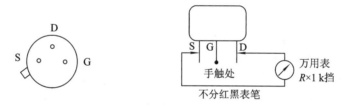

(a) 3DJ系列结型场效应管引脚图(正视引脚面)　　(b) 检测放大能力

图 3-15 结型场效应管

2) 粗测管子性能

可先测 G 与另一引脚(S 或 D)之间的正、反向电阻,正向电阻应在几千欧以下,反向电阻应接近无穷大,否则是坏管。再测 S 与 D 之间的正、反向电阻(仍用 $R×1$ kΩ 挡),应都在几千欧以下,但正、反向电阻略有差异;如正、反向电阻很大,则管子已坏。最后测放大能力,按图 3-15(b)接万用表后,用手指碰触 G 极,将人体感应信号注入,应看到指针有明显的摆动(左摆右摆均可,但多数左摆),这说明管子有放大能力。摆动越大,放大能力越强,即放大倍数越大。交换表笔再测 D、S,也用手指碰触 G 极,仍应看到类似的指针摆动现象。如以上测试中指针不摆动或摆动极小,则说明管子已失效或放大能力极小。注意,若要再测一次放大能力,应将 G、D、S 短接放电后再测,否则指针可能不动。

4. 绝缘栅型场效应管(MOS 管)的检测

绝缘栅型场效应管简称 MOS 管,其中 N 沟道 MOS 管简称 NMOS 管,P 沟道 MOS 管简称 PMOS 管。

目前市场上销售的 MOS 管的种类、封装很多，其中的大多数 MOS 管尤其是功率型
MOS 管内部集成有完善的保护环节，使用起来与双极型三极管一样方便。不过，保护单元
的存在又使得 MOS 管内部结构变得更加复杂，测试方法也与传统双极型三极管大相径庭。

1）基本类型 MOS 管测试

MOS 管内部的保护环节有多种类型，这就决定了测量过程存在着多样性，例如常见
的 NMOS 管内部结构如图 3-16 所示。

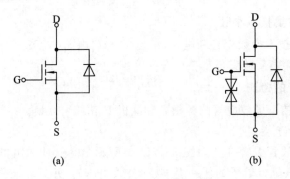

图 3-16　常见 NMOS 管的内部结构

图 3-16 所示 NMOS 管的 D、S 间均并联有一只寄生二极管（Internal Diode），图
3-16(a)所示 MOS 管在目前使用较广。图 3-16(b)所示 NMOS 管的 G、S 之间还设计了
一只类似于双向稳压管的"保护二极管"，由于该保护二极管的开启电压较高，用万用表一
般无法测量该二极管的单向导电性。因此，这两种管子的测量方法基本类似，具体测试步
骤如下：

（1）MOS 管栅极与漏、源两极之间绝缘阻值很高，因此在测试过程中 G、D 之间和 G、
S 之间均表现出很高的电阻值。而寄生二极管的存在将使 D、S 两极间表现出正、反向阻值
差异很大的现象。

选择指针式万用表的 $R \times 1$ kΩ 挡，轮流测试任意两只引脚之间的电阻值。当指针出现
较大幅度偏转时，与黑表笔相接的引脚即为 NMOS 管的 S 极，与红表笔相接的引脚为漏极
D，剩余第三脚则为栅极 G。

（2）短接 G、D、S 三只电极，泄放掉 G、S 极间等效结电容在前面测试过程中临时存
储电荷所建立起的电压。图 3-16(b)所示 MOS 管的 G、S 极间接有双向保护二极管，可跳
过这一步。

（3）万用表电阻挡切换到 $R \times 10$ kΩ 挡（内置 9 V 电池）后调零。将黑表笔接漏极 D、红
表笔接源极 S，经过上一步的短接放电后，U_{GS} 降为 0 V，MOS 管尚未导通，其 D、S 间电
阻为无穷大，故指针不会发生偏转。

（4）MOS 管质量与性能的检测。

① 用手指碰触 G、D 极，此时指针向右发生偏转。指针偏转角度越大，MOS 管的放大
能力越好。手指松开后，指针略微有一些摆动。

② 用手指捏住 G、S 极，形成放电通道，此时指针缓慢回转至电阻值∞的位置。

图 3-16(b)所示 MOS 管的 G、S 间接有保护二极管，手指撤离 G、D 极后即使不去接
触 G、S 极，指针也将自动回到电阻值∞的位置。

值得注意的是，测试过程中手指不要接触与测试步骤不相关的引脚，包括与漏极 D 相

连的散热片，避免后续测量过程中因万用表指针偏转异常而造成误判。

2）PMOS 管的测试

PMOS 管的测试原则和方法与 NMOS 管类似，在测试过程中应注意将表笔的顺序颠倒。

3）型号不明的 MOS 管的测试

对于型号不明的 MOS 管，通过检测单向导电性往往只能判断出其中哪一只引脚为栅极 G，而不能直接识别管子的极性和 D、S 极。对此，合理的测试方法如下：

（1）万用表取 $R \times 1$ kΩ 挡，用红、黑表笔测量任意两极间电阻，观察到一次单向导电情况，此时没接表笔的一只引脚为栅极 G，交换两只表笔的位置。

（2）将万用表切换至 $R \times 10$ kΩ 挡，保持黑表笔不动，将红表笔移到栅极 G 停留几秒后再回到原位，若指针出现满偏，则该元件为 PMOS 管，且黑表笔所接引脚为源极 S、红表笔所接为漏极 D。

（3）若第（2）步指针没有发生大幅度偏转，则保持红表笔位置不变，将黑表笔移到栅极 G 停留几秒后回到原位，若指针满偏则管子类型为 NMOS，黑表笔所接引脚为漏极 D、红表笔所接为源极 S。

MOS 管的种类较多，测试方法也不尽相同，实际工作中需要在充分掌握上述测试原则的基础上灵活地选择合适的测试方法。

4）用数字万用表检测

常用的 MOS 管 G、D、S 三个引脚是固定的，无论 N 沟道还是 P 沟道都一样，正视芯片文字放置，常见封装的引脚排列如图 3-17 所示。

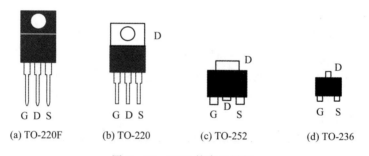

G D S	G D S	G S	G S
(a) TO-220F	(b) TO-220	(c) TO-252	(d) TO-236

图 3-17　MOS 管常见封装

（1）用数字万用表检测 NMOS 管。将数字万用表功能量程开关旋至二极管挡，测试步骤如下：

① 首先短接三只引脚对管子进行放电，然后用红表笔接 S 极，黑表笔接 D 极。如果测得为 0.5 V 左右的数值，说明此管为 N 沟道。

② 黑表笔不动，用红表笔去接触 G 极，显示溢出符号"1"。

③ 红表笔移回到 S 极，测得 0.1～0.3 V 左右的数值（明显比刚才的数值小），说明此时管子导通。

对于图 3-16（b）所示的 MOS 管，因 G、S 间保护二极管的存在，所测数值经一段时间将由小自动变大恢复到原始数值 0.5 V 左右。

④ 再次短接三只引脚给管子放电，然后红表笔接 D 极，而黑表笔接 S 极，应显示溢出符号"1"。如果没有放电，因为上一步测量时 D、S 之间还是导通的，此次测量时的示值需

经几秒的变化后才恢复溢出数值"1"。

⑤ 保持红表笔不动，黑表笔接 G 极，应显示溢出符号"1"。

至此，可以判定此 N 沟道绝缘栅型场效应管为正常。

（2）用数字万用表检测 PMOS 管。对 PMOS 管（P 沟道绝缘栅型场效应管）的测量步骤与 NMOS 管类似，在测量过程中应注意将表笔的顺序颠倒。例如，第一步为黑表笔接 S 极，红表笔接 D 极，可以测得 0.5 V 左右的数值。

（3）型号不明的 MOS 管的测试。将数字万用表功能量程开关旋至二极管挡，测试步骤如下：

① 用红、黑表笔测量任意两极间电压，找到一次单向导电情况，此时没接表笔的一只引脚为栅极 G；短接三只引脚给管子放电，再次确认此单向导电情况，示值为 0.5 V 左右。

② 保持黑表笔不动，将红表笔移到栅极 G 停留几秒后再回到原位，若示值明显比刚才的数值小，则该元件为 NMOS 管，且红表笔所接引脚为源极 S，黑表笔所接为漏极 D。

③ 若第②步测量示值没有发生大的变化，则保持红表笔位置不变，将黑表笔移到栅极 G 停留几秒后回到原位，若示值明显比刚才的数值小，则管子类型为 PMOS，红表笔所接引脚为漏极 D，黑表笔所接为源极 S。

（4）场效应管好坏判断。将数字万用表功能量程开关旋至二极管挡，测 D、S 两脚值为 0.3~0.8 V 表明正常；如果显示"0"且长响，表明场效应管击穿；如果显示"1"，表明场效应管为开路。

场效管软击穿是指用万用表测量是好的，换到电路中是坏的，软击穿状态下场效应管输出不受 G 极控制。

5. 场效应管的代换原则

维修时，需要对损坏的场效应管进行更换。更换时最好原值代换，若实在没有，功率大的可以代换功率小的，需外形大小相同，沟道及内部结构相同且技术指标优于原管即可。

6. 使用注意事项

（1）结型场效应管和一般晶体三极管的使用注意事项相仿。

（2）绝缘栅型场效应管应该特别注意避免栅极悬空，即栅、源两极之间必须经常保持直流通路。因为它的输入阻抗非常高，所以栅极上的感应电荷就很难通过输入电阻泄漏，电荷的积累使静电电压升高，尤其是在极间电容较小的情况下，少量电荷就会产生很高的电压，往往管子还未经使用，就已被击穿或出现性能下降的现象。为了避免上述原因对绝缘栅型场效应管造成损坏，在存储时应把它的三个电极短路。

（3）绝缘栅型场效应管内部的保护环节有多种类型，如在它的栅、源两极之间接入一个电阻或稳压二极管，使积累电荷不致过多或使电压不致超过某一界限，不同类型的绝缘栅型场效应管测试方法也不尽相同，需查找资料具体对待。

（4）焊接、测试绝缘栅型场效应管时应该采取防静电措施，电烙铁和仪器等都要有良好的接地线；使用绝缘栅型场效应管的电路和整机，外壳必须良好接地。

3.4.4　晶闸管

晶闸管又称可控硅，其特点是耐压高、容量大、效率高、寿命长及使用方便，可用微小信号对大功率电源等进行控制和变换。目前应用最多的是单向晶闸管和双向晶闸管。

1. 单向晶闸管（SGR）

1）结构及特点

单向晶闸管是 P－N－P－N 四层三 PN 结半导体结构，可等效看成由两个晶体管 V_1（$P_1N_1P_2$）与 V_2（$N_1P_2N_2$）组成，如图 3-18 所示。单向晶闸管共有三个电极，分别为阳极 A、阴极 K 和控制极 G。

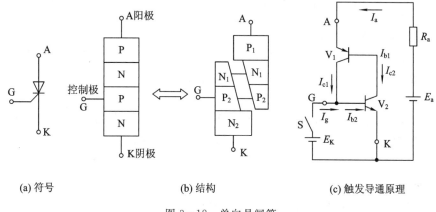

(a) 符号　　　　　　　　(b) 结构　　　　　　　　(c) 触发导通原理

图 3-18　单向晶闸管

2）工作原理

当阳极 A 与阴极 K 之间加有反向电压，或阳极 A 与阴极 K 之间加有正向电压但控制极 G 与阴极 K 间不加正向触发电压时，单向晶闸管截止。

只有当阳极 A 与阴极 K 之间加有正向电压，同时控制极 G 与阴极 K 间加上所需的正向触发电压时，单向晶闸管方可被触发导通。此时 A、K 间呈低阻导通状态，阳极 A 与阴极 K 间压降约 1 V。单向晶闸管导通后，控制极 G 即使失去触发电压，只要阳极 A 和阴极 K 之间仍保持正向电压及足够的维持电流，单向晶闸管继续处于低阻导通状态。

如图 3-18(c) 所示，当 S 断开时，单向晶闸管截止（V_1 与 V_2 截止）；当 S 闭合时，G、K 极间加正向导通电压（V_2 的发射结导通），一旦有足够的 I_g 流入时，就形成强烈的正反馈，瞬时使单向晶闸管导通（V_1 与 V_2 饱和导通）。上述自动调节过程可表示为

$$I_g \uparrow \rightarrow I_{b2}(=I_g+I_{c1}) \uparrow \rightarrow I_{b1}(=\beta_2 I_{b2}) \uparrow \rightarrow I_{b1}(=I_{c2}) \uparrow \rightarrow I_{c1}(=\beta_1 I_{b1}) \uparrow$$

只有当流过阳极 A 的电流小于维持电流，或阳极 A、阴极 K 之间电压极性发生改变（交流过零）时，单向晶闸管才由低阻导通状态转换为高阻截止状态。

单向晶闸管一旦截止，即使阳极 A 和阴极 K 之间又重新加上了正向电压，仍需在控制极 G 和阴极 K 间重新加上正向触发电压方可导通。单向晶闸管的导通与截止（也称关断或阻断）状态相当于开关的闭合与断开状态，用它可制成无触点开关。单向晶闸管导通和关

断条件如表 3-4 所示。

表 3-4　单向晶闸管导通和关断条件

状　态	条　件	说　明
从关断到导通	1. 阳极电位高于阴极电位 2. 控制极与阴极之间有足够的正向电压和电流	两者缺一不可
维持导通	1. 阳极电位高于阴极电位 2. 阳极电流大于维持电流	两者缺一不可
从导通到关断	1. 阳极电位低于阴极电位 2. 阳极电流小于维持电流	任一条件即可

3）极性判别及质量的检测

（1）极性判别。用指针式万用表电阻挡 $R \times 100 \ \Omega$（或 $R \times 10 \ \Omega$、$R \times 1 \ \Omega$）挡测单向晶闸管的任意两极间的正、反向阻值，其中只有一次阻值较小，此时黑表笔接的是控制极 G，红表笔接的是阴极 K，另一极是阳极 A。

（2）判别质量好坏。指针式万用表黑表笔接阳极 A，红表笔接阴极 K，单向晶闸管不导通；此时再用黑表笔同时接触控制极 G，单向晶闸管导通；只断开控制极 G，若仍保持导通，说明单向晶闸管质量较好。

2. 双向晶闸管

双向晶闸管在电路中主要用来进行交流调压、交流开关等。

1）结构及特点

双向晶闸管是 N-P-N-P-N 型五层的半导体结构，等效于两个反向并联的单向晶闸管。它也有三个电极：第一阳极 T_1、第二阳极 T_2 与控制极 G，如图 3-19 所示。

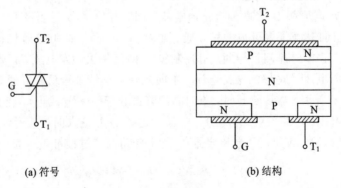

(a) 符号　　　　　　　　　　　　(b) 结构

图 3-19　双向晶闸管

2）工作原理

双向晶闸管第一阳极 T_1 与第二阳极 T_2 间，无论所加电压极性是正向还是反向，只要控制极 G 和第一阳极 T_1 间加有正、负极性不同的触发电压，就可触发导通呈低阻状态，此时 T_1、T_2 间压降也约为 1 V。双向晶闸管一旦导通，即使失去触发电压，也能继续保持导通状态。只有当第一阳极 T_1、第二阳极 T_2 电流减小至小于维持电流，或 T_1、T_2 间电压极性改变且没有触发电压时，双向晶闸管才截止，此时只有重新加触发电压方可导通。

3) 极性判别及质量检测

用指针式万用表电阻挡 $R \times 10\ \Omega$（或 $R \times 1\ \Omega$）挡检测。

（1）第二阳极 T_2 判别。测出某极和任意两极之间的电阻，若呈高阻，则该极一定是 T_2 极（其他情况正、反向电阻都很小）。

（2）控制极 G、第一阳极 T_1 判别及双向晶闸管质量检测。假定剩下两个极分别为 G 极和 T_1 极。将黑表笔接 T_1 极，红表笔接 T_2 极，电阻为无穷大。接着用红表笔将 T_2 极与 G 极短路，给 G 极加上负触发信号，电阻值应为 $10\ \Omega$ 左右，表明管子已经导通，导通方向为 T_1 到 T_2 极。再将红表笔与 G 极脱开（但仍接 T_2），若电阻值保持不变，证明管子触发后能维持导通状态。

将红表笔接 T_1 极，黑表笔接 T_2 极，电阻为无穷大，然后使 T_2 极与 G 极短路，给 G 极加上正触发信号，如果晶闸管也能导通并维持，则双向晶闸管正常且假定引脚是正确的，否则需重新测定。检测原理如图 3-20 所示。

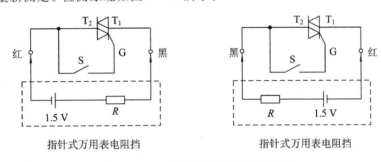

图 3-20 双向晶闸管极性及质量检测

由此可见，双向晶闸管的触发信号必须加在 T_1 和 G 之间。

3.4.5 光电器件

光电器件的种类繁多，这里只介绍发光二极管、光敏二极管、光敏三极管和光电耦合器。

1. 发光二极管

半导体发光二极管是用 PN 结把电能转换成光能的一种器件，它可用作光电传感器、测试装置、遥测遥控设备等。按其发光波长，可分为激光二极管、红外发光二极管与可见光发光二极管。可见光发光二极管常称为发光二极管，简称 LED。

1) 普通发光二极管的特性与种类

当给普通发光二极管加 2~3 V 正向电压，只要有正向电流通过，它就会发出可见光，通常有红光、黄光、绿光等几种。有的还能根据所加电压情况的不同发出不同颜色的光，称之为变色发光二极管。发光二极管工作电压低、电流小、发光稳定、体积小，广泛应用于多种电子产品中。

2) 发光二极管的主要参数

小电流发光二极管的主要参数包括电学和光学两类参数。

（1）电学参数：主要有工作电流、最大工作电流、正向压降、反向耐压，其意义和普通二极管相应参数的意义相当。小电流发光二极管的工作电流不宜过大，最大工作电流值为 50 mA。正向启辉电流接近 1 mA，测试电流为 $10\sim30$ mA。若工作电流太大，发光亮度高，长期连续使用易使发光二极管亮度衰退，降低使用寿命。选用的材料不同、工艺不同，发光二极管正向压降值也不同，一般压降在 $1.5\sim3$ V 范围内。发光二极管的反向耐压一般小于 6 V，最高不会超过十几伏，这是不同于一般硅二极管的。为了防止接错电源极性或其他原因造成发光二极管击穿，可以在输入端加入一个反向二极管用于保护。

（2）光学参数：包括发光波长、发光亮度等。选材、工艺不同，发光二极管发光的波长、亮度也不同。

3）用数字万用表检测发光二极管

（1）选用二极管挡检测。二极管挡所提供的工作电流仅 1 mA 左右，若正向检测时发光二极管能微微发光，所显示的电压示值为 1.6 V 左右，此时红表笔接的是正极，黑表笔接的是负极；对调表笔后再测，显示溢出符号"1"，此时红表笔接的是负极，黑表笔接的是正极，说明被测发光二极管正常。

在以上测试中，若正反向测量均显示"0"，蜂鸣器长响，说明发光二极管已击穿短路；若均显示溢出符号"1"，则说明发光二极管已开路。

需注意的是，若用二极管挡测量，发光二极管发光的亮度适中，则说明被测管属于高亮度 LED。通过对比发光二极管的发光亮度，根据其发光灵敏度，可很容易地区分普通 LED 与高亮度 LED。

（2）使用 h_{FE} 挡检测。h_{FE} 挡 C、E 插孔可提供 20 mA 以下的电流，因此该挡很适合用来检测发光二极管。检测时，将数字万用表置于 h_{FE} 挡，利用 NPN 插孔时，把被测管的正极插入 C 孔，负极插入 E 孔；利用 PNP 插孔时，把被测管的正极插入 E 孔，负极插入 C 孔。若管子良好，应能正常发光，因为正向电流较大，仪表此时显示溢出符号"1"。用此法可以检测 LED。

检测时，若将被测 LED 的正、负极接反，或管子内部开路，仪表将显示"000"，管子也不能发光。若仪表显示溢出符号"1"，且被测管不发光，说明其两电极间已经短路。

此外，利用 h_{FE} 挡检测 LED 发光性能的时间应尽量短，以免影响表内 9 V 叠层电池的使用寿命。

2. 光敏二极管和光敏三极管

光敏二极管和光敏三极管均为红外线接收管。这类管子能把光能转变成电能，主要用于各种控制电路，如红外线遥感、光纤通信、光电转换器等。

1）光敏二极管

光敏二极管的构成和普通二极管相似，不同点在于管壳上有入射光窗口。它的工作状态有两种：一是当光敏二极管加反向工作电压时，管子中的反向电流将随光照强度的改变而改变，光照强度越大，反向电流越大，大多数情况光敏二极管都工作在这种状态；二是光敏二极管上不加电压，利用 PN 结在受光照射时产生正向电压的原理，把它当做微型光电池。这种工作状态一般用作光电检测器。

质量检测：用指针式万用表电阻挡 $R\times1$ kΩ 挡测试，正向电阻约为 10 kΩ。无光照时，反向电阻无穷大；有光照时，反向电阻随光照强度增加而减小，阻值为几千欧或 1 kΩ 以下，说明此管是好的。若正、反向电阻都是无穷大或为零，则表明管子是坏的。

2）光敏三极管

光敏三极管也是靠光的照射来控制电流的器件，可等效为一个光敏二极管和一个三极管的结合，所以具有放大作用。一般只引出集电极和发射极，其外形和发光二极管相似。有的也引出基极，做温度补偿用。用指针式万用表测光敏三极管的方法如表 3-5 所示。

表 3-5　光敏三极管测试方法

挡位	接法	不同测试条件下测试电阻值	
		无光照	在白炽灯光照下
电阻挡 $R \times 1\ k\Omega$ 挡	黑表笔接 c，红表笔接 e	指针微动，电阻值接近无穷大	电阻值随光照强度增大而减小，可达几千欧或 $1\ k\Omega$ 以下
	黑表笔接 e，红表笔接 c	电阻值为无穷大	电阻为无穷大（或指针微动）

3. 光电耦合器

光电耦合器是以光为媒介，用来传输电信号，能实现"电—光—电"转换的器件。广泛用于电气隔离、电平转换、级间耦合、开关电路、脉冲放大、固态继电器和微型计算机接口电路中。

光电耦合器的种类繁多，这里只介绍最常见的由一只发光二极管和一只光敏三极管组成的光电耦合器。其工作原理如下：

光电耦合器中光敏三极管的导通与截止是由发光二极管所加正向电压控制的。当发光二极管加上正电压时，发光二极管有电流通过并发光，使光敏三极管内阻减少而导通；反之，当发光二极管不加正向电压或所加正向电压很小时，发光二极管中无电流通过不发光或通过电流很小发光强度微弱，使光敏三极管的内阻增大而截止。通过"电—光—电"的过程实现了输入电信号与输出电信号间既可用光来传输，又可通过光隔离，从而提高了电路的抗干扰能力。

3.4.6　显示器件

显示器件是指将电信号转换为光信号的光电转换器件，即用来显示数字、符号、文字或图像的器件。它是电子显示装置的关键部件，对显示装置的性能有很大影响。

1. 液晶显示器（LCD）

液晶是一种介于晶体和液体之间的物质，具有晶体的各向异性和液体的流动性。利用液晶的电光效应和热光效应制作成的显示器就是液晶显示器。液晶显示器最大的特点是液晶本身不会发光，它要借助自然光或外来光才能显示，且外部光线愈强，显示效果越好。液晶显示器具有工作电压低（2～6 V）、功耗小、体积小、重量轻、工艺简单、使用寿命长、价格低等优点，在便携式电子产品中应用较广。它的缺点是工作温度范围窄（−10～60℃），响应时间和余辉时间较长。

2. LED 数码管

发光二极管是由半导体材料制成的，它能将电信号转换成光信号。将发光二极管制成条状，再按照一定方式连接组成"8"即构成 LED 数码管。使用时按规定使某些笔段上的发光二极管发光，就可显示 0～9 的数字。LED 数码管分共阳极和共阴极两种。按位数有 1 位、2 位、4 位、计时用等多种。

　　1) 1 位 LED 数码管

　　1 位 LED 数码管外形如图 3-21(a)所示，内部结构如图 3-21(b)、(c)所示。a～g 代表 7 个笔段的驱动端，亦称笔段电极，dp 是小数点笔段。3 端与 8 端内部连通为公共极，图中"＋"表示公共阳极，"－"表示公共阴极。

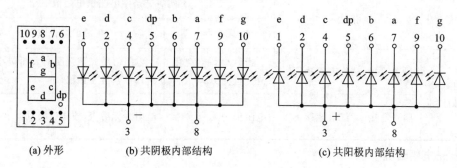

(a) 外形　　　　　(b) 共阴极内部结构　　　　　(c) 共阳极内部结构

图 3-21　LED 数码管的结构

　　对于共阳极 LED 数码管，将 8 只发光二极管（包括小数点笔段）的阳极（正极）短接后作为公共阳极。当笔段电极接低电平，公共阳极接高电平时，相应笔段发光。

　　共阴极 LED 数码管则与之相反，它是将 8 只发光二极管（包括小数点笔段）的阴极（负极）短接后作为公共阴极。当笔段电极接高电平、公共阴极接低电平时，相应笔段发光。

　　LED 数码管的每一笔段的发光二极管在正向导通之前，正向电流近似于零，笔段不发光。当电压超过开启电压时，电流就急剧上升，笔段发光。因此，LED 数码管属于电流控制型器件，其发光亮度与正向电流成正比，LED 的正向电压则与正向电流以及管芯材料有关。使用 LED 数码管时，每段发光二极管的工作电流一般选 10 mA 左右，既保证亮度适中，又不会损坏器件。

　　2) 1 位 LED 数码管的检测

　　将数字万用表旋至二极管挡，若红表笔固定接 3 或 8 号引脚，用黑表笔依次接触其他引脚，相应的各笔段均发光，显示值为 1.6 V 左右，则红表笔所接的引脚就是共阳极，并能确定数码管的 a、b、c、d、e、f、g、小数点 dp 段分别发光时笔段所对应的引脚。

　　若黑表笔固定接 3 或 8 号引脚，用红表笔依次接触其他引脚，相应的各笔段均发光，显示值为 1.6 V 左右，则黑表笔所接的引脚就是共阴极，并能确定数码管的 a、b、c、d、e、f、g、小数点 dp 段分别发光时笔段所对应的引脚。

　　3. LED 点阵

　　将发光二极管制成圆点状，再整齐地排成阵列，按照一定方式连接即构成 LED 点阵。LED 点阵通常有 8×8 LED 点阵、5×8 LED 点阵两种。

　　用数字万用表检测如图 3-22 所示型号为 SZ411288K 的 8×8 LED 点阵时，选二极管挡，当红表笔（高电位）接行引脚、黑表笔（低电位）接列引脚时，对应行列交叉处的发光二极管亮。如此测试可判别各引脚的功能。

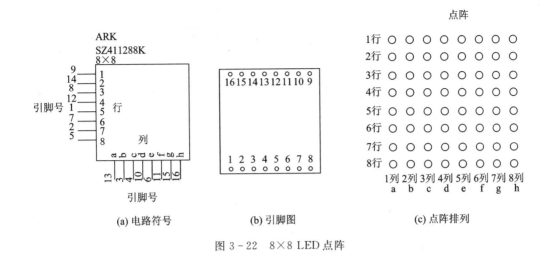

(a) 电路符号	(b) 引脚图	(c) 点阵排列

图 3-22　8×8 LED 点阵

3.5　集成电路(IC)

　　集成电路简称 IC,是利用半导体工艺或厚膜、薄膜工艺,将电阻、电容、二极管、双极型三极管、场效应管等元器件按照设计要求连接起来,制作在同一硅片上,成为具有特定功能的电路。这种器件打破了电路的传统概念,实现了材料、元器件、电路的三位一体,与分立元器件组成的电路相比,具有体积小、功耗低、性能好、重量轻、可靠性高、成本低等许多优点。目前,集成电路的生产技术取得了迅速的发展,使集成电路得到了极其广泛的应用。

3.5.1　集成电路的基本类别

　　集成电路的分类方法有很多种。

1. 按照制造工艺分类

　　按照制造工艺,集成电路可以分为半导体集成电路、薄膜集成电路、厚膜集成电路、混合集成电路。

　　用厚膜工艺(真空蒸发、溅射)或薄膜工艺(丝网印刷、烧结)将电阻、电容等无源元件连接制作在同一片绝缘衬底上,再焊接上晶体管管芯,使其具有特定的功能,叫作厚膜或薄膜集成电路。如果再连接上单片集成电路,则称为混合集成电路。这三种集成电路通常为某种电子整机产品专门设计而专用。

　　用平面工艺(氧化、光刻、扩散、外延工艺)在半导体晶片上制成的电路称为半导体集成电路(也称单片集成电路)。这种集成电路作为独立的商品,品种最多,应用最广泛,一般所说的集成电路指的就是半导体集成电路。

2. 按照基本单元核心器件分类

　　按照基本单元核心器件,半导体集成电路可以分为双极型集成电路、MOS 型集成电路、双极-MOS 型(BIMOS)集成电路。

　　用双极型三极管或 MOS 场效应管作为基本单元的核心器件,可以分别制成双极型集成电路或 MOS 型集成电路。由 MOS 器件作为输入级、双极型器件作为输出级的双极-MOS 型 (BIMOS)集成电路，结合了以上二者的优点，具有更强的驱动能力且功耗较小。

3. 按照集成度分类

按照集成度分类，有小规模集成电路 SSI(逻辑门数小于 10 门或含元件数小于 100 个)、中规模集成电路 MSI(逻辑门数 10～99 门或含元件数 100～999 个)、大规模集成电路 LSI(逻辑门数 100～9999 门或含元件数 1000～99 999 个)、超大规模集成电路 VLSI (逻辑门数大于 10 000 门或含元件数大于 100 000 个)。

4. 按照电气功能分类

按照电气功能，一般可以把集成电路分成数字集成电路和模拟集成电路两大类。

1) 数字集成电路

常用的双极型数字集成电路有 54××、74××、74LS×× 系列。

常用的 CMOS 型数字集成电路有 4000、74HC×× 系列。

大规模数字集成电路同普通集成电路一样，也分为双极型和 MOS 型两大类。由于 MOS 型电路具有集成度易于提高、制造工艺简单、成品率高、功耗低等许多优点，所以 LSI 电路多为 MOS 电路，计算机电路中的 CPU、ROM(只读存储器)、RAM(随机存储器)、EPROM(可编程只读存储器)以及多种电路均属于此类。

2) 模拟集成电路

除了数字集成电路，其余的集成电路统称为模拟集成电路。模拟集成电路的精度高、种类多、通用性小。按照电路输入信号和输出信号的关系，模拟集成电路还分为线性集成电路和非线性集成电路。

线性集成电路指输出、输入信号呈线性关系的集成电路。它以直流放大器为核心，可以对模拟信号进行加、减、乘、除以及微分、积分等各种数学运算，所以又称为运算放大器。线性集成电路广泛应用在消费类、自动控制及医疗电子仪器等设备上。

非线性集成电路大多是特殊集成电路，其输入、输出信号通常是模拟—数字、交流—直流、高频—低频、正—负极性信号的混合，很难用某种模式统一起来。例如，用于通信设备的混频器、振荡器、检波器、鉴频器、鉴相器、稳压器及各种消费类家用电器中的专用集成电路，都是非线性集成电路。

3.5.2　集成电路的封装与使用

1. 集成电路的封装

集成电路的封装材料及外形有多种，最常用的封装材料有塑料、陶瓷及金属三种。

金属封装散热性好，可靠性高，但安装使用不方便，成本高。一般高精密度集成电路或大功率器件均以此形式封装。陶瓷封装散热性差，但体积小、成本低。陶瓷封装的形式可分为扁平式和双列直插式。塑料封装是目前使用最多的封装形式。

2. 集成电路引脚排列的识别

半导体集成电路种类繁多，引脚的排列也有多种形式，这里主要介绍国标、部标或进口产品中常见的 IC 引脚识别方法。

目前，IC 的封装形式大多采用单列、双列、四边带引脚的扁平封装等类型。

1）单列型 IC

这种集成电路一般在端面左侧有一定位标记，IC 引脚向下，正视型号面（文字正向放置），从左侧或标记对应一侧的第一个引脚起依次为 1、2、3、…，如图 3－23 所示。

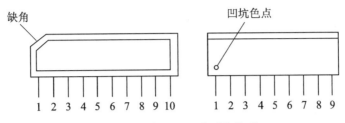

图 3－23　单列型 IC 的引脚排列

2）双列型 IC

这种 IC 一般在封装表面上有一个小圆点（或缺口）作为标记，将 IC 引脚向下，识别者正视型号面（文字正向放置），从下方左侧的第一个引脚起按逆时针方向依次为 1、2、3、…，如图 3－24 所示。

3）四边扁平型 IC

这种 IC 一般在封装表面上有一个小圆点（或缺口）作为标记，将 IC 引脚向下，识别者正视 IC 的型号面（文字正向放置），从标记或凹口处起按逆时针方向依次为 1、2、3、…，如图 3－25 所示。

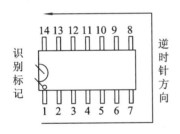

图 3－24　双列型 IC 的引脚排列

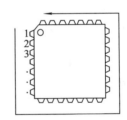

3－25　四边扁平型 IC 的引脚排列

3. 集成电路使用注意事项

（1）使用前应对集成电路的功能、内部结构、电特性、外形封装及与该集成电路相连接的电路做全面的分析和理解，使用时的各项电性能参数不得超出该集成电路所允许的最大使用范围。

（2）安装集成电路时要注意方向，不要搞错，更换时更要注意。

（3）正确处理好空脚，遇到空的引出脚时，不应擅自接地，这些引出脚为更替或备用脚，有时也作为内部连接。CMOS 电路不用的输入端不能悬空。

（4）注意集成电路引脚间的绝缘。

（5）功率集成电路要安装面积足够的散热器，并尽量远离热源。

（6）切忌带电插拔集成电路。

（7）在手工焊接电子产品时，一般应该最后装配焊接集成电路；不要使用功率大于 45 W 的电烙铁，每次焊接时间不得超过 10 s。

3.6　电声器件

在电路中用于完成电信号与声音信号相互转换的元器件称为电声器件。它的种类繁多，这里只介绍扬声器和传声器。

3.6.1　扬声器

扬声器又称喇叭，是收音机、电视机及其他各类音响设备中的重要元件。扬声器的种类很多，常见的有电动式、励磁式和晶体压电式等几种，应用最广的是电动式扬声器。

1. 电动式扬声器

电动式扬声器按其采用的磁性材料可分为永磁式扬声器和恒磁式扬声器两种。

永磁式扬声器因磁铁可以做得很小，所以可以安放在音响设备的内部，又称内磁式。它的特点是漏磁少，体积小，但价格较贵。

恒磁式扬声器往往要求磁铁体积较大，一般安放在外部，又称外磁式。它的特点是漏磁大，体积大，但价格便宜，常用于普通收音机等电子产品中。

常见的纸盆电动式扬声器由纸盆、音圈、磁体等组成，如图3-26所示。当音频电流通过音圈时，音圈产生随音频电流而变化的磁场，此交变磁场与固定磁场相互作用，导致音圈随电流的变化而运动，并带动纸盆振动发出声音。

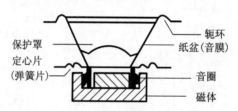

图3-26　电动式扬声器的结构

有些场合需要同时使用2只（或多只）扬声器，则此时的扬声器系统工作的最基本条件是所连接的两只扬声器的相位要一致，否则其中一只扬声器辐射的声波会与另一只扬声器辐射的声波互相抵消。因此扬声器并接时应把标记相同（如标有"＋""－"）的端子并在一起，而串接时应把标记不同的端子相连接。

2. 压电陶瓷扬声器和蜂鸣器

压电陶瓷随两端所加交变电压产生机械振动的性质叫做压电效应。压电陶瓷扬声器主要由压电陶瓷片和纸盆组成。利用压电陶瓷片的压电效应，可以制成压电陶瓷扬声器及各种蜂鸣器。压电陶瓷扬声器由于频率特性差，目前应用少；蜂鸣器广泛用于门铃、报警及小型智能化装置中。

3. 耳机和耳塞机

耳机和耳塞机在电子产品的放音系统中代替扬声器播放声音，应用十分广泛。它们的结构和形状各有不同，但工作原理和电动式扬声器相似，也是由磁场将音频电流转变为机械振动而还原声音。耳塞机的体积微小，携带方便。耳机的音膜面积较大，能够还原的音域较宽，音质、音色更好一些，一般价格也比耳塞机更贵。

4. 使用注意事项

（1）音响等设备的扬声器应安装在木箱或机壳内，以利于扩展音量，改善音质及保护扬声器。

（2）扬声器应远离热源，防止扬声器磁铁长期受热而退磁。

（3）扬声器应防潮，特别是纸盆扬声器要避免纸盆变形。

（4）扬声器严禁撞击和振动，以免失磁、变形而损坏。

（5）扬声器的输入电功率不得超过其额定功率。

3.6.2　传声器

传声器又称话筒，它的作用与扬声器相反，是一种将声能转换为电能的电声器件。传声器的种类很多，常见的有动圈式、电容式和碳粒式等。目前应用最广泛的是动圈式和驻极体电容式传声器。传声器的电路符号如图 3 - 27 所示。

1. 动圈式传声器

动圈式传声器的结构由永久磁铁、音圈、音膜、阻抗匹配变压器等组成，如图 3 - 28 所示。音膜和音圈处于永久磁铁的圆形磁隙中，当声音传到话筒膜片上，声压使膜片振动，带动音圈做切割磁力线运动，从而产生感应电势，经过阻抗匹配变压器变换后输出，完成声—电转换。这种话筒有低阻（200～600 Ω）和高阻（10～20 kΩ）两类，常用动圈式传声器的阻抗为 600 Ω，频率响应一般为 200～5 kHz。动圈式传声器结构坚固、工作稳定、经济耐用，应用十分广泛。

图 3 - 27　传声器的电路符号

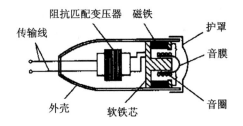

图 3 - 28　动圈式传声器的结构

2. 普通电容式传声器

普通电容式传声器由固定电极与振动膜片等组成，如图 3 - 29 所示。当有声压时，振动膜片因受力振动引起电容量发生变化，使电路中充电电流随电容量的变化而变化，此变

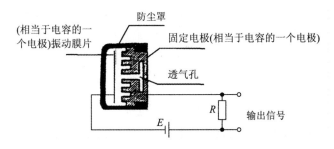

图 3 - 29　普通电容式传声器结构

化电流(即音频电流)流过电阻转换成变化的电压(即音频电压)输出。普通电容式话筒带有电源和放大器,给电容振动膜片提供极化电压并将话筒输出的微弱信号放大,这种话筒频率响应好,输出阻抗极高,但结构复杂,体积大,又需要供电系统,使用不方便,比较适合在质量要求高的扩音、录音场合中使用,如固定的录音室等。

3. 驻极体电容传声器

驻极体是一种能长久保持电极化状态的电介质。驻极体电容传声器是在常规的电容传声器中引入驻极体材料并在制造过程中使其极化。极化后的驻极体材料表面可以长期保留一定数量的负电荷,使对应的金属极板上感应出等量的正电荷。极头的结构如图 3-30(a)所示,振膜和金属极板作为两个电极构成一个平板电容器。当声波引起振膜振动产生位移时,改变了电容两极板间的距离而引起电容量变化,由于驻极体上的电荷量恒定,由公式 $Q=CU$ 知,当 C 变化时必然引起电容器两端电压 U 的变化,从而输出音频信号,实现声—电变换。驻极体电容传声器的输出阻抗很高,约有几十兆欧,应用时要加一个结型场效应管进行阻抗变换后才能与音频放大器相匹配,如图 3-30(b)所示。

驻极体电容传声器除具备普通电容式传声器的优良性能外,还具有结构简单、体积小、重量轻、耐振、价格低廉、使用方便等特点,因而应用十分广泛,缺点是在高温、高湿下使用寿命较短。

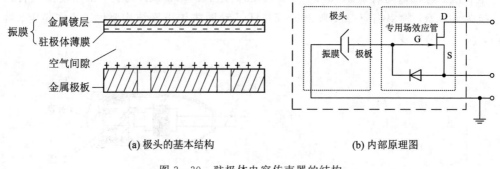

(a) 极头的基本结构　　　　　　　　(b) 内部原理图

图 3-30　驻极体电容传声器的结构

3.7　开关、接插件和继电器

开关和接插件是利用机械力或电信号的作用完成电气接通、断开等功能的元件,在电路中应用广泛。

3.7.1　开关及接插件

1. 常用开关

在电子设备中,开关用来换接电路,通常称为接触件。

由开关机械结构带动的活动触点称为"刀",也称"极",对应于同一活动触点的静触点(即活动触点各种可能接触的位置)称为"掷",也称"位"。各类常用开关的"刀"与"掷"如图 3-31所示。

开关的种类很多,多为手动式机械结构,因其具有操作方便、价格低廉、工作可靠等优点，故应用最为广泛。

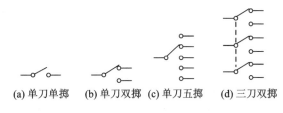

(a) 单刀单掷　(b) 单刀双掷　(c) 单刀五掷　(d) 三刀双掷

图 3 - 31　开关的"刀"与"掷"

（1）波段开关。常用的波段开关有旋转式、拨动式、按键式等。每种形式又可按照"刀""掷"分为若干规格。

（2）琴键开关。琴键开关是一种积木组合式结构，能制成多极多位组合的转换开关。琴键开关大多是多挡组合式，也有单挡的，单挡开关通常用作电源开关。琴键开关按锁紧形式可分为自锁、互锁、无锁三种。

（3）按钮开关。形状多为圆形和方形，通过按动键帽使电路接通或断开。

（4）滑动开关。滑动开关的内部置有滑块，操作时通过不同的方式带动滑块动作，使开关触点接通或断开，从而起到开关的作用。常用的滑动开关主要有拨动式、杠杆式等。

（5）钮子开关。钮子开关属于拨动式开关，通常为单极双位或双极双位开关，主要用作电源开关和状态转换开关。

（6）薄膜开关。薄膜开关即薄膜按键开关，是近年来国际流行的、集装饰和功能于一体的新型开关。薄膜开关是一种无自锁的按动开关。

薄膜开关按基材不同分为软性和硬性两种；按面板类型不同分为键位平面型和凹型两种；根据按键类型不同分为无手感键和有手感键（触觉反馈式）两种。

软性薄膜开关由多层柔软膜相互粘合构成。硬性薄膜由一块硬质印制电路板作为衬底和多层柔软薄膜相互粘合构成，底层电路由印制板上的导电电路组成。平面型薄膜开关的面板键位是平的；凹凸型薄膜开关的键位是凸起的；无手感薄膜开关在按动时所需要的按动力较小，轻轻一按，开关就会接通；有手感薄膜开关在按动时会产生"嗒"的低微声音，而且手按动键位时有感觉（触觉反馈）。一般凹凸型薄膜开关都是有手感开关。

薄膜开关是一种低压、小电流操作开关，适用于逻辑电路（CMOS、TTL 电路），不能作为未经变压的电源开关。薄膜开关只能用于常断、瞬时接通的电路，不能用于自锁、交替动作或按钮联锁机构。

2. 接插件

接插件又称连接器或插头插座，泛指连接器、插头、插塞、接线保险丝座、电子管座、IC 座等。现代电子系统中，为了便于组装、维修和置换，在分立元件或集成电路与印制电路板之间、印制电路板与机匣之间、机匣与机架面板之间、机柜与机柜之间，多采用各类接插件进行简便的插拔式电气连接。因此，要求接插件接触可靠、导电性能好、机械强度高、有一定的电流容量、插拔力适当、能够达到一定的插拔寿命。接插件一般分为插头和插座两部分。

接插件的种类繁多，可根据它的工作频率、外形结构和应用场合来分类。按照外形结构特征分类，常见的有圆形接插件、矩形接插件、印制板接插件、带状电缆接插件等；按频率可分为低频、高频接插件；按应用场合可分为印制电路板连接器、集成电路插座、耳机插头插座、电源插头插座及专用插头插座等。相同类型的接插件的插头和插座各自成套，不能与其他类型接插件互换使用。

3.7.2　继电器

继电器是自动控制电路中一种常用的开关元件。它是利用电磁原理、机电原理或其他方法实现自动接通或断开一个或一组触点来完成电路功能的开关，是一种可以用小电流或低电压来控制大电流或高电压的自动开关。它在电路中起着自动操作、自动调节、安全保护等作用。继电器的种类很多，这里只介绍电磁继电器和固态继电器。

1. 电磁继电器

电磁继电器的典型结构如图 3-32 所示。它主要由铁芯、线圈、触点、衔铁、返回簧片（或弹簧）等部分组成。电磁继电器的工作原理：在线圈引出线 1、2 两端加上一定的电压，线圈中就会流过一定的电流。由于电流的磁效应，铁芯被磁化而具有磁性，衔铁在磁力的吸引下克服返回簧片的压力而被引向铁芯，固定在衔铁上的支杆推动固定在板簧上的动触点 3 与静触点 5 断开而与静触点 4 闭合。线圈断电后，电磁吸力消失，衔铁在板簧的作用下返回原来的位置，使动触点 3 与静触点 4 断开而与静触点 5 闭合。

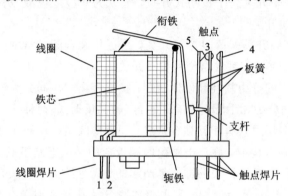

图 3-32　电磁继电器结构

继电器的电路符号如图 3-33 所示。继电器用字母"K"表示，继电器的线圈用一个长方框图形符号表示。它有三种形式的触点，其中动合触点（常开触点）称 H 型，动断触点（常闭触点）称 D 型，动换触点（转换触点）称 Z 型。按规定，继电器触点的状态按线圈不通电时的初始状态画出，并且在触点旁边必须标明所属控制线圈的名称序号及第几组触点，如触点 K_{1-3} 表示是 K_1 线圈控制的第 3 组触点。

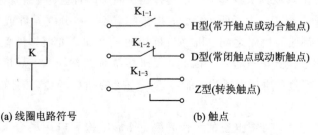

图 3-33　电磁继电器电路符号及触点

2. 固态继电器

固态继电器(简称 SSR)是一种由固态半导体器件组成的新型无触点的电子开关器件。它的输入端仅要求很小的控制电流,驱动功率小,能用 TTL 与 CMOS 等集成电路直接驱动,其输出回路采用大功率晶体管或双向晶闸管的开关特性来接通或断开负载,达到无触点、无火花地接通或断开电路的目的。与电磁继电器相比,固态继电器具有体积小、抗干扰性能强、工作可靠、开关速度快、工作频率高、噪声低等特点,因此应用日益广泛。固态继电器按使用场合不同可分为直流型(DC-SSR)和交流型(AC-SSR)两种,它们只能分别用做直流开关和交流开关而不能混用。

3.8　霍 尔 元 件

1. 霍尔效应

霍尔效应是电流磁效应的一种。它是指当磁场垂直作用在有电流流过的霍尔元件上时,则在与电流方向和磁场方向都成直角的方向上将产生电动势,这种现象称为霍尔效应,所产生的电压称为霍尔电压。图 3-34 是霍尔效应示意图。

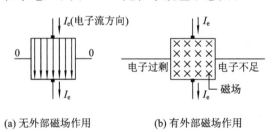

(a) 无外部磁场作用　　　　　　(b) 有外部磁场作用

图 3-34　霍尔效应示意图

2. 霍尔元件的类型

霍尔元件以霍尔效应为其工作基础,可在各种与磁场有关的场合中使用,是一种磁传感器。

按被检测对象的性质可将它们的应用分为直接应用和间接应用。前者是直接检测出受检对象本身的磁场或磁特性,后者是检测受检对象上人为设置的磁场,用这个磁场作为被检测信息的载体,通过它将许多非电、非磁的物理量转变成电量进行检测和控制。

按照霍尔元件的功能可将它们分为线性霍尔元件和霍尔开关,前者输出模拟量,后者输出数字量。

1) 霍尔开关

常用的霍尔开关按其感应方式可分为单极性霍尔开关、双极性锁存型霍尔开关和全极性霍尔开关。

单极性霍尔开关的正、反面会各指定一个磁极感应才会有作用,一般是正面感应磁场 S 极,反面感应 N 极,通常磁场的一个磁极靠近时,单极性霍尔开关输出低电平信号,磁极离开时输出高电平信号。在具体应用当中应注意磁铁磁极的安装方向,若安装反了会造成无感应输出。

双极性锁存型霍尔开关由磁铁的 S 极、N 极分别控制开关信号(输出高、低电平),且具备锁存功能。双极性锁存型霍尔开关通常在 S 极磁场强度足够的情况下打开,并在 N 极磁场强度足够的情况下关闭,但如果磁场被移除,不会更改输出状态,直到下次磁场改变。

全极性霍尔开关不限定磁极,任何磁极感应都有作用。通常任何磁极靠近时输出低电平信号,离开时输出高电平信号。

2)线性霍尔元件

线性霍尔元件输出电压跟随磁场强度变化,即输出模拟信号。例如 AH3503 线性霍尔电路,输入是磁感应强度,输出是和输入量成正比的电压。

3. 霍尔元件的检测

检测霍尔元件质量好坏通常采用在路检测的方法。

习　题　3

1. 写出下列电阻器的标称值和允许误差。

100 ΩI　　　　　　　　330 Ω±5%　　　　　　　　棕黑棕银

黄紫橙金　　　　　　　红紫黄金　　　　　　　　棕橙黑黑棕

蓝灰黑橙棕

2. 如何判断一个电位器质量的好坏?

3. 如何判断一个电容器质量的好坏?

4. 电感线圈的主要技术参数有哪些?

5. 如何用万用表检测二极管的正、负极和质量?

6. 如何用指针式万用表判别三极管的基极 b 和管型?判断出基极 b 和管型后,能否用指针式万用表的 h_{FE} 挡区分三极管的发射极 e 和集电极 c?如何操作?

7. LED 数码管是怎样组成的?"共阳极""共阴极"管工作特点有何不同?

8. 如何用万用表检测单向、双向晶闸管的引脚和质量?

9. 能否用指针式万用表的 h_{FE} 挡检测一只发光二极管的质量?如何操作?

10. 如何判别集成电路的引脚序号?简述集成电路的使用注意事项。

11. 变压器的故障有 _____ 和 _____ 两种。

12. 光电耦合器以 _____ 为媒介,用来传输 _____ 信号,能实现"电—光—电"的转换。

13. 用于完成电信号与声音信号相互转换的元件称为 _____ 器件。

14. 继电器的触点有 _____ 、 _____ 和 _____ 三种形式。

15. 写出下列电容器的标称容量。

CT81 - 0.022　　　　　561　　　　　　　　47nJ

203　　　　　　　　　104　　　　　　　　2μ2

16. 色标电阻法中,四道色环中的第一道色环不可能是( )色。

A. 棕　　　　　B. 红　　　　　C. 白　　　　　D. 黑

17. 某一小瓷片电容器上标识为"2200",其容量单位是( )。

A. F　　　　　B. nF　　　　　C. μF　　　　　D. pF

中篇　电子产品装配工艺

第 4 章　常用技术文件

【教学目标】
1. 熟悉电子整机装配工艺过程和常用技术文件。
2. 掌握各类设计文件的识读和制作。
3. 掌握各类工艺文件的识读和制作。

电子产品的生产过程包括设计、试制和批量生产等三个主要阶段。电子产品的整机装配是生产中的一个重要环节，其装配工艺过程大致可以分为装配准备、装联（安装和焊接）、总装、调试、检验、包装、入库或出厂等。要实现优质、低耗、高产的生产目标，必须采用先进适用的产品技术文件。

技术文件是电子产品研究、设计、试制与生产实践经验积累所形成的一种技术资料，也是产品生产、使用和维修的基本依据。在电子产品制造业中，技术文件具有生产法规的效力，电子产品生产必须执行统一的标准，实行严明的规范管理，不允许任何个人进行随意性的操作。

电子产品常用技术文件分为设计文件和工艺文件两大类，它们是电子整机生产过程中的基本依据。其中设计文件是以电子产品的定型样机从研发到使用的全过程为依据制定出来的文件，是详细、全面地描述该产品的设计图纸、表格及文字说明的总称，它规定了合格产品的形式及功能，是企业组织生产的基本依据；工艺文件是根据设计文件及定型样机结合企业实际如工艺流程、工艺装备、操作员工的技术水平和产品的复杂程度而制定出来的文件，它规定了实现设计图纸要求的具体加工方法，是企业组织、指导生产的主要依据和基本规章。

工艺文件与设计文件同是指导生产的文件，两者是从不同角度提出要求的。设计文件是原始文件，是制定工艺文件、组织产品生产和产品使用维护的基本依据。而工艺文件是根据设计文件提出的加工方法，是企业组织、指导生产的主要依据和基本规章，是确保优质、高产、多品种、低消耗和安全生产的重要手段。

4.1　设　计　文　件

4.1.1　设计文件及其作用

1. 设计文件简介

设计文件是由设计部门制定的，是产品在研究、设计、试制和生产实践过程中积累而形成的图样及技术资料。设计文件规定了电子产品的组成形式、结构尺寸、工作原理以及在制造、验收、使用、维护和修理时必须具备的技术数据和说明。常用设计文件包括电路图、装配图、接线图、框图、零件图、技术说明书、使用说明书和明细表等。

2. 设计文件的作用

（1）设计文件是企业编制工艺文件的主要依据之一，用于组织和指导企业内部的产品生产。

（2）政府主管部门和监督部门根据设计文件提供的产品信息，对产品进行监测。

（3）产品使用人员和维修人员根据设计文件提供的技术说明和使用说明对产品进行安装、使用和维修。

（4）技术人员和企业利用设计文件提供的产品信息进行技术交流，相互学习，不断提高产品质量。

4.1.2　电路图

电路图用来表示设备的电气工作原理，它使用各种图形符号按照一定的规则绘制，表示元器件之间的连接以及电路各部分的功能。

电路图不表示电路中各元器件的形状或尺寸，也不反映这些器件的安装、固定情况。所以，一些整机结构和辅助元件如紧固件、接线柱、焊片、支架等组成实际产品必不可少的东西在电路图中都不需要画出来。

1. 图形符号

在实际应用电路图形符号时，只要不发生误解，人们总希望尽量简化。表4-1是实践中常见的简化画法，使用这些简化画法的符号一般不会发生误解，已经被国家标准所承认。

表4-1　图形符号的简化画法

原图形 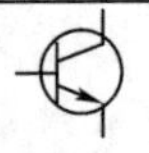  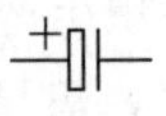 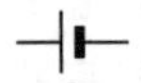			
简化图形 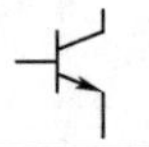 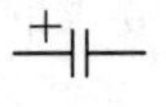 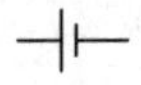			

有关符号还遵守下列规定：

（1）在电路图中，符号所在的位置及其线条的粗细并不影响含义。

（2）符号的大小不影响含义，可以任意画成一种和全图尺寸相配的图形。在放大或缩小图形时，其各部分应该按相同的比例放大或缩小。

（3）在元器件符号的端点加上"o"不影响符号原义，如图4-1(a)所示。在开关元件中"o"表示接点，一般不能省去，如图4-1(b)所示。符号之间的连线画成直线或斜线，不影响符号本身的含义，但表示符号本身的直线和斜线不能混淆，如图4-1(c)所示。

（4）在逻辑电路的元件中，有无"o"含义不同，如图4-2所示。输出端有"o"表示"非"，如4081是与门，4011是与非门；输入端有"o"表示低电平有效，输入端无"o"表示高电平有效；输出端全"o"表示全部反码输出，如74LS138；时钟脉冲CLK端有"o"表示在时钟脉冲的下降沿触发，无"o"表示在时钟脉冲的上升沿触发，异步置1端S端和异步置0端R端有"o"表示低电平有效，无"o"表示高电平有效，如4013、7476。

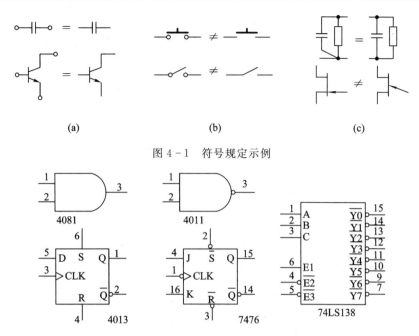

图 4 - 1　符号规定示例

图 4 - 2　逻辑电路的元件符号示例

2. 元器件代号

1）元器件名称

在电路中，代表各种元器件的符号旁边，一般都标有字符记号，这是该元器件的标志说明，不是元器件符号的一部分。同样，在计算机辅助设计电路制板软件中，每个元件都必须有唯一的字符作为该元件的名称，也是该元件的说明，称为元件名（Component Reference Designator）。在实际工作中，习惯用一个或几个字母表示元件的类型：有些元器件是用多种记号表示的，一个字母也不仅仅代表某一种元件。

在同一电路图中，不应出现同一元器件使用不同代号或一个代号表示一种以上元器件的现象。

2）元器件序号

（1）同一电路图中，下脚标码表示同种元器件的序号，如 R_1、R_2、…，BG_1、BG_2、…。

（2）电路由若干单元电路组成，可以在元器件名的前面缀以标号，表示单元电路的序号。例如有两个单元电路：

$1R_1$、$1R_2$、…，$1BG_1$、$1BG_2$、…，表示单元电路 1 中的元器件；

$2R_1$、$2R_2$、…，$2BG_2$、$2BG_2$、…，表示单元电路 2 中的元器件。

或者，对上述元器件采用 3 位标码表示它的序号以及所在单元电路，例如：

R_{101}、R_{102}、…，BG_{101}、BG_{102}、…，表示单元电路 1 中的元器件；

R_{201}、R_{202}、…，BG_{201}、BG_{202}、…，表示单元电路 2 中的元器件。

（3）下脚标码字号小一些的标注方法，如 $1R_1$、$1R_2$、…，常见于电路原理性分析的书刊，但在工程图里这样的标注不好：第一，采用小字号下标的形式标注元器件，为制图增加了难度，计算机 CAD 电路设计软件中一般不提供这种形式；第二，工程图上的小字号下脚标码容易被模糊、污染，可能导致混乱。所以，一般采用将下脚标码平排的形式，如

$1R1$、$1R2$、…或 $R101$、$R102$、…，这样就更加安全可靠。

（4）一个元器件有几个功能独立的单元时，在标码后面再加附码，如图 4-3 中三刀三掷开关的表示方法。

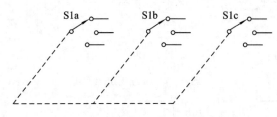

图 4-3　三刀三掷开关的表示方法

3. 元器件参数的标注

在一般情况下，对于实际用于生产的正式电路图，通常不把元器件的参数直接标注出来，而是另附文件详细说明。这不仅使标注更加全面准确，避免混淆误解，同时也有利于生产管理（材料供应、材料更改）和技术保密。

在说明性的电路图纸中，则要在元器件的图形符号旁边标注出它们最主要的规格参数或型号名称。标注的原则主要是根据以下几点确定的：

（1）图形符号和文字符号共同使用，尽可能准确、简捷地提供元器件的主要信息。例如，电阻的图形符号表示了它的电气特性，图形符号旁边的文字标注出了它的阻值；电容器的图形符号不仅表示出它的电气特性，还表示了它的种类（有无极性和极性的方向），用文字标注出它的容量和额定直流工作电压；对于各种半导体器件，则应该标注出它们的型号名称。在图纸上，文字标注应该尽量靠近它所说明的那个元器件的图形符号，避免与其他元器件的标注混淆。

（2）应该减少文字标注的字符串长度，使图纸上的文字标注既清楚明确，又只占用尽可能小的面积；同时，还要避免因图纸印刷缺陷或磨损折旧而造成的混乱。在对电路进行分析计算时，人们一般直接读（写）出元器件的数值，如电阻 47 Ω、1.5 kΩ，电容 0.01 μF、1000 pF 等，但把这些数值标注到图纸上去，不仅五位、六位的字符太长，而且如果图纸印刷（复印）质量不好或经过磨损以后，字母“Ω”的下半部丢失就可能把 47 Ω 误认为 470，小数点丢失就可能把 1.5 kΩ 误认为 15 kΩ。

因此采取了一些相应的规定：在图纸的文字标注中取消小数点，小数点的位置上用一个字母代替，并且数字后面一般不写表示单位的字符，使字符串的长度不超过四位。

对常用的阻容元件进行标注，一般省略其基本单位，采用实用单位或辅助单位。电阻的基本单位 Ω 和电容的基本单位 F 一般不出现在元器件的标注中。如果出现了表示单位的字符，则是用它代替了小数点。

常用元器件参数的标注方法如下：

① 电阻器。电阻器的实用单位有 Ω、kΩ、MΩ 和 GΩ，其中 Ω 在整数标注中省略，在小数标注中由 R 代替小数点，而 kΩ、MΩ 和 GΩ 分别记作 k、M 和 G，其换算关系为

$$1 \text{ G}\Omega = 10^3 \text{ M}\Omega = 10^6 \text{ k}\Omega = 10^9 \text{ }\Omega$$

所以，对于电阻器的阻值，应该把 0.56 Ω、5.6 Ω、56 Ω、560 Ω、5.6 kΩ、56 kΩ、560 kΩ 和 5.6 MΩ 分别标注为 R56、5R6、56、560、5k6、56k、560k 和 5M6。

② 电容器。电容器的实用单位有 pF 和 μF，分别记作 p 和 μ，其换算关系为

$$1 \text{ pF} = 10^{-12} \text{ F}$$
$$1 \text{ μF} = 10^{-6} \text{ F}，即 1 \text{ μF} = 10^{6} \text{ pF}$$

例如，对于电容器的容量，还需要标出 p 或 μ，例如应该把 4.7 pF、47 pF、470 pF 分别记作 4p7、47p、470p，把 4.7 μF、47 μF、470 μF 分别记作 4μ7、47μ、470μ。为了便于表示容量大于 1000 pF、小于 1 μF 以及大于 1000 μF 的电容，采用辅助单位 nF 和 mF，其换算关系为

$$1 \text{ nF} = 10^{-9} \text{ F}，即 1 \text{ nF} = 10^{3} \text{ pF} = 10^{-3} \text{ μF}$$
$$1 \text{ mF} = 10^{-3} \text{ F}，即 1 \text{ mF} = 10^{3} \text{ μF}$$

所以，1n、4n7、10n、22n、100n、560n、1m、3m3 分别表示容量为 1000 pF、4700 pF、0.01 μF、0.022 μF、0.1 μF、0.56 μF、1000 μF 和 3300 μF。

另外，对于有工作电压要求的电容器，文字标注要采取分数的形式：横线上面按上述格式表示电容量，横线下面用数字标出电容器的额定工作电压。如图 4-4 中电解电容器 C_2 的标注是 $\frac{3m3}{160}$，表示电容量为 3300 μF、额定工作电压为 160 V。

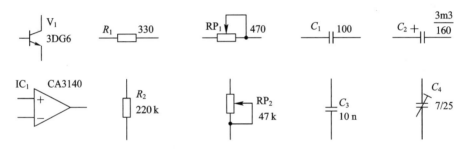

图 4-4　元器件标注举例

图 4-4 中微调电容器 7/25 虽然未标出单位，但通常微调电容器的容量都很小，单位只可能是 pF，即 7 pF~25 pF。

也有一些电路图中采用某种相同单位的元件特别多，此时可以附加注明。例如，某电路中有 100 只电容，其中 90 只是以 pF 为单位的，则可将该单位省去，并在图上添加附注："所有未标电容均以 p 为单位"。

③ SMT 阻容元器件。由于 SMT 元器件特别细小，一般采用 3 位数字在元件上标注其参数。例如，电阻上标注 101 表示其阻值是 100 Ω（即 10×10^{1} Ω），标称为 474 的电容器表示其容量是 0.47 μF（即 47×10^{4} pF）。

4. 电路图中的连线

(1) 连线要尽可能画成水平或垂直的。

(2) 相互平行线条的间距不要小于 1.6 mm；较长的连线应按功能分组画出，线间应留出 2 倍的线间距离，如图 4-5(a)所示。

(3) 一般不要从一点上引出多于四根的连线，如图 4-5(b)所示。

(4) 连线可以根据需要适当延长或缩短。

5. 电路图中的虚线

在电路图中，虚线一般是作为一种辅助线，没有实际电气连接的意义。其作用如下：

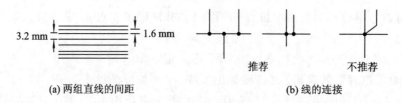

(a) 两组直线的间距　　　　　　　　(b) 线的连接

图 4-5　连接线画法

　　(1) 表示同一个元件中两个或两个以上部分的机械连接。例如图 4-6(a)表示带开关的电位器，这种电位器常用在音量控制电路中，调整 RP 可以通过改变音频信号的大小改变音量，当调整音量至最小时，开关 S 断开电源；图 4-6(b)表示两个同步调谐的电容器，这种电容器常用在超外差无线电接收机里，C_1 和 C_2 分别处于高放回路和本振回路，同步调谐保证两回路的差频不变。

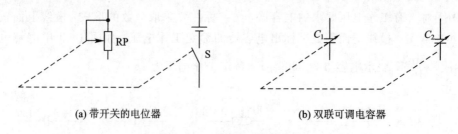

(a) 带开关的电位器　　　　　　　　(b) 双联可调电容器

图 4-6　虚线表示机械连接

　　(2) 表示屏蔽(如图 4-7 所示)。

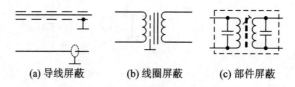

(a) 导线屏蔽　　　(b) 线圈屏蔽　　　(c) 部件屏蔽

图 4-7　用虚线表示屏蔽

　　(3) 表示一组封装在一起的元器件(如图 4-8 所示)。

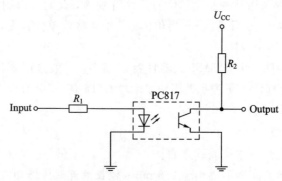

图 4-8　封装在一起的元器件

　　(4) 其他作用：表示一个复杂电路划分成若干个单元或印制电路分隔为几块小板的界限等，一般需要附加说明。

6. 电路图中的省略画法

　　在比较复杂的电路中，如果将所有的连线和接点都画出来，图形就会过于密集，线条太多反而不容易看清楚。因此，人们采取各种办法简化图形，使画图、读图都方便。

1）线的中断

距离较远的两个元器件之间的连线（特别是成组连线），可以不必画到最终去处，采用中断的办法表示，可以大大简化图形，如图 4-9 所示。

在这种线的断开处，一般应该标出去向或来源（可用网络标号 NetLabel 标明）。

2）引入总线表示一组导线

需要在电路图中用一组线连接的时候，可以使用总线（BUS）（粗实线）来表示。在使用计算机绘图软件时，用总线绘制的图形，还需绘制导线（细直线）、总线分支（细斜线）、标示每根导线的网络标号，如图 4-10 所示。电路图中相同的网络标号表示的是同一根线，即电路是连通的。

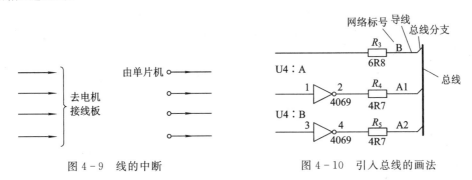

图 4-9　线的中断　　　　　　　　　　图 4-10　引入总线的画法

3）电源线省略

在分立元器件电路中，电源接线可以省略，只需标出接点，如图 4-11 所示。

因集成电路引脚及工作电压固定，往往也将电源接点省略掉，如图 4-12 所示。

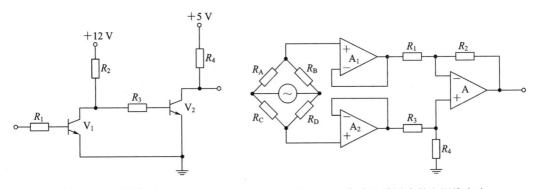

图 4-11　电源线省略　　　　　　　图 4-12　集成电路图中的电源线省略

7. 电路图的绘制

绘制电路图时，要注意做到布局均匀、条理清楚。

（1）要注意符号统一。在同一张图内，同种电路元件不得出现两种符号，应尽量采用符合国际通用标准或国家标准的符号。

（2）在正常情况下，采用电信号从左到右、自上而下（或自下而上）的顺序，即输入端在图纸的左、上方（或下方），输出端在右、下方（或上方）。

（3）每个图形符号的位置，应该能够体现电路工作时各元器件的作用顺序。在图 4-13

中，运放 A_3 作为反馈电路，将输出信号反馈到输入端，故它的方向与 A_1、A_2 不同。

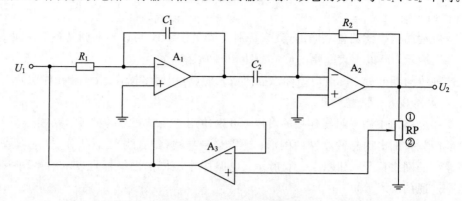

图 4-13　图形位置及其作用

（4）把复杂电路分割成单元电路进行绘制时，应该标明各单元电路信号的来龙去脉，并遵循从左至右、从下至上或从上至下的顺序。

（5）串联的元件最好画到一条直线上；并联时按各元件符号的中心对齐，如图 4-14 所示。

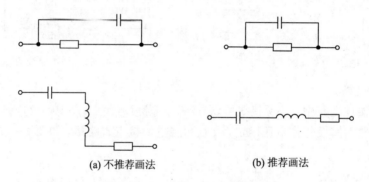

(a) 不推荐画法　　　　　　　(b) 推荐画法

图 4-14　元器件串、并联时的位置

（6）电气控制图中开关及继电器等元件的触点在绘制时方向应遵循"横画上闭下开口朝左，竖画左开右闭口朝上"，并且元件与其触点的文字标注应相同，如图 4-15 所示。

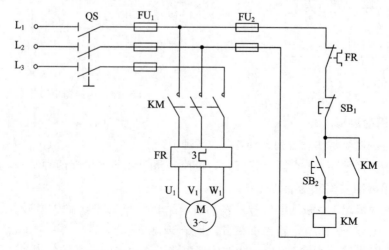

图 4-15　电气控制图中元件的方向与标注

　　(7) 根据图纸的使用范围及目的需要，可以在电路图中附加以下并非必需的内容：

· 导线的规格和颜色；

· 某些元器件的颜色；

· 某些元器件的外形和立体接线图；

· 某些元器件的额定功率、电压、电流等参数；

· 某些电路测试点上的静态工作电压和波形；

· 部分电路的调试或安装条件；

· 特殊元件的说明。

4.1.3　框图

　　框图是一种使用非常广泛的说明性图形，它用简单的"方框"代表一组元器件、一个部件或一个功能模块，用它们之间的连线表达信号通过电路的途径或电路的动作顺序。框图具有简单明确、一目了然的特点，对于了解电路的工作原理非常有用。图 4-16 是普通超外差式收音机框图，它能让人一眼看出电路的全貌、主要组成部分及各级电路的功能。

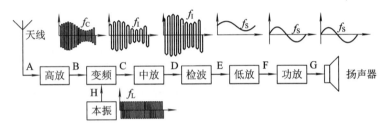

图 4-16　超外差式收音机框图

　　绘制框图时，要在方框内使用文字或图形注明该方框所代表电路的内容或功能，方框之间一般用带有箭头的连线表示信号的流向。在框图中，也可以用一些符号代表某些元器件，例如天线、电容器、扬声器等。

　　框图往往也和其他图形组合起来，表达一些特定的内容。

4.1.4　流程图

　　对于复杂电路，框图可以扩展为流程图。在流程图里，"方框"成为广义的概念，代表某种功能而不管具体电路如何，"方框"的形式也有所改变。流程图实际上是信息处理的"顺序结构""选择结构"和"循环结构"以及这几种结构的组合。

　　1. 程序流程图

　　程序的执行过程有顺序执行过程、控制转移过程和子程序调用与返回过程，而子程序调用过程又包含前两者。画程序流程图时，"控制转移"用菱形表示；"过程"用矩形表示；"开始""结束"用类似于环形跑道的图形表示。

　　绘制顺序执行过程的流程图比较容易，只需按照电路的工作步骤顺序列出即可。但在绘制带有控制转移过程的流程图时，要根据控制转移指令的特点进行，通常在菱形有箭头指出的左右两角用"N"或用"否"来表示，而在菱形有箭头指出的下角用"Y"或用"是"来表示。

　　2. 工艺流程图

　　工艺流程图是用来表示产品的生产加工过程或者工艺处理过程的图形。

4.1.5　装配图

1. 实物装配图

实物装配图是工艺图中最简单的一种，它以实际元器件的形状及其相对位置为基础，画出产品的装配关系。如图 4-17 所示的是某仪器中的波段开关接线图，由于采用实物画法，装配细节表达清楚，使用时一目了然，不易出错。

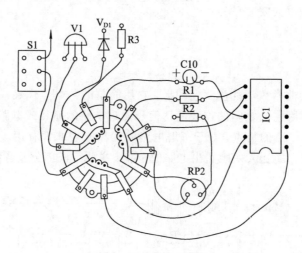

图 4-17　实物装配图

2. 印制板装配图

印制板装配图是用于指导员工装配焊接印制电路板的工艺图。印制板装配图一般分成两类：画出印制导线和不画出印制导线的。现在一般都使用 CAD 软件设计印制电路板，设计结果通过打印机输出。在打印图纸时，可以根据需要设定"叠层打印"或"分层打印"。

1）有印制导线的装配图

叠层打印电路板丝印标注层和焊接印制导线的装配图如图 4-18 所示。

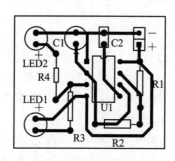

图 4-18　有印制导线的装配图

绘制图 4-18 这种印制板装配图应该注意下列几点：

（1）元器件可使用标准图形符号表示，也可画出实物示意图样，还可两者混合使用。

（2）有极性的元器件，如电解电容器、三极管等，它们的极性一定要标示清楚。

（3）元器件可以直接标出参数、型号，也可只标注元件序号，另外附表列出各元件的参数、型号。

（4）需要特别说明的工艺要求，如焊点的大小、焊料的种类、焊接以后的保护处理等，应加以注明。

2）只有丝印标注的装配图

仅打印电路板顶层或底层丝印标注层的装配图如图 4－19 所示，把安装元器件的板面作为正面，画出元器件的图形符号及其位置，用于指导装配焊接，适用于在装配生产线上安排工序，指导员工进行插装。

绘制这种装配图时，要注意以下几点：

（1）元器件全部用图形符号表示，最好能表示清楚元器件的外形轮廓和装配位置，不必画出细节。

（2）有极性的元器件要按照实际排列标出极性和安装方向，不能画错。如图 4－19 中的发光二极管、电解电容等元器件。

（3）集成电路要画出引脚顺序的标志。

（4）一般只标出每个元器件的代号。

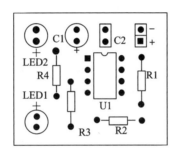

图 4－19　只有丝印标注的装配图

4.1.6　接线图

接线图表示各零部件之间导线相互连接的情况，是整机装配时的重要依据。常用的接线图有直连型、简化型和接线表等。

1. 直连型接线图

这种接线图类似于实物图，将各个零部件之间的接线用连线直接画出来，对于简单电子产品既方便又实用。直连型接线图的主要特点如下：

（1）由于接线图主要是把接线关系表示出来，所以图中各个零部件主要画出接线板、接线端子等与接线有关的部位，其他部分可以简化或者省略。同时，也不必拘泥于实物的比例，但各零部件的位置及方向等一定要与实际的位置及方向对应。

（2）连线可以用任意的线条表示，但为了图形整齐，大多数情况下都采用直线表示。

（3）在接线图中应该标出各条导线的规格、颜色及特殊要求。如果没有标注，那就意味着由制作者任意选择。

图 4－20 是一个稳压电源的实体接线图。图中设备的前、后面板采用从左到右连续展开的图形，便于表示各部件的相互连线。这是一个简单的图例，复杂的产品接线图可以依此类推。

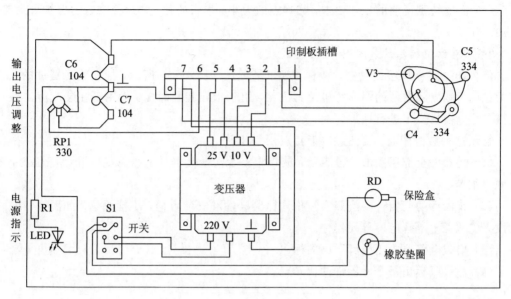

图 4 - 20　实体接线图

2. 简化型接线图

直连型接线图虽有读图方便、使用简明的优点，但对于复杂产品来说，不仅绘图非常费时，而且连线太多并互相交错，容易误读。在这种情况下，可以使用简化型接线图。简化型接线图的主要特点如下：

（1）零部件以结构的形式画出来，即只画出简单轮廓，不必画出实物。元器件可以用符号表示，导线用单线表示，与接线无关的零部件无需画出来。

（2）导线汇集成束时，可以用单线表示，用粗线表示线扎，单线汇入线扎的部位用45°线表示。导线与线扎的形状及走向与实际的线扎相似。

（3）每根导线的两端，应该标明端子的号码；如果采用接线表，还要给每根导线编号。

（4）在简化接线图中，也可以直接标出导线的规格、颜色等要求。

图 4 - 21 是一个控制实验装置的简化型接线图。

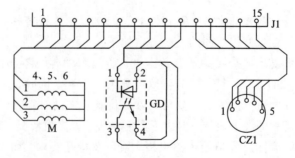

图 4 - 21　简化型接线图

3. 接线表

上述接线图也可以用接线表来表示。例如在图 4 - 21 中，先将各零部件标以序号，再标出它们的接线端子的序号，采用如表 4 - 2 所示的表格，把编好号码的线依次填写进去。这种方法在大批量生产中使用较多。

表 4 - 2　接线表示例

序号	线号	导线规格	颜色	导线长度/mm			连接点	
				全长 L	剥端 A	剥端 B	Ⅰ	Ⅱ
1	1—1	AVR0.1×28	红	325	5	6	JI1	BD6
2	…	…	…					
…	…							

4.1.7　其他设计文件

1. 技术条件

技术条件是对产品质量、规格及其检验方法所作的技术规定，是产品生产和使用的技术依据。技术条件实际上是企业产品标准的一种，是实施企业产品标准的保证。在某些技术性能和参数指标方面，技术条件可以比企业产品标准要求得更高、更严、更细。

技术条件的内容一般包括：产品的型号及主要参数、技术要求、验收规则、试验方法、包装和标志、运输和储存要求等。

2. 技术说明书和使用说明书

技术说明书是关于产品的主要用途和适用范围、结构特征、工作原理、技术性能、参数指标、安装调试及使用维修等的技术文件。

使用说明书是用以传递产品信息和说明有关问题的一种设计文件。产品使用说明书有两种，一种是工业产品使用说明书，一种是消费产品使用说明书。

3. 元器件明细表

对于非生产用图纸，将元器件的型号和规格等参数标注在电路原理图中，并加以适当的说明即可。而对于生产工程图纸来说，就需要另外附加供采购及计划人员使用的尽量详细的元器件明细表。元器件明细表应包括元器件的名称及型号、规格、使用数量、代用型号及规格、备注等。

4.2　工　艺　文　件

4.2.1　工艺文件及其作用

1. 工艺文件简介

工艺文件是组织和指导生产、开展工艺管理的各种技术文件的总称。工艺文件是企业组织生产的主要依据和指导生产的基本法则，是企业生产部门必备的一种技术资料。它是加工、装配、检验的技术依据，是生产路线、计划、调度、原材料准备、劳动力组织、定额管理、工模具管理、质量管理等的主要依据和前提。

工艺文件是根据设计文件提出具体的加工方法，以实现设计图样上的要求，并以工艺规程和整机工艺文件图样指导产品加工。

2. 工艺文件的作用

（1）为生产部门提供规定的流程和工序，便于组织产品有序生产。

（2）提出各工序和岗位的技术要求和操作方法，保证员工生产出符合质量要求的产品。

（3）为生产计划部门和核算部门确定工时定额和材料定额，控制产品的制造成本和生产效率。

（4）生产部门按照文件要求进行工艺纪律管理和员工管理。

3. 工艺文件的编制原则

编制工艺文件，应以保证产品优质、低耗、高产为原则，以用最经济、最合理的工艺手段进行加工为原则。为此，应做到以下几点：

（1）编制工艺文件应根据产品批量大小和复杂程度区别对待。一次性生产的产品可不编写工艺文件。

（2）编制工艺文件要考虑到车间的组织形式、设备条件以及操作员工的技术水平等情况。

（3）工艺文件应以图为主，使加工者一目了然，便于操作，必要时可加注解或说明。

（4）凡属装接工应知应会的基本工艺规程的内容，工艺文件中可不再编入。

（5）对于未定型的产品，也可编制临时性工艺文件或编写部分必要的工艺文件。

4. 工艺文件的编制要求

（1）工艺文件要有统一的标准格式。幅面统一，图幅大小符合规定，便于装订成册配齐成套。

（2）工艺文件的字体要正规，书写清楚，图形正确，工艺图上尽量少用文字说明。

（3）工艺文件所用的产品名称、型号、图号、符号、编号及代号等，应与设计文件相一致。但各种导线的标号可由工艺文件决定。

（4）工序安装图画法上可不完全按照实物，但轮廓要相似，紧固件安装用简图，安装层次要清楚。

（5）装配接线图中接线部位要清楚，连接线的接点要明确，视图可放大或缩小，内部接线的部分可移出展开绘制。

（6）线扎图尽量采用1:1的图样，便于在图样上直接排线。

（7）编制工艺文件要执行会签、审核、批准手续。

5. 工艺文件管理及工艺纪律

（1）工艺文件由企业技术档案部门统一管理。

（2）更改工艺文件应填写更改通知单，会签、审核和批准手续后由专人负责更改。

（3）临时性的更改也应办理临时更改通知单，并注明更改所适用的批次或期限。

（4）有关工序或工位的工艺文件应发到操作人员手中，熟悉后才能进行操作。

（5）保持工艺文件的清洁，不要在图纸上乱写乱画，以防止出现错误。

（6）遵守各项规章制度，注意安全、文明生产，确保工艺文件的正确实施。

（7）发现图纸和工艺文件中存在的问题，及时反映，不要自作主张随意改动。

（8）努力钻研业务，提高操作技术。积极提出合理化建议，不断改进工艺，提高产品质量。

4.2.2　常用工艺文件

生产企业常用工艺文件有以下九种。

1. 封面

工艺文件封面供工艺文件装订成册用，封面上应标明"共××册""第××册""共××页""本册内容"，执行批准手续，并且填写批准日期。

2. 目录

工艺文件目录供工艺文件装订成册用，是文件配齐成套归档的依据，方便相应资料的查阅。

3. 工艺路线表

该表是产品的整件、零部件在加工、准备过程中工艺路线的简明显示，供企业有关部门作为组织生产的依据。

4. 导线及线扎加工表

该表是导线及线扎的加工制作和装配焊接的依据。填写导线的编号、名称、规格、颜色、数量、导线的剥线尺寸及剥头的长度尺寸、导线焊接的去向等。

5. 配套明细表

该表是编制装配需用的零部件、整件以及材料与辅助材料的清单，供有关部门管理及领料、发料时使用。

6. 装配工艺过程卡

该卡反映装配工艺的全过程，供机械装配和电气装配用。

7. 工艺说明及简图

工艺说明及简图可作为任何一种工艺过程的续卡，供画简图、表格及文字说明用；也可供编制规定格式以外的其他工艺过程时用，如调试说明、检验要求等。

8. 材料消耗定额表

该表列出生产产品所需的所有原材料的定额，并留有一定的余量作为生产过程中的损耗。它是供应部门采购原料和财务部门核算成本的依据。

9. 工艺文件更改通知单

该通知单对工艺文件内容作永久性修改时用。填写中应填写更改原因、生效日期及处理意见等，最后要执行审核、批准等手续。

习　题　4

1. 编制工艺文件的原则是什么？
2. 常用的设计文件有哪些？
3. 电子产品的装配工艺过程包括哪些环节？
4. 电子产品的生产过程包括哪三个主要阶段？
5. 设计文件和工艺文件是怎样定义的？它们的关系如何？
6. ＿＿＿＿＿是详细说明产品各元器件、各单元之间的工作原理及其相互间连接关系的略图，是设计、编制接线图和研究产品时的原始资料。

A. 电路图　　　　　　　　B. 装配图　　　　　　　　C. 安装图

第 5 章　电子产品安装工艺基础

【教学目标】

1. 掌握焊接工具、钳口工具、剪切工具、紧固工具等常用工具的使用。

2. 了解波峰焊接机、再流焊接机、贴片机、印刷机、点胶机、普通浸锡炉、自动插件机等常用设备。

3. 掌握手工焊接的基本知识和操作要领，掌握拆焊的常用方法和操作要领。

4. 了解胶接工艺、紧固件连接工艺。

5. 了解接插件连接工艺。

5.1　常用工具与常用设备

电子整机装配中使用的工具和设备统称为电子装联工艺装备。专门供电子整机装配用的设备称为电子整机专用设备。常用的组装工具有焊接工具、钳口工具、剪切工具、紧固工具等。常用设备有波峰焊接机、再流焊接机、贴片机、印刷机、点胶机、普通浸锡炉、自动插件机等。

5.1.1　常用工具

1. 焊接工具

电烙铁是电子装配中最常用的焊接工具，其作用是加热焊料和被焊金属，使熔融的焊料润湿被焊金属表面并生成合金。

1）电烙铁分类及结构

根据用途、结构的不同，电烙铁可分为以下三种。

（1）直热式电烙铁。直热式电烙铁是最常用的焊接工具，分为内热式和外热式两种。

（2）吸锡器和吸锡电烙铁。在焊接或维修电子产品的过程中，有时需要把元器件从电路板上拆卸下来。拆卸元器件是和焊接相反的操作，也叫作拆焊或解焊。常用的拆焊工具有吸锡器和吸锡电烙铁。

吸锡器实际是一个小型手动空气泵，压下吸锡器的压杆，就排出了吸锡器腔内的空气；释放吸锡器压杆的锁钮，弹簧推动压杆迅速回到原位，在吸锡器腔内形成空气的负压力，就能够把熔融的焊料吸走。在电烙铁加热的帮助下，用吸锡器很容易拆焊电路板上的元器件。

吸锡电烙铁是在普通直热式电烙铁上增加吸锡结构组成的，具有加热、吸锡两种功能。

（3）调温式电烙铁。调温式电烙铁有自动恒温和手动调温的两种。自动恒温电烙铁依靠温度传感元件监测烙铁头的温度，并通过放大器将传感器输出的信号放大，控制电烙铁的供电电路，从而达到恒温的目的。

图 5-1 所示的是另一种恒温式电烙铁，其烙铁头采用渗镀铁镍的工艺，不需要修整，且烙铁头温度不受电源电压、环境温度的影响，可在 260～450℃ 之间任意选定，最适合维修人员使用。

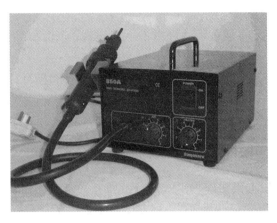

图 5-1　恒温式电烙铁

2）烙铁头的形状与修整

烙铁头一般用紫铜制成，内热式烙铁头都经过电镀。这种表面有镀层的烙铁头，如果不是特殊需要，一般不要用锉子修整或打磨。因为电镀层的作用就是保护烙铁头不容易氧化生锈。

为了保证焊接的可靠方便，必须合理选用烙铁头的形状和尺寸。图 5-2 是几种常用烙铁头的外形。

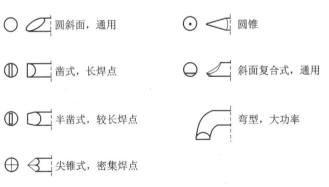

图 5-2　常用烙铁头的形状

一般说来，烙铁头接触面越大，传导热量越快；反之，烙铁头接触面越小，传导热量越慢。操作者可以根据自己的习惯及焊接的具体情况合理选用烙铁头。

3）电烙铁的使用

电烙铁在使用前要进行必要的检查和处理。

（1）安全检查。用万用表检查电源线有无短路、开路，电烙铁是否漏电。电源线装接是否牢固，螺丝是否松动，在手柄上电源线是否被顶紧，电源线套管有无破损。

（2）烙铁头处理。烙铁头一般由紫铜做成，在温度较高时容易氧化，在使用过程中其端部易被焊料浸蚀失去原有的形状，这时需及时用锉刀等加以修整，然后重新镀锡。

镀锡具体的操作方法：将处理好烙铁头的电烙铁通电加热，并不断在松香上擦洗烙铁头表面，在其表面熔化一层松香，当烙铁头温度刚能熔化焊锡时，立即在其表面熔化一层焊锡，并不断地在粗糙的小木块或废旧的印制电路板上来回摩擦，直至烙铁头表面均匀地镀上一层锡为止，镀锡长度为 1 cm 左右。

（3）使用注意事项：

① 旋烙铁手柄盖时不可使电源线随着手柄盖扭转，以免损坏电源线接头部位，造成短路。

② 电烙铁在使用中不要敲击，烙铁头上过多的焊锡不得随意乱甩，要在松香上擦除或用软湿布擦除。

③ 电烙铁在使用一段时间后，应当将烙铁头取出，除去外表面氧化层；取烙铁头时切勿用力扭动烙铁头，以免损坏烙铁芯。

2. 钳口工具

（1）尖嘴钳。尖嘴钳主要用在焊点上网绕导线和元器件引线，以及元器件引线成形、布线等。尖嘴钳一般都带有塑料套柄，使用方便，且能绝缘。

（2）平嘴钳。平嘴钳主要用于拉直裸导线，将较粗的导线及较粗的元器件引线成形。在焊接晶体管及热敏元件时，可用平嘴钳夹住引脚引线，以便于散热。

（3）圆嘴钳。圆嘴钳由于钳口呈圆锥形，可以方便地将导线端头、元器件的引线弯绕成圆环形，安装在螺钉及其他部位上。

（4）镊子。镊子的主要作用是用来夹持物体。镊子有两种，端部较宽的医用镊子可夹持较大的物体，而头部尖细的普通镊子（如钟表镊子），适合夹持细小物体。在焊接时，用镊子夹持导线或元器件，以防止移动。对镊子的要求是弹性强，合拢时尖端要对正吻合。

3. 剪切工具

（1）斜口钳。斜口钳主要用于剪切导线，尤其适合用来剪除焊接后元器件多余的引线。剪线时，要使钳头朝下，在不变动方向时可用另一只手遮挡，防止剪下的线头飞出伤眼。

（2）剪刀。剪刀有普通剪刀和剪切金属线材用剪刀两种，后者头部短而宽，刀口角度较大，能承受较大的剪切力。

4. 紧固工具

紧固工具用于紧固和拆卸螺钉和螺母。它包括螺钉旋具、螺母旋具和各类扳手等。螺钉旋具也称螺丝刀、改锥或起子，常用的有一字形、十字形两类。

（1）一字形螺钉旋具：用来旋转一字槽螺钉。选用时，应使旋杆头部的长短和宽窄与螺钉槽相适应。

（2）十字形螺钉旋具：用于旋转十字槽螺钉。选用时应使旋杆头部与螺钉槽相吻合，否则易损坏钉槽。

使用一字形或十字形螺钉旋具时，用力要平稳，压和拧要同时进行。

（3）机动螺钉旋具：这类旋具的特点是体积小、重量轻、操作灵活方便，广泛用于生产流水线上装卸小规格螺钉。机动螺钉旋具设有限力装置，使用中超过规定扭矩时会自动打滑，这对在塑料安装件上装卸螺钉极为有利。

（4）螺母旋具：常用的螺母旋具用于装卸六角螺母，主要有套筒和扳手两大类。

5. 其他工具

压线钳、剥线钳、卡线钳等工具的应用也较多。

5.1.2　常用设备

1. 波峰焊接机

波峰焊是自动焊接中较理想的焊接方法，是印制电路板主要焊接方法之一。

波峰焊接机通常由喷涂助焊剂装置、预热装置、焊料槽、冷却风扇和传送装置等部分组成，如图 5-3 所示。

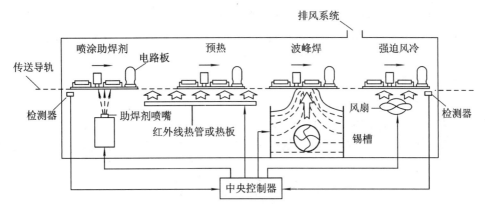

图 5-3　波峰焊接机的组成及工作原理

将已插装或贴装好元器件的印制电路板放在能控制速度的传送导轨上。导轨下面有温度能自动控制的熔锡缸，锡缸内装有机械泵和具有特殊结构的喷口。机械泵根据焊接要求不断压出平稳的液态锡波，装有元器件的印制电路板通过焊料波峰，实现元器件焊端或引脚与印制电路板焊盘之间的机械与电气连接。

2. 再流焊接机

再流焊接机也叫回流焊机，它是通过提供一种加热环境，使焊锡膏受热熔化从而使 PCB 上的表面贴装元器件和 PCB 焊盘通过焊锡膏合金可靠地结合在一起的设备。再流焊是伴随微型化电子产品的出现而发展起来的焊接技术，主要应用于各类表面组装元器件的焊接。再流焊机由控制系统、热风系统、冷风系统、机体、传动系统组成。再流焊接机是精密焊接设备，焊接热应力小，适于表面贴装元件器的焊接。常用的再流焊接技术有红外线再流焊、气相再流焊、全热风再流焊和红外加热风再流焊等。

3. 贴片机

贴片机是通过移动贴装头把表面贴装元器件准确地放置到 PCB 焊盘上的一种设备。全自动贴片机是由计算机控制的集光、机、电于一体的高精度自动化设备，由机架、PCB 传送及承载组织、驱动体系、定位及对中体系、贴装头、供料器、光学识别体系、传感器和计算机控制体系组成，它通过吸取—位移—定位—放置等功能，将表面贴装元器件快速而精确地贴装。全自动贴片机是用来实现高速、高精度全自动贴放元器件的设备，是整个 SMT 生产线中最关键、最复杂的设备。

4. 印刷机

印刷机是 SMT 生产线的主要设备之一，决定着电子产品的质量。它的工作原理是：先将要印刷的 PCB 固定在印刷定位台上，然后由印刷机的左右刮刀把锡膏通过钢网漏印于 PCB 对应的焊盘上，对漏印均匀的 PCB，通过传送机构送至贴片机进行自动贴片。

5. 点胶机

点胶机用于将红胶涂覆在印制电路板欲安装表面贴装元器件的地方，然后将 PCB 通过传送机构送至贴片机进行自动贴片。红胶固化后起固定表面贴装元器件的作用。

6. 普通浸锡炉

普通浸锡炉是在一般锡锅的基础上加焊锡滚动装置和温度调节装置构成的。它既可用于对元器件引线、导线端头、焊片等进行浸锡，也适用于中小批量印制电路板的焊接。由于锡锅内的焊料不停地滚动，增强了浸锡效果。使用浸锡炉时要注意调整温度。为了保证浸锡质量，根据锅内焊料消耗情况及时增添焊料、清理锡渣和适当补充助焊剂。

7. 自动插件机

自动插件机是一种将一些有规则的电子元器件自动标准地插装在印制电路板导电通孔内的机械设备。自动插件机由微处理器按待插装在印制电路板上的插装元件事先编程，通过机械手和与其联动的机构，将规定的电子元器件插入并固定在印制电路板预制通孔中。

5.2　焊　接　工　艺

在电子整机装配过程中，焊接是一种主要的连接方式。它是将组成产品的各种元器件、导线、接点、印制导线等，用熔化焊料再冷却凝固的方法牢固地连接在一起的过程。在电子产品装配中，锡焊应用最广。锡焊是加热被焊金属件和锡铅焊料，使焊料熔化，借助于助焊剂的作用，使焊料浸润已加热的被焊金属件表面形成合金，焊料凝固后，被焊金属件即连在一起。

5.2.1　焊接的基本知识

1. 焊接的基本条件及要求

为了提高焊接质量，必须注意掌握锡焊的条件：

(1) 被焊件必须具备可焊性。

(2) 被焊金属表面应保持清洁，应去除氧化层及其他污染物。

(3) 使用合适的助焊剂。

(4) 具有适当的焊接温度。

(5) 具有合适的焊接时间。

一个好的焊点必须满足以下基本要求：

(1) 具有良好的导电性。

(2) 具有一定的机械强度。

(3) 焊点表面应光洁整齐。

良好的焊点要求焊料用量恰到好处，表面光洁，有金属光泽。外表是焊接质量的反映，焊点表面有金属光泽是焊接温度合适、生成合金层的标志，这不仅仅是美观的要求。

2. 手工烙铁焊接的基本步骤

手工烙铁焊接时，对热容量大的焊件常用五步操作法，对热容量小的焊件则用三步操作法。

1）五步操作法

（1）准备施焊。要求被焊件表面保持清洁，无氧化物；烙铁头表面镀有一层焊锡，要求保持干净无焊渣。左手拿焊锡丝，右手握电烙铁，进入备焊状态。如图 5-4(a) 所示。

（2）加热被焊件。烙铁头同时接触加热两个被焊件，时间大约为 1～2 s。例如，图 5-4(b) 中的元器件引线与焊盘、导线与接线柱均要同时均匀受热。

（3）送入焊锡丝。被焊件的焊接面被加热到一定温度时，焊锡丝从电烙铁对面接触被焊件。注意：不要把焊锡丝送到烙铁头上。如图 5-4(c) 所示。

（4）移开焊锡丝。当焊锡丝熔化一定量后，立即移开焊锡丝。在印制板上焊接元器件时，要求焊锡一流满焊盘就立即移开焊锡丝。如图 5-4(d) 所示。

（5）移开电烙铁。继续加热使焊锡充分浸润焊盘和焊件的施焊部位后立即移开电烙铁，结束焊接。如图 5-4(e) 所示。从第三步开始到第五步结束，时间大约也是 1～3 s。

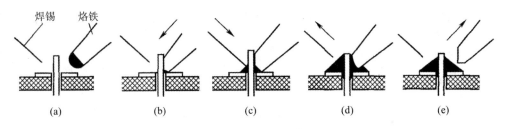

图 5-4　锡焊五步操作法

2）三步操作法

（1）准备。与五步操作法的步骤(1)相同。

（2）同时加热与加焊料。烙铁头加热两被焊件的同时在被焊件上送入焊锡丝，以熔化适量的焊料。

（3）同时移开电烙铁和焊锡丝。当焊料的扩散范围达到要求后，迅速拿开电烙铁和焊锡丝。拿开焊锡的时间不得迟于拿开电烙铁的时间。

3. 焊点的质量

1）焊点的质量要求

保证焊点质量最重要的一点，就是必须避免虚焊，焊锡浸润的程度是判别是否虚焊的关键。

合格焊点的鉴别标准如下：

（1）元件引线、导线与印制板焊盘应全部被焊料覆盖，合格焊点形状为近似圆锥而表面稍微凹陷，呈漫坡状，以焊接导线为中心，对称呈裙形展开，如图 5-5 所示。虚焊点的表面往往向外凸出，可以鉴别出来。

（2）从焊点上看能辨别出元器件引线或导线的轮廓、尺寸，焊料的连接面呈凹形自然过渡，焊锡和焊件的交界处平滑。

（3）焊料应浸润到导线、引线与焊盘、金属化孔之间。对于双面印制电路板，通孔内被焊料填充100％，焊接面的焊盘被焊锡覆盖100％，元件面的焊盘被焊锡覆盖的面积大于3/4。

（4）焊点表面应光洁、平滑，无虚焊，无气泡针孔、拉尖、桥接、挂锡、溅锡及夹杂物等缺陷。

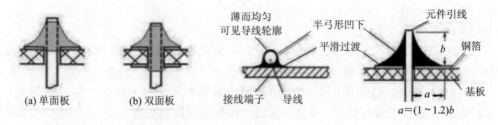

(a) 单面板　　　(b) 双面板

$a=(1～1.2)b$

图5-5　焊点形成剖面及焊点形状

2）焊点缺陷及成因分析

焊点的质量缺陷及成因分析如表5-1所示。

表5-1　焊点的质量缺陷及成因分析

焊点缺陷	外观特点	危害	原因分析
虚焊	焊锡与引线和铜箔之间有明显的界限，焊锡向界限凹陷	不能正常工作	1. 元器件引线氧化 2. 焊盘氧化
焊料堆积	焊点呈白色，无光泽，结构松散	机械强度不足，可能虚焊	1. 焊料质量不好 2. 焊接温度不够 3. 焊件表面氧化
焊料过多	焊点表面向外凸出	浪费焊料	焊锡丝撤离过迟
焊料过少	焊锡未流满焊盘，焊锡未形成平滑过渡面	机械强度不足	1. 焊锡撤离过早 2. 焊锡流动性差或助焊剂不足 3. 焊接时间太短
松香焊	焊缝中夹有松香渣	强度不足，导通不良	1. 助焊剂过多或已失效 2. 焊接时间不够，加热不足 3. 焊件表面氧化
过热	焊点发白，表面较粗糙，无金属光泽	焊盘强度降低，容易剥落	加热时间过长
冷焊	表面不平整，似有棱角	强度低，导电性能不好	1. 焊料凝固前焊件抖动 2. 焊接时间不够，加热不足

续表

焊点缺陷	外观特点	危害	原因分析
浸润不良	焊料与焊件交界面不浸润	强度低，不通或时通时断	1. 焊件表面氧化 2. 助焊剂不足或质量差 3. 焊件未充分加热
松动	导线或元器件引线移动	不导通或导通不良	1. 引线氧化 2. 焊锡凝固前引线移动
拉尖	焊点出现尖端	外观不佳，易造成桥接短路	1. 助焊剂过少且加热时间过长 2. 电烙铁撤离角度不当
桥接	相邻导线连接	电气短路	1. 焊锡过多 2. 电烙铁撤离角度不当
针孔	目测或放大镜观察可见焊点有孔	强度不足，焊点容易腐蚀	引线与焊盘孔的间隙过大
气泡	引线根部有焊料隆起，内部藏有空洞	暂时导通，但长时间容易引起导通不良	1. 引线与焊盘孔间隙大 2. 引线浸润性不良
铜箔翘起	铜箔从印制板上剥离	焊盘已损坏	焊接时间太长，温度过高
剥离	焊点从印制板焊盘的铜箔上剥落	断路	焊盘已严重氧化

5.2.2　焊接的操作要领

1. 手工焊接操作的具体手法

（1）焊前准备。焊前应准备好所需工具、图纸，清洁被焊件表面氧化层并镀上锡。

（2）电烙铁的温度要适当，焊接时间要适当。

（3）焊料的施加。焊料的施加量可根据焊点的大小及被焊件的多少而定。焊料的施加方法较多，可视具体情况而定。

（4）保持烙铁头的清洁。

（5）靠增加接触面积来加快传热。

（6）加热要靠焊锡桥。

（7）电烙铁撤离有讲究。电烙铁的撤离要及时，而且撤离时的角度和方向与焊点的形成有关。图 5-6 所示为电烙铁不同的撤离方向对焊点锡量的影响。

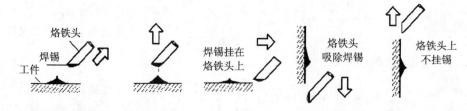

(a) 沿烙铁轴向45°撤离　(b) 向上方撤离　(c) 水平方向撤离　(d) 垂直向下撤离　(e) 垂直向上撤离

图 5-6　电烙铁撤离方向和焊点锡量的关系

（8）在焊锡凝固之前不能移动被焊件。

（9）助焊剂用量要适中。

（10）注意周围环境。焊接过程中注意不要烫伤周围的元器件及导线，有时可利用焊接点上的余热完成有关操作。

2. 焊接注意事项

（1）烙铁头的温度要适当，焊接时间要适当，从加热焊接点到焊料熔化并流满焊接点，一般应在几秒内完成。如果焊接时间过长，则焊接点上的助焊剂完全挥发，就失去了助焊作用。焊接时间过短则焊接点的温度达不到焊接温度，焊料不能充分熔化，容易造成虚焊。

（2）焊料与助焊剂使用要适量，一般焊接点上的焊料与助焊剂使用过多或过少会给焊接质量造成很大的影响。

（3）在焊接点上的焊料尚未完全凝固时，不能移动焊接点上的被焊器件及导线，否则会引起焊接点变形，可能出现虚焊现象。

（4）焊接时要注意不要使电烙铁烫伤周围导线的塑胶绝缘层及元器件的表面，尤其是焊接结构比较紧凑、形状比较复杂的产品时。

（5）及时做好焊接后的清除工作。焊接完毕后，应将剪掉的导线头及焊接时掉下的锡渣等及时清除，防止落入产品内带来隐患。

3. 焊接后的质量检查与处理

焊接后，要对焊接质量进行检查。主要检查有无错焊、漏焊、虚焊和元件歪斜等现象；焊点是否饱满、光泽；焊点有无裂纹、拉尖；焊点的周围是否有残留的助焊剂；有无连焊；有无焊料飞溅；焊盘有无脱落；导线及元器件的绝缘层有无损伤；元件有无松动等。

检查时，除目测外还要用指触、镊子拨动、拉线等办法进行检查，发现问题及时处理，最后清除残渣。

5.2.3　拆焊

1. 拆焊

在电子产品装接过程中，常常会因调试需要或在装错、损坏的情况下将已焊好的元器件拆卸下来，这就是拆焊。

1）拆焊的适用范围

（1）误焊了不该焊接的元件、导线。

（2）在维修或检修过程中需检测或更换元器件。

（3）在调试过程中需拆除临时安装的元器件、导线等。

（4）在质检或其他检查时需要进行的拆焊。

2）拆焊的原则和要求

拆焊的目的只是解除焊接，所以在拆焊时应注意如下几点：

（1）不损坏拆除的元器件、导线。

（2）拆焊时不可损坏焊接点或焊盘、印制导线。

（3）在拆焊过程中不要拆、动、移其他元件，如需要，要做好复原工作。

3）拆焊的工具

常用的拆焊工具除电烙铁之外，还有以下几个辅助工具：

（1）捅针，用于穿孔或协助电烙铁进行焊孔恢复。

（2）小镊子，以端头较尖的不锈钢镊子为佳，用于夹持元件或替代捅针。

（3）吸锡带，用于吸取焊接点上的焊锡。

（4）吸锡电烙铁，用于吸去熔化的焊料，使焊盘与元件引脚分离，达到解除焊接的目的。

4）拆焊的操作要求

烙铁头加热被拆焊点时，焊料充分熔化后，及时按垂直印制电路板的方向拔出元器件的引线，不管元器件的安装位置如何，是否容易取出，都不要强拉或扭转元器件，以免损坏印制电路板的焊盘。

拆焊时不要用力过猛，不允许用拉动、摇动、扭动等办法去拆除焊接点。

拆焊后必须把焊盘上及插线孔内的焊料清除干净，否则不便插装新元器件。

2. 常用的拆焊方法

1）一般焊接点拆焊

拆除决定舍去的元器件时，可先将元器件的引线剪掉，再进行拆焊。拆焊钩焊点时，首先用烙铁头去掉所有焊锡，然后用工具撬直引线，并将其抽出。

拆焊网接点比较困难，容易损坏元器件和导线端头的绝缘层，如继电器、中频变压器等，拆焊时应特别小心。

2）印制电路板上元器件的拆焊

注意不要损坏元器件和印制电路板上的焊盘及印制导线，印制电路板上的铜箔在受热的情况下极易剥离。拆焊时可采用如下方法：

（1）分点拆焊。焊点之间的距离较大时，可采用分点拆除的办法。

（2）集中拆焊。元器件焊点之间的距离比较小时，可采用集中拆焊法，即用电烙铁同时交替加热几个焊接点，待焊锡充分熔化后一次性拔出。

（3）间断加热拆焊。一些带塑料骨架的器件，如中频变压器、线圈等，其骨架不耐高温，对这类器件要采用间断加热法拆焊。

5.3　其他连接工艺

电子整机安装时除焊接外，还会用到胶接、紧固件连接、接插件连接等工艺，将产品的零部件、整件和各种元器件按设计文件的要求安装在规定的位置上。安装中的连接方法可分为两大类：一类是可拆连接，即拆散时不会损伤任何装配件，如螺钉连接等；另一类是不可拆连接，即拆散时会损伤装配件和材料，如胶粘、铆钉连接等。

对安装的总要求是牢固可靠，不损伤元器件，不损伤涂覆层，不破坏元器件的绝缘性能，安装件的位置方向正确。具体要求如下：

(1) 应保证实物与装配图一致。

(2) 提交装配的所有材料和零部件(包括外购件)均应符合现行标准和设计文件要求，经检验合格方可安装。

(3) 一般不允许对外购件进行补充加工(图纸有规定时例外)。

(4) 装配前应对机械零部件进行清洁处理，清除附着的杂物，以防止先期磨损而造成额外偏差。

(5) 机械零件在装配过程中不允许产生裂纹、凹陷、压伤和可能影响设备性能的其他损伤。

(6) 相同的机械零部件应具有互换性。必要时可按工艺文件的规定进行调整。

(7) 固定连接的零部件不允许有间隙和松动。活动连接的零部件应能在正常间隙下，按规定的方向灵活均匀地运动。

(8) 必须仔细检查配套的产品并保持清洁，否则使用时会造成机械和电气故障。

5.3.1　胶接工艺

用胶粘剂将各种材料粘接在一起的安装方法称为胶接。在电子整机装配中常对轻型元器件及不便于螺接和铆接的元器件或材料进行胶接。

1. 胶接的特点

胶接工艺的优点如下：

(1) 应用范围广。任何金属、非金属几乎都可以用胶粘剂来连接，胶接也可以连接很薄的材料或厚度相差很大的材料。

(2) 胶接变形小。胶接克服了铆接时受冲击力和焊接时受高温作用使工件易产生变形的缺点，常用于金属薄板、轻型元器件和复杂零件的连接。

(3) 胶接处应力分布均匀，避免了其他连接应力集中的现象，因此具有较高的抗剪、抗拉强度。

(4) 具有良好的密封、绝缘、耐腐蚀特性。根据需要还能得到特殊性能(如导电等)的连接。

(5) 用胶粘剂对设备和零部件进行修复工艺简便，成本低。

胶接方法的不足之处在于：有机胶粘剂易老化、耐热性差(不超过300℃)；无机胶粘剂虽耐热，但性能脆；胶接接头抗剥离和抗冲击能力差等。

2. 提高胶接性能的工艺措施

（1）合理选用胶粘剂。胶接是通过胶粘剂作为中间媒介层来连接的。选择胶粘剂的总原则是要求成本低、效果好、整个工艺过程简单。

（2）正确设计胶接接头。胶接接头应能扩大粘接面积和得到合理的负载方式，以保证胶接后得到牢固可靠的连接。

（3）被粘接表面的预处理。用化学方法或机械方法去除被粘接件表面的油污等脏物、氧化层和水分，或使其表面比较粗糙。处理后的表面应保持清洁，尽量在短时间内进行粘接，否则需重新处理。

（4）严格执行操作工艺。胶接工艺随胶粘剂的种类、性能和要求的不同而不同，一般有以下几道工序：粘接面加工→粘接面清洁处理→涂敷胶粘剂→叠合→固化。

（5）胶接时的注意事项。胶接环境的温度应为 15～30℃，相对湿度不大于 70%；必须进行严格的表面处理；胶粘剂的涂敷层应当厚度均匀、位置准确；夹具定位准确，压力要均匀；合拢接头时，必须将接口处多余的胶液清除干净；固化温度要均匀，保温时间要准确。

5.3.2　紧固件连接工艺

1. 螺接

用螺纹连接件（如螺钉、螺栓、螺母）及垫圈将元器件、零部件紧固地连接起来，称为螺纹连接，简称螺接。这种连接方式的优点是结构简单，便于调试，装卸方便，工作可靠，因此在电子产品装配中得到广泛应用。

1）紧固件的选用

（1）十字槽螺钉紧固强度高，外形美观，有利于实现自动化装配。

（2）面板应尽量少用螺钉紧固，必要时可采用半沉头螺钉，以保持平面整齐。

（3）当要求结构紧凑、连接强度高、外形平滑时，应尽量采用内六角螺钉。

（4）安装部位全是金属件时采用钢性垫圈。对瓷件、胶木件等易碎零件应使用软垫圈。

2）拧紧方法

拧紧长方形工件的螺钉组时，需从中央开始逐渐向两边对称扩展。拧紧方形工件和圆形工件的螺钉组时，应按交叉顺序进行。无论装配哪一种螺钉组，都应先按顺序装上螺钉，然后分步逐渐拧紧，以免发生结构件变形和接触不良的现象。

3）螺纹连接的质量标准

（1）螺钉、螺栓紧固后，螺尾外露长度一般不得少于 1.5 扣，螺纹连接有效长度不得少于 3 扣。

（2）沉头螺钉紧固后，其头部应与被紧固件的表面保持平整，允许略微偏低，但不应超过 0.2 mm。

（3）螺纹连接要求拧紧，不能松动，但对非金属件拧紧要适度。

（4）弹簧垫圈四周要全部被螺帽压平。

（5）螺纹连接要牢固、防震和不易退扣。

（6）所安装元器件上的标志应尽量露在可见的一面。

（7）为便于检修拆卸，螺纹应无滑丝现象。

（8）装配紧固后的螺钉必须在螺钉末端涂上紧固漆，以表示产品属原装配，并防止螺钉松动。

4）螺纹连接时的注意事项

（1）要根据不同情况合理使用螺母、平垫圈和弹簧垫圈。弹簧垫圈应装在螺母与平垫圈之间。

（2）装配时，螺钉旋具的规格要选择适当，操作时应始终保持垂直于安装孔表面的方位旋转，避免摇摆。

（3）拧紧或拧松螺钉、螺帽或螺栓时，要用扳手或套筒使螺母旋转，不要用尖嘴钳松、紧螺母。

（4）最后用力拧紧螺钉时，切勿用力过猛，以防止滑丝。

5）螺纹连接的防松动措施

螺纹连接一般都具有自锁性，在静态和工作温度变化不大时，不会自行松脱。但当受到振动、冲击和变载荷作用时，或在工作温度变化很大时，螺纹间的摩擦力就会出现瞬时减小的现象，如果这种现象多次重复，就会使连接逐渐松脱。

为了防止紧固件松动和脱落，可采取如图 5-7 所示的措施。

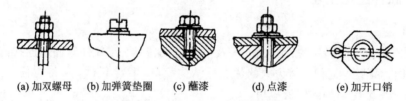

(a) 加双螺母　　(b) 加弹簧垫圈　　(c) 蘸漆　　(d) 点漆　　(e) 加开口销

图 5-7　防止紧固件松动的措施

（1）双螺母防松动。它是利用两个螺母互锁起到止动作用的，一般在机箱接线板上用得较多。

（2）弹簧垫圈防松动。它利用弹簧垫圈的弹性变形，使螺纹间轴向张紧而起到防松动作用。其特点是结构简单、使用方便，常用于紧固部位为金属的连接。

（3）蘸漆防松动。在安装紧固螺钉时，先将螺纹连接处蘸上硝基磁漆再拧紧螺纹，通过漆的黏合作用，增加螺纹间的摩擦阻力，漆干后可防止螺纹松动。

（4）点漆防松动。它是在露出的螺钉尾上点紧固漆来止动的。涂漆处不少于螺钉半周及两个螺纹高度。这种方法常用于电子产品的一般安装件上。

（5）开口销防松动。所用的螺母是带槽螺母，在螺杆末端钻有小孔，螺母拧紧后槽应与小孔相对，然后在小孔中穿入开口销，并将其尾部分开，使螺母不能转动。这种方法多用于有特殊安装要求的大螺母上。

2. 铆接

通过机械方法用铆钉将两个或两个以上的零部件连接起来的操作过程叫作铆接，有冷铆和热铆两种。在电子产品装配中，通常用铜或铝制作铆钉，采用冷铆法进行铆接。

1）对铆接的要求

（1）当铆接半圆头铆钉时，铆钉头应完全平贴于被铆零件上，并应与铆窝形状一致，不允许有凹陷、缺口和明显的开裂。

（2）铆接后不应出现铆钉杆歪斜和被铆件松动的现象。

（3）用多个铆钉连接时，应按对称交叉顺序进行。

（4）沉头铆钉铆接后应与被铆平面保持平整，允许略有凹下，但不得超过 0.2 mm。

（5）空心铆钉铆紧后扩边应均匀、无裂纹，管径不应歪斜。

2）铆钉长度和铆钉直径

铆接时，所用铆钉的长度适当才能做出符合要求的铆接头，保证足够的铆接强度。如果铆钉杆太长，在铆合时铆接头容易偏斜；铆钉杆太短，做出的铆接头就不会圆满完整，并且会降低结构的坚固性。铆钉长度应等于被铆件的总厚度与留头长度之和。半圆头铆钉的留头长度为铆钉直径的 1.25～1.5 倍，沉头铆钉的留头长度为铆钉直径的 0.8～1.2 倍。铆接时铆钉直径大小与被连接件的厚度有关，铆钉直径应大于铆接厚度的 1/4，一般应取板厚的 1.8 倍。

铆孔直径与铆钉直径的配合必须适当。孔径过大，铆钉杆易弯曲；孔径过小，铆钉杆不易穿入，若强行打进，又容易损坏被铆件。

3）铆装工具

（1）手锤。通常用圆头手锤，其大小应按铆钉直径的大小来选定。

（2）各类冲头。根据具体情况和需要选择相应的冲头，常用的冲头有压紧冲头、半圆头冲头、平头冲头、尖头冲头、凸心冲头等。

（3）垫模。用作垫板，其凹孔与铆钉头的形状一致。在铆接时把铆钉头放在垫模凹孔内使之受力均匀，并可防止铆钉头变形。

3. 销接

销接是利用销钉将零件或部件连接在一起，使它们之间不能互相转动或移动，其优点是便于安装和拆卸，并能重复使用。按用途分类，销钉有紧固销和定位销两种；按结构形式不同分类，可分为圆柱销、圆锥销和开口销。在电子产品装配中，圆柱销和圆锥销较常使用。

销钉连接时应注意：

（1）销钉的直径应根据强度确定，不得随意改变。

（2）销钉多是靠过盈配合装入销孔中的，但不宜过松或过紧。圆锥销通常采用 1:50 的锥度，装配时如将圆锥销塞进孔深的 80%～85%，可获得正常过盈。

（3）装配前应将销孔清理干净，涂油后再将销钉塞入，注意用力要垂直、均匀，不能过猛，防止头部镦粗或变形。

（4）对于定位要求较高或较常装卸的连接，宜选用圆锥销连接。

5.3.3 接插件连接工艺

在现代电子产品生产中，为了便于组装、维修及更换，通常采用分立单元或分机结构。在单元与单元、分机与分机、分机与机柜之间，多采用各类接插件进行电气连接。这种连接形式利用了插拔式结构，具有结构简单且紧凑、维修方便、有利于大批量生产等特点。

1. 对接插件连接的要求

（1）接触可靠。

（2）导电性能良好。

（3）具有足够的机械强度。

（4）绝缘性能良好。

2. 提高接插件连接性能的工艺措施

（1）为了获得良好的连接，应该根据使用电压和频率的高低以及使用要求等，选择合适的接插件。例如，高频部分要选用高频插头、插座，并要考虑采用良好的屏蔽。在机械力的作用下，容易使接插件接触不良或完全不能接触，如显像管管脚脱出、印制板从插座中跳出或松脱等。因此，必须考虑接插件接触处的机械强度和插拔力，以满足使用要求。

（2）接插件安装要正确。通常接插件由多个零件装配而成的，装配时不要把安装顺序方向搞错。

（3）接插件的连接应稳固牢靠，防止松脱。

（4）要保持接插件的清洁，防止金属件氧化。

（5）插头与插座要配套。

习　题　5

1. 什么叫作焊接？锡焊有哪些特点？

2. 手工焊接的基本步骤是什么？

3. 焊接的操作要领是什么？

4. 焊点形成应具备哪些条件？

5. 拆焊的方法有哪些？

6. 电子产品安装总的要求有哪些？

7. 电子产品安装除了常用的焊接外，还用到哪些连接工艺？

8. 整机的连接方式有两类：一类是＿＿＿＿＿连接，即拆散时操作方便，不易损坏任何零件，如＿＿＿＿＿连接、销钉连接、夹紧连接和卡扣连接等；另一类是＿＿＿＿＿连接，即拆散时会损坏零部件或材料，如＿＿＿＿＿、铆接等。

9. 电子产品装配中的手工焊接，焊接时间一般以（　　）为宜。

　　A. 3 s 左右　　　　　　　　　B. 3 min 左右

　　C. 越快越好　　　　　　　　　D. 不定时

第6章 线材加工与连接工艺基础

【教学目标】
1. 熟悉绝缘导线加工的工艺流程，掌握屏蔽导线端头的加工工艺。
2. 掌握线扎制作的方法和工艺要求。
3. 掌握各种线材连接方法和工艺要求。

6.1 线材加工工艺

导线是电子整机中电路之间、分机之间进行电气连接与相互间传递信号必不可少的线材。在整机装配前必须对所使用的线材进行加工。

6.1.1 绝缘导线加工工艺

1. 绝缘导线加工要求

（1）绝缘导线的剪裁长度应符合设计或工艺文件的要求，允许有 5%～10% 的正误差，不允许出现负误差。

（2）剥头长度应根据芯线截面积和接线端子的形状来确定。表6-1根据一般电子产品所用的接线端子，按连接方式列出了剥头长度及调整范围。在生产中，剥头长度应符合工艺文件（导线加工表）的要求。

表6-1 锡焊的剥头长度

连接方式	剥头长度/mm	
	基本尺寸	调整范围
搭焊	3	+2
钩焊	6	+5
绕焊	15	±5

（3）导线的绝缘层不允许损伤，否则会降低其绝缘性能。芯线应无锈蚀，绝缘层已损坏或芯线有锈蚀的导线不能使用。

（4）剥头时不应损伤芯线。多股芯线应避免断股。

（5）多股芯线剥头后先捻紧再浸锡。

（6）芯线浸锡层与绝缘层之间应留出 1～2 mm 间隙，以便于检查芯线有无伤痕和断股，并防止绝缘层因过热收缩或损坏。

2. 绝缘导线加工工艺

绝缘导线加工工序为：剪裁→剥头→清洁（去氧化层或绝缘漆）→对多股芯线捻头→浸锡。

主要加工工序如下：

（1）剪裁。按设计或工艺文件的要求，用斜口钳、剪刀等工具截取一段绝缘导线，要留有一定的余量。

（2）剥头。将绝缘导线的两端去掉一段绝缘层而露出芯线的过程称为剥头。常用的方法有刃截法和热截法两种。

刃截法可选用斜口钳、剪刀、电工刀或专用剥线钳等工具。刃截法的优点是操作简单，但刃截法易损伤芯线，故对导线用刃截法操作时一定要非常小心，单芯线的剥头处不允许有伤痕，多芯线的剥头处不允许有伤痕及断线。

热截法通常使用热控剥皮器。热截法的优点是不损伤芯线，但加热绝缘层时会放出有害气体，因此要求有通风装置。操作时应注意调节温控器的温度，温度过高易烧焦导线，温度过低则不易切断绝缘层。

（3）清洁。经过剥头的导线芯线在浸锡前要先用刀具、砂纸或专用设备等在浸锡端头距离绝缘层的根部 2～3 mm 处开始去除氧化层，除氧化层时见到原金属本色即可。如果导线是漆包线，应将端头处的绝缘漆去掉。

（4）捻头。多股导线脱去绝缘层后，芯线易松散开，因此必须进行捻头处理，以防止浸锡后线端直径太粗。捻头时应按原来合股方向扭紧。捻线角一般为 30°～45°。捻头时用力不宜过猛，以防捻断芯线。

（5）浸锡。经过剥头和捻头的导线应及时蘸助焊剂、浸锡，以防止氧化。通常使用锡锅浸锡。锡锅通电加热后，锅中的焊料熔化。将导线端头蘸上助焊剂，然后将导线垂直插入锅中，并且使浸锡层与绝缘层之间留有 1～2 mm 间隙，待浸润后取出即可，浸锡时间为1～3 s。锡锅应随时清除残渣，以确保浸锡层均匀光亮。

6.1.2　屏蔽导线端头加工工艺

屏蔽导线质地不同、设计要求不同，线端加工方法也不同。

1. 屏蔽导线不接地端的加工

屏蔽导线不接地端加工步骤如图 6-1(a)～(f)所示。

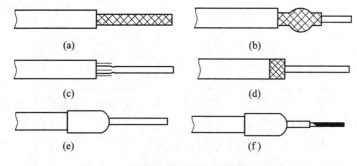

(a)　　　　　　　　　　　　　(b)

(c)　　　　　　　　　　　　　(d)

(e)　　　　　　　　　　　　　(f)

图 6-1　屏蔽导线不接地端的加工步骤

（1）按设计或工艺文件要求截取一段屏蔽导线，导线长度只允许 5％～10％的正误差，不允许负误差。

（2）用热截法或刃截法去掉一段屏蔽导线的外绝缘层。

（3）左手拿住屏蔽导线的外绝缘层，用右手推屏蔽编织线。

（4）剪断松散的编织线。

（5）将编织线翻过来，套上热收缩套管并加热，使套管套牢。

（6）按要求截去芯线外绝缘层，并给芯线端头浸锡。

2. 屏蔽导线接地端的加工

屏蔽导线接地端的加工步骤如图 6-2(a)～(e)所示。

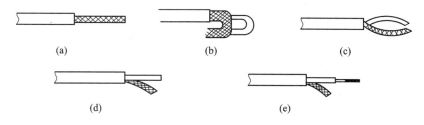

图 6-2　屏蔽导线接地端的加工步骤

（1）按设计或工艺文件要求截取一段屏蔽导线，导线长度只允许 5%～10% 的正误差，不允许出现负误差。

（2）用热截法或刃截法去掉一段外绝缘层。

（3）从铜编织套中抽出芯线，操作时可用捅针或镊子在铜编织线上拨一个小孔，弯曲屏蔽层，从孔中取出芯线。对较粗、较硬的屏蔽导线可疏散其编织层，将铜编织线全部理顺至一边。

（4）将铜编织线去掉一部分并拧紧、浸锡，同时去掉一段芯线绝缘层并将芯线端头浸锡。也可将铜编织线剪短并去掉一部分，然后焊上一段引出线，以作接地线使用。

3. 绝缘套管的使用

对经过线端加工的屏蔽导线，为保证绝缘和便于使用，需在线端套上绝缘套管。用热收缩套管时，可用热风枪吹至套管缩紧。用稀释剂软化套管时，可将套管泡在香蕉水中半小时后取出套上，待香蕉水挥发后便可套紧。线端加绝缘套管的方法如图 6-3 所示。

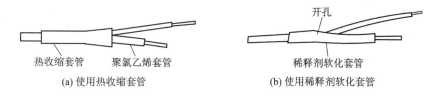

(a) 使用热收缩套管　　　　　　　　(b) 使用稀释剂软化套管

图 6-3　线端加绝缘套管的方法

6.2　线材连接工艺

在电子整机装配及其配件的制作过程和电子产品安装使用的过程中，都离不开线材的连接。线材的连接应用广泛，方法较多。

6.2.1　导线焊接工艺

1. 导线焊接形式

导线和接线端子、导线和导线之间的焊接有以下五种基本形式。

1) 绕焊

导线和接线端子的绕焊，是把经过镀锡的导线端头在接线端子上绕一圈，然后用钳子拉紧缠牢后再进行焊接，如图 6-4 所示。在缠绕时，导线一定要紧贴端子表面，绝缘层不要接触端子，一般取 $L=1\sim3$ mm 为宜。

导线和导线的连接以绕焊为主，如图 6-5 所示。

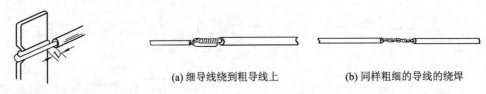

6-4　导线和接线端子的绕焊　　　　　(a) 细导线绕到粗导线上　　　(b) 同样粗细的导线的绕焊

　　　　　　　　　　　　　　　　　　图 6-5　导线和导线的绕焊

导线和导线的绕焊操作步骤如下：

(1) 去掉导线端部一定长度的绝缘层。

(2) 导线端头镀锡，并套上合适的热缩套管。

(3) 将两条导线绞合然后焊接。

(4) 趁热把套管推到接头焊点上，套管应全部覆盖金属接头部位，再用热风或用烙铁头烘烤热收缩套管，套管冷却后固定并紧裹在接头上。

这种连接的可靠性最好，在要求可靠性高的地方常常采用。

2) 钩焊

将导线弯成钩形钩在接线端子上，用钳子夹紧后再焊接，如图 6-6 所示。其端头的处理方法与绕焊相同。这种方法的强度低于绕焊，但操作简便。

3) 搭焊

如图 6-7 所示为搭焊，这种连接最方便，但强度及可靠性最差。图 6-7(a) 是把经过镀锡的导线搭到接线端子上进行焊接，仅用在临时连接或不便于缠、钩的地方以及某些接插件上。

对调试或维修中导线的临时连接，也可以采用如图 6-7(b) 所示的搭接方法，搭焊后也需套上绝缘套管。这种搭焊连接一般不用在正规产品中。

　　　　　　　　　　　　　　　　(a) 导线和接线端子的搭焊　　　(b) 导线和导线的搭焊

图 6-6　导线和接线端子的钩焊　　　　　　　图 6-7　搭焊

4) 杯形焊件焊接法

这类焊接点多见于接线柱和接插件，一般尺寸较大，如果焊接时间不足，容易造成"冷焊"。这种焊件一般是和多股软线连接，焊前要对导线进行处理，先绞紧多股软线，然后镀锡，对杯形件也要进行处理。操作方法如图 6-8 所示。

(1) 将杯形孔内壁氧化层除尽，再往杯形孔内滴助焊剂。

(2) 用电烙铁加热杯形孔处并熔化焊锡，靠浸润作用使焊锡流满孔内，并用电烙铁保持加热。

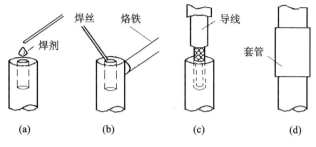

图 6-8　杯形接线柱焊接方法

（3）将已上好锡的导线端头垂直插入到孔的底部，电烙铁保持加热至焊点熔流光滑后移开。在焊锡凝固前，导线切不可移动，以保证焊点质量。

（4）完全凝固后立即套上套管。

由于这类焊接法焊点一般外形较大，散热较快，所以在焊接时应选用功率较大的电烙铁。

5）平板件和导线的焊接

在金属板上焊接的关键是往板上镀锡。一般金属板的表面积大，吸热多而散热快，要用功率较大的电烙铁。根据板的厚度和面积的不同，选用 $50 \sim 300$ W 的电烙铁为宜。若板的厚度在 0.3 mm 以下，也可以用 20 W 的电烙铁，只是要适当增加焊接时间。

对于紫铜、黄铜、镀锌板等材料，只要将表面氧化层清除干净，使用少量的助焊剂，就可以镀上锡。如果要使焊点更可靠，可以先在焊区用力刮除表面金属氧化层后再镀锡。

由于铝板表面在焊接时很容易生成氧化层，且不能被焊锡浸润，因此采用一般方法很难镀上焊锡。但事实上，铝及其合金本身却是很容易"吃锡"的，镀锡的关键是破坏其氧化层。可先用刀刮干净待焊面并立即加上少量助焊剂，然后用烙铁头适当用力在板上作圆周运动，同时将一部分焊锡熔化在待焊区。这样，靠烙铁头破坏氧化层并不断地将锡镀到铝板上去。铝板镀上锡后，焊接就比较容易了。

2. 导线端子焊接缺陷

导线端子焊接缺陷如图 6-9 所示。

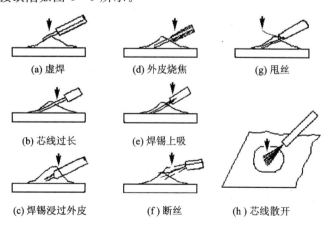

图 6-9　导线端子焊接缺陷示例

6.2.2　线材与线路接续设备接续工艺

1. 导线与接续设备的接续

（1）焊接接续方式。导线与接续端子之间采用焊锡加焊连接。

（2）绕接接续方式。将单芯导线的裸芯有次序地绕在带有棱角的柱状接续端子上，使导线线匝与接线柱棱角间形成紧密连接的接续方式。接续时采用手动或自动绕线器，拆线时采用退绕工具在不损坏接线端子的前提下将绕接的导线除下。

（3）压接接续方式。用特制的压线接续工具或接线螺钉，将导线紧紧压住，使导线和端子连接良好。

（4）卡接接续方式。用卡接工具或卡接刀把导线压嵌进入特制的接续模块接续端子的接续簧片缝中，导线绝缘层被簧片割开，露出导线的金属导体，使其嵌入接续簧片的两个接触面之间。由于簧片与导线形成一定的倾斜角度，使金属导体表面除受接续簧片的正常回复力的压力外，还受到接续簧片的扭转力的作用，形成永久不变且与外界隔绝的接触点，成为不暴露的接续。

（5）其他接续方式：兼有上述方式中任意两种的接续方式。

2. 电缆芯线与接续器件的接续

电缆芯线的接续器件主要是指接线子，按芯线接续原理以及在接续时割破绝缘层并去除氧化膜的方式，可分为穿刺、卡夹和挤压三种，此外还有一种不属于接线子的接续器件，即沿用原人工扭绞外加套管的接续方式。

（1）穿刺方式。穿刺方式又称辗压方式。在接线子内设有与芯线连接的金属片制成圆套或槽形，其表面冲有许多尖齿。它被用于卷压带有绝缘层的电缆芯线，其尖齿可刺透芯线的绝缘层和氧化膜，与金属芯线形成电气接触。在它的外面尚有金属套，因受外加压力而卷压变形，紧紧包住有尖齿的金属套，使内金属套的尖齿保持稳定地与芯线导体耐久牢固地紧密接触。

（2）卡夹方式。卡夹方式又称绝缘位移方式。在接线子内设有 U 形金属卡接片，形成接线槽的状态。它是利用导线与卡接片连接来形成电气通路的，其接续原理是接线槽的尺寸比要接续的芯线线径稍小些，当芯线接续时，芯线被专用手压工具强压入槽内，芯线的绝缘层和氧化膜均被槽内卡接片边刮去，露出干净的金属接触面，同时接线槽的两个槽边被挤张开，因位移变形产生回弹力将芯线夹紧，继续保持较高的外加压力，形成无空隙的连接，以保证紧密的电接触。

（3）挤压方式。挤压方式又称搓挤方式。接线子由内外两个组件构成，内组件是由黄铜棒制成并刻有横向沟纹的锥形销子（又称销钉），外组件是镀锡铜管，其外部套以聚乙烯绝缘套管。它的接续原理是用销子挤压入套管的同时，挤压夹破套管中间的芯线绝缘层，由于销子较长在导线上有多处连接，形成较大面积的电接触，且在接续处保持较高的外加压力，使连接电阻值较低。这种接续方式常用于销钉式接线子。

（4）人工扭绞加焊方式。这种方式是先将电缆的芯线绞在一起，然后在扭绞的线头处加焊焊锡，再套上绝缘套管保证接续稳定可靠。

6.3　线 扎 制 作

在复杂的电子产品中，分机之间、电路之间的导线很多。为使配线整洁，缩短配线距离，减少占用空间，并使电气性能稳定可靠，通常将这些互连导线绑扎在一起成为线扎(线束)。

6.3.1　线扎的要求

(1) 绑入线扎中的导线应排列整齐，不得有明显的交叉和扭转现象。

(2) 导线端头应打标记或编号，以便在装配、维修时容易识别。

(3) 线扎要用绳或线扎搭扣绑扎，但不宜绑得太松或太紧。绑得太松会失去线扎的作用，太紧又可能损伤导线的绝缘层。

(4) 线扎结与结之间的间距要均匀，间距的大小要视线扎直径的大小而定，一般间距是取线扎直径的 2～3 倍。在绑扎时还应根据线扎的分支情况适当增加或减少结扎点。

(5) 线扎分支处应有足够的圆弧过渡，以防导线受损。通常弯曲半径应比线扎直径大两倍以上。

(6) 对需要经常移动位置的线扎，在绑扎前应将线束拧成绳状(约15°)，并缠绕聚氯乙烯胶带或套上绝缘套管，然后绑扎好。

(7) 打结时系结不应倾斜，也不能系成椭圆形，以防止线扎松散。

(8) 为了美观，结扣一律结在线扎下面。

(9) 绑扎时不能用力拉线扎中的某一根导线，以防止把导线中的芯线拉断。

6.3.2　线扎制作方法

线扎制作过程如下：剪裁导线及线端加工→线端印标记→制作配线板→排线→扎线。

1) 剪裁导线及线端加工

剪裁导线要按工艺文件中导线加工表的规定进行，并进行剥头、捻头、浸锡等线端加工。操作过程及要求与绝缘导线加工相同。

2) 线端印标记

常用的标记有编号和色环。导线编号标记位置应在距离绝缘端 8～15 mm 处，色环标记位置在距离绝缘端 10～20 mm 处，要求印字清楚，方向一致，数字大小与导线粗细相配。

3) 制作配线板

如图 6-10 所示，将 1∶1 的配线图贴在足够大的平整木板上，在图上盖一层透明薄膜，以防图纸受污损。再在线扎的分支或转弯处钉上去帽钢钉，并在钢钉上套一段聚氯乙烯套管，以便于扎线。

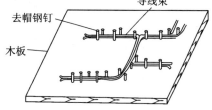

图 6-10　配线板排线

4) 排线

按导线加工表和配线板上的图样排列导线。排线时，屏蔽导线应尽量放在下面，然后按先短后长的顺序排完所有导线。如果导线较多不易放稳，可在排完一部分导线后，用废导线临时绑扎在线束的主要位置上，待所有导线排完后，拆除废导线。

　　5）扎线

　　扎线方法较多，主要有胶粘剂结扎、线扎搭扣绑扎等。

　　（1）胶粘剂结扎。当导线比较少时，可用胶粘剂粘合成线束，如图 6 - 11 所示。操作时，应注意粘合完成后，不要立即移动线束，要经过 2～3 min 待胶粘剂凝固后方可移动。

线间涂胶粘剂

图 6 - 11　胶粘剂结扎

　　（2）线扎搭扣绑扎。线扎搭扣又叫作线卡子、卡箍等，其式样较多，如图 6 - 12 所示。搭扣一般用尼龙或其他较柔软的塑料制成。绑扎时可用专用工具拉紧，最后剪去多余部分，如图 6 - 13 所示。

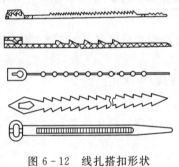

图 6 - 12　线扎搭扣形状　　　　　　　　图 6 - 13　线扎搭扣绑扎

习　题　6

　　1. 绝缘导线加工有哪几个过程？

　　2. 屏蔽导线端头有哪些常见的处理方法？

　　3. 线材连接工艺有哪些技术要求？

　　4. 如何制作线扎？

　　5. 用一多股芯线的绝缘导线焊接一整机中距离较远的两个焊点，问该导线应该怎样加工？

　　6. 线端经过加工的屏蔽导线，一般需要在线端套上_____，以保证绝缘和便于使用。

第7章　电子部件装配工艺

　　电子产品的装配过程是先将零件、元器件组装成部件，再将部件组装成整机，其核心工作是将元器件组装成具有一定功能的电路板部件或组件（PCBA）。

　　一个电子整机产品由不同的部件组成。同一种类型的产品，因性能不同，其部件数量和功能也不同。部件装配质量的好坏，直接影响电子整机装配质量。因此，部件装配是电子整机装配的一个重要环节。

　　整机的部件装配可以分为功能部件装配（如印制电路板组件、散热件、音箱的装配等）和辅助部件装配（如接插件、屏蔽装置、面板、机壳的装配等）。部件装配采用的连接工艺有插装、贴装（表面组装）、铆接、螺接、胶接、焊接等。

7.1　印制电路板的组装工艺

　　印制电路板组装工艺是根据工艺文件和工艺规程的要求，将电子元器件按一定方向和次序插装（或贴装）到印制电路板规定的位置上，并用紧固件或锡焊等方法将其固定的过程。

　　电路板组装可分为机器装配和人工装配两类。机器装配主要指自动贴片装配、自动插件装配和自动焊接。人工装配指手工插件、手工补焊、修理和检验等。

　　印制电路板的贴片组装工艺详见本书第 8 章"表面组装技术（SMT）"，本节只介绍通孔插装元器件的印制电路板组装工艺。

7.1.1　印制电路板的组装工艺流程和要求

1. 印制电路板组装工艺流程

　　根据电子产品的生产性质、生产批量、设备条件等情况的不同，需要采用不同的印制电路板组装工艺。常用的印制电路板组装工艺流程如图 7-1 和图 7-2 所示。

2. 印制电路板组装工艺的基本要求

　　印制电路板组装质量的好坏，直接影响到电子产品的电路性能和安全性能。因此，在印制电路板组装过程中必须遵循以下要求。

　　（1）组装人员应具有一定的元器件知识，能正确识读工艺卡片和装配图。

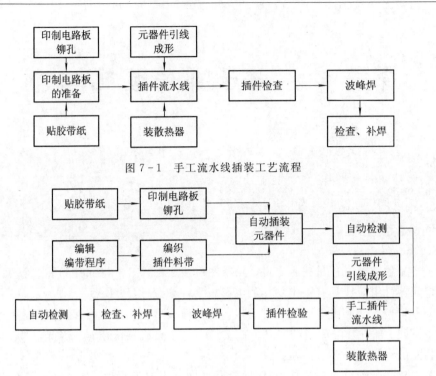

图 7-1　手工流水线插装工艺流程

图 7-2　自动插装工艺流程

（2）各个工艺环节必须严格实施工艺文件的规定，认真按照工艺指导卡操作。

（3）印制电路板应使用阻燃性材料，以满足安全使用性能的要求。

（4）组装流水线各工序的设置要均匀，防止某些工序组装件积压，确保均衡生产。

（5）印制电路板元器件的插装（或贴装）要正确，不能有错装、漏装现象。

（6）焊点应光洁，无拉尖、虚焊、假焊、连焊等不良现象，使组装的印制电路板的各种功能符合电路的性能指标要求，为整机总装打下良好的基础。

7.1.2　印制电路板元器件的插装

1. 印制板插装前的准备

1）元器件引线成形

元器件插装到印制电路板之前，一般都要将引线成形。元器件引线成形的技术要求如下：

（1）引线弯曲处距离元器件引线根部尺寸应大于 1.5 mm，以防止引线折断或被拉出。绝对不能从引线的根部开始弯折，弯曲半径不得小于引线直径的 2 倍，如图 7-3（a）所示，以减小弯折处的机械应力。

（2）元器件引线成形后，其标志符号应放在方便查看的位置。

（3）对立式安装，引线弯曲半径应大于元器件外形半径。对卧式安装，两引线左右弯折要对称，引出线要平行，其间距应与印制电路板两焊盘孔的间距相同，以便于插装。

（4）对于自动焊接方式下因振动可能会出现歪斜或浮起等缺陷的元器件，可采用具有弯弧形的引线，如图 7-3（b）所示。其成形需采用专用模具。

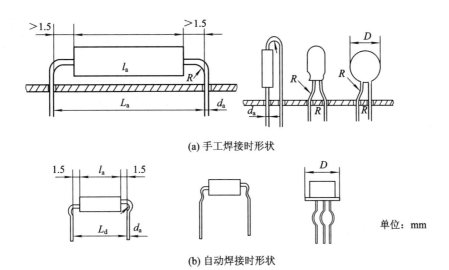

(a) 手工焊接时形状

(b) 自动焊接时形状

单位：mm

图 7-3　元器件引线成形

（5）电子元器件成形工具必须表面光滑，不应使元器件引线产生裂痕或损伤。

（6）在元器件引线弯曲成形过程中，应将弯曲成形工具夹持在元器件引线的弯折点上。

（7）元器件引线弯曲成形后，应放在专用的容器中加以保护。

（8）对静电敏感的元器件进行引线成形时，其工具夹应接地良好，且弯曲成形后必须装入屏蔽盒或屏蔽容器内，严禁放在一般工作台面上或塑料盒内。

2）印制电路板铆孔

质量比较大的电子元器件要用铜铆钉在印制电路板上加固，防止元器件插装、焊接后因振动等原因而发生焊盘剥脱损坏现象。

3）装散热器

大功率的三极管、集成功放等需要散热的元器件，要预先做好散热器的装配准备工作。

4）印制电路板贴胶带纸

为了防止波峰焊时将不焊接元器件的焊盘孔堵塞，在元器件插装前，应先用胶带纸将这些焊盘孔贴住。

2. 印制电路板元器件的插装

1）印制电路板的手工流水线插装

插件流水线作业是把印制电路板组装的整体装配分解为若干工序的简单装配，每道工序固定插装一定数量的元器件，使操作过程大大简化。

印制电路板的手工流水线分为自由节拍和强制节拍两种形式。

自由节拍形式要求操作者按规定进行人工插装完成后，将印制电路板在流水线上传送到下一道工序，即由操作者控制流水线的节拍。每个工序插装元器件的时间限制不够严格，生产效率低。

强制节拍形式要求每个操作者必须在规定时间范围内把所要插装的元器件准确无误地插到印制电路板上，插件板在流水线上以链带匀速传送。

一条流水线设置工序数的多少，由产品的复杂程度、生产量、操作员工技能水平等因素决定。在分配每道工序的工作量时，应留有适当的余量，以保证插件质量。每道工序插装约 10～15 个元器件。元器件量过少势必增加工序数，即增加操作人员，不能充分发挥流水线的插件效率；元器件量过多又容易发生漏插、错插事故，降低插件质量。在分配工作量的过程中，要注意每道工序的时间基本相等，以确保流水线均匀移动。

印制电路板插装元器件有两种方法：按元器件的规格、类型插装元器件和按电路流向分区插装各种规格的元器件。前一种方法元器件的品种、规格趋于单一，不易插错，但插装范围大、速度低；后一种方法的插装范围小，插件差错率低，常用于大批量、多品种且产品更换频繁的生产线。

2）印制电路板的自动插装

为了提高元器件插件速度，改善插件质量，减轻操作人员的劳动强度，提高生产效率和产品质量，印制电路板的组装流水线采用自动插件机。

自动插装和手工插装的过程基本相同，都是将元器件逐一插入印制电路板上。大部分元器件由自动插装机完成插装，在自动插装后一般仍需手工插装不能自动插装的元器件。自动插装对设备要求较高，用于自动插装的元器件的外形和尺寸要求尽量简单一致，方向易于识别（如电阻、电容和跳线等），并对元器件的供料形式有一定的限制。自动插装过程中，印制电路板的传递、插装、检测等工序，都是由计算机按程序进行控制的。

3. 通孔插装元器件在印制电路板上的安装

1）一般元器件的插装形式及要求

一般元器件的插装形式有卧式（水平式）、立式（垂直式）、横装式及嵌入式等，如图 7－4 所示。

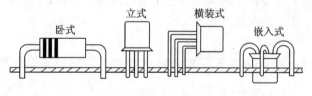

图 7－4　元器件的插装形式

（1）卧式插装是指将元器件贴近印制电路板水平插装，具有稳定性好、比较牢固等优点，适用于印制板结构比较宽裕或装配高度受到一定限制的情况。

（2）立式插装（又称垂直插装）是指将元器件垂直插入印制电路板安装孔，具有插装密度大、占用印制电路板的面积小、拆卸方便等优点，多用于插装元器件较多的情况。

（3）横装式插装是指先将元器件垂直插入，然后再沿水平方向弯曲，对于大型元器件要采用胶粘、捆扎等措施以保证有足够的机械强度，适用于在元器件插装中对组件有一定高度限制的情况。

（4）嵌入式插装是指将元器件的壳体埋于印制电路板的嵌入孔内，为了提高元器件安装的可靠性，常在元件与嵌入孔间涂上胶粘剂。该方式可以提高元器件的防震能力，降低插装高度。

半导体三极管、电容器、晶体振荡器和单列直插集成电路多采用立式插装形式，而电阻、二极管、双列直插集成电路多采用卧式插装形式。

2）元器件的插装

元器件插装到印制电路板上，无论是卧式安装还是立式安装，都应该使元器件的引线尽可能短一些。在单面印制板上卧式装配时，小功率元器件总是平行地紧贴板面；在双面板上，元器件则可以离开板面约 1～2 mm，避免因元器件发热而减弱铜箔对基板的附着力，并防止元器件的裸露部分与印制导线短路。

元器件的插装应遵循先小后大、先轻后重、先低后高、先里后外、先一般后特殊的原则，这样有利于插装的顺利进行。

插装元器件时还要注意：

（1）每个工位的操作人员将已检验合格的元器件按不同品种、规格装入元件盒或纸盒内，并整齐有序地放置在工位插件板的前方位置，然后严格按照工位的前上方悬挂的工艺卡片操作。

（2）插装元器件要戴手套，尤其对易氧化、易生锈的金属元器件，以防止汗渍对元器件的腐蚀。

（3）为了保证整机产品的用电安全，对电源电路和高压电路部分插件时必须注意保持元器件间的最小放电距离。插装的元器件不能有严重的歪斜，以防止元器件之间因接触而引起的各种短路或高压电路放电现象。

（4）插装元器件应保证元器件上的标志易于识别。元器件卧式插装时，标记号应向上且方向一致，这样便于观察。功率小于 1 W 的电阻元件可贴近印制电路板平面插装；功率较大的电阻元件要求距离印制电路板平面 2～3 mm，以利于元器件散热，如图 7－5 所示。立式安装的色环电阻应该高度一致，最好让起始色环方向一致以便检查，上端的引线不要留得太长，以免与其他元器件发生短路。有极性的元器件，插装时要保证其方向正确。

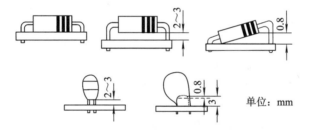

图 7－5　一般元器件的安装高度和倾斜规范

（5）立式插装元件如电容、三极管等，引线不能保留太长，否则将降低元器件的稳定性；但也不能过短，以免焊接时因过热损坏元器件。一般要求距离电路板面 2～3 mm。插装过程中，应注意元器件的引脚极性，有时还需要将不同的引线套上绝缘套管以增加电气绝缘性能，如图 7－6 所示。

图 7－6　元器件引线加绝缘套管的方法

（6）插装玻璃壳体的二极管时，最好先将引线绕 1～2 圈，形成螺旋形以增加留线长度，引线不宜紧靠根部弯折，以免受力破裂损坏，如图 7－7 所示。

（7）印制电路板插装元器件后，元器件引线穿过焊盘时应保留一定长度，一般应大于2 mm。为使元器件在焊接过程中不浮起或脱落，又便于拆焊，引线弯折角度最好在 45°～60°之间，如图 7-8 所示。

图 7-7　玻璃封装的二极管的插装　　　　图 7-8　元器件引线穿过焊盘后弯折

（8）插件流水线上插装元器件后，要注意印制电路板和元器件的保护。卸板时要轻拿轻放，传送时应放在专用的传送带上。

（9）为了保证印制电路板插装质量，必须加强流水线的工艺管理。在插件流水线的最后一个工序设置检验工序，检查印制电路板组装元器件有无错插、漏插以及极性是否正确，插入件有无隆起、歪斜等现象，发现问题及时纠正。常见元器件插装不良现象如图7-9所示。

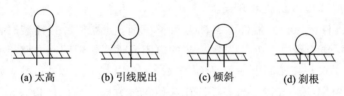

(a) 太高　　　(b) 引线脱出　　　(c) 倾斜　　　(d) 刹根

图 7-9　元器件插装不良现象

（10）印制电路板上的每个焊盘只允许连接一根元器件引线或导线，元器件的质量超过 30 g 时，可通过胶粘或绑扎加以固定。装配中，如两个元器件相碰，应调整或采用绝缘材料进行隔离。

　3）特殊元器件的插装方法及要求

在电子元器件插装过程中，对一些体积、质量较大的元器件和集成电路，要采用不同的工艺方法以提高插装质量和改善电路性能。

（1）大功率三极管、彩色电视机高压包等大型元器件插装时要用铜铆钉加固。体积、质量都较大的大容量电解电容器，因其引线强度不够，插装时除用铜铆钉加固外，还要用胶粘剂将其底部粘在印制电路板上。

（2）中频、输入/输出变压器带有固定插脚，插入电路板的插孔后，将固定插脚压倒并用锡焊固定。较大的电源变压器采用螺钉固定，并加弹簧垫圈防止螺纹松动。

（3）为了防止助焊剂中的松香浸入元器件内部的触点而影响使用性能，一些开关、电位器等电子元器件不宜进行波峰焊接。因此，在对印制电路板插件实施波峰焊的流水线上，这些元器件在波峰焊前不插装，只是在插装部位的焊盘上贴胶带纸。波峰焊接后，先撕下胶带，再插装这些元器件，进行手工焊接。还可采用先进的工艺在该元器件插孔焊盘的周围设置免焊工艺槽，可防止波峰焊焊料将元器件插孔堵塞，这样在波峰焊后仍能顺利地插装这些元器件。

（4）CMOS 集成电路、场效应管的输入阻抗很高，极易被静电击穿，所以插装这些元器件时，操作人员需带接地的防静电手环进行操作。已经插装好这类元器件的印制电路板在流水线上传递时，传送带的背面嵌装有金属网以便于接地，可防止这些元器件被静电击穿。

（5）插装集成电路时要弄清引脚排列顺序，并和插孔位置对准。插装前应将引脚用工具整形，插装时用力要均匀，不要倾斜，以防止引脚折断或偏斜。

（6）电视机高频头、伴音中放集成块、遥控红外接收器等需要屏蔽的元器件，屏蔽装置的接地应良好。

7.1.3　印制电路板的自动焊接技术

在电子产品生产中，自动焊接技术已非常普遍。这里只介绍通孔插装印制电路板的自动焊接技术。

1. 浸焊

浸焊是将插装好元器件的印制电路板浸入有熔融状态焊料的锡锅内，一次完成印制板上所有焊点的焊接。浸焊比手工焊接生产效率高，操作简单，适用于批量生产。常见的浸焊有手工浸焊和机器浸焊两种形式。

1）手工浸焊

手工浸焊指由装配员工用夹具夹持待焊印制板（已插好元件）浸在锡锅内完成焊接，其步骤和要求如下：

（1）锡锅的准备。锡锅熔化焊锡的温度为 230～250℃ 为宜。且要随时加入松香助焊剂，并及时去除焊锡层表面的氧化层。

（2）印制板的准备。将装好元器件的印制板涂上助焊剂。通常是在松香酒精溶液中浸渍，使焊盘上涂满助焊剂。

（3）浸焊。用夹具将待焊接的印制板夹好，水平地浸入锡锅中，使焊锡表面与印制电路板的印制导线完全接触。浸焊深度以印制板厚度的 50%～70% 为宜，切勿使印制板全部浸入锡中。浸焊时间以 3～5 s 为宜。

（4）冷却。在浸焊时间达到后，要立即取出印制板。刚焊接完的印制板上有大量余热未散，如不及时冷却可能会损坏印制板上的元器件，浸焊完毕应该立刻对印制板进行冷却。

（5）检查焊接质量。焊接后可能出现的常见缺陷有虚焊、漏焊、桥接、拉尖等。

（6）修补。浸焊后如果只有少数焊点有缺陷，可用电烙铁进行手工修补。若有缺陷的焊点较多，可重新浸焊一次。但印制板只能浸焊两次，超过两次，印制板铜箔的粘接强度就会急剧下降，或使印制板翘曲、变形，元器件性能变差。

印制板浸焊的关键是印制板浸入锡锅一定要平稳，接触良好，时间适当。所以手工浸焊不适用大批量的生产。

2）机器浸焊

机器浸焊是将装好元器件的印制板放在具有振动头的专用设备上，由传动机构导入锡锅，浸焊2～3 s时开启振动头 2～3 s，使焊料深入焊接点的孔中，这样焊接会更牢靠，并可振掉多余的焊锡。机器浸焊比手工浸焊质量要好。

使用锡锅浸焊的不足：

(1) 焊料表面极易氧化，要及时清理。

(2) 焊料与印制板接触面积大，温度高，易烫伤元器件，还可使印制板变形。

3) 浸焊设备

(1) 普通浸焊设备。普通浸焊设备有人工浸焊设备和机器浸焊设备两种。人工浸焊设备由锡锅、加热器和夹具等组成。机器浸焊设备由锡锅、振动头、传动装置、加热电炉等组成。

(2) 超声波浸焊设备。超声波浸焊设备是利用超声波来增强浸焊的效果的，适于用一般锡锅浸焊较困难的元器件，利用超声波增加焊锡的渗透性。超声波浸焊设备由超声波发生器、换能器、水箱、焊料槽、加温控制器几部分组成。

2. 波峰焊

完成元器件插装的印制电路板通常采用波峰焊进行焊接。这种方法适合于大批量焊接印制板，具有焊接质量好、速度快、操作方便的优点。

1) 波峰焊工艺流程及要求

波峰焊接工艺流程为：焊前准备→涂助焊剂→预热→波峰焊接→焊后冷却。现将各个工序分述如下：

(1) 焊前准备。清洁印制板，涂助焊剂，印制板(已插好元件)上夹具。

(2) 涂助焊剂。涂敷助焊剂可利用波峰焊接机上的涂敷助焊剂装置，把助焊剂均匀涂敷到印制板上，涂敷的形式有发泡式、波峰式、喷射式、刷涂式和浸涂式等，其中发泡式是最常用的形式。涂敷的助焊剂应注意保持一定的浓度，浓度过高，印制板的可焊性好，但助焊剂残渣多，难以清除；浓度过低，则可焊性变差，容易造成虚焊。

(3) 预热。印制电路板涂覆助焊剂后，将助焊剂烘干预热，充分发挥助焊剂的作用，同时，预热过程中使印制电路板温度逐渐升高，可以减少正式焊接时焊料温度对基板的热冲击，避免印制电路板在焊接时产生弯曲变形，减小对半导体管、集成电路的热冲击。

预热时应严格控制预热温度。一般预热温度为 $90\sim130℃$，预热时间约为 $1\sim3\ min$。印制板预热后可以提高焊接质量，防止虚焊、漏焊。预热的方法通常有辐射式和热风式。

(4) 波峰焊接。此为关键工序。熔融的焊锡在一个较大的料槽中，料槽底部装有锡泵。锡泵分机械泵和电磁泵两种，它将熔融的锡向上泵送，形成波峰，根据波峰的形状又分为单波峰和双波峰两种。印制板由传导机构控制，使焊接面与波峰相接触，进行焊接。

(5) 焊后冷却。焊后要立即冷却，减少印制电路板受高热的时间，防止印制电路板变形，提高印制导线与基板的附着强度，增加焊接点的牢固性。焊后冷却常用风冷方式。

2) 影响焊接质量的因素

(1) 元器件的可焊性。元器件的可焊性是保证焊接良好的一个主要方面。对可焊性的检查要定时进行，按现场所使用的元器件、助焊剂、焊料进行试焊，测定其可焊性。

(2) 波峰高度及波峰平稳性。波峰高度是作用波的表面高度。较好的波峰高度以波峰达到线路板厚度的 $1/2\sim2/3$ 为宜。波峰过高易连焊、堆锡，还会使锡溢到线路板上面，烫伤元件；波峰过低，易出现漏焊和焊料不足。

(3) 焊接温度。这是指被焊接处与熔化的焊料相接触时的温度。温度过低，会使焊接点毛糙、不光亮，造成虚焊及拉尖；温度过高，易使电路板变形，烫伤元件。较适合的焊接温度在 $230\sim260℃$ 之间。对于不同基板材料的印制板，焊接温度略有不同。

(4) 传递速度与角度。印制板的传递速度决定了焊接时间。速度过慢，则焊接时间过长且温度较高，给印制板及元件带来不良影响；速度过快，则焊接时间过短，易产生虚焊、桥接等不良现象。

焊接点与熔化的焊料所接触的时间以 3 s 为宜，即印制板前进速度设置为 1 m/min 左右。在印制板的前进过程中，当印制板与焊料的波峰成一个倾角时，则可减少挂锡、拉毛、气泡等不良现象，所以在波峰焊接时印制板通常成 5°～8° 的仰角。

3）提高焊接质量的措施

为了提高焊接质量，进行波峰焊接时应注意以下操作：

（1）预镀锡铅合金。印制电路板在加工、运输及保管过程中，焊盘极易被氧化和污染。为保证焊接质量，对印制电路板焊盘通常预镀锡铅合金，以提高可焊性。

（2）涂敷阻焊剂。桥接短路是波峰焊接或浸焊中的主要质量问题，特别是对高密度焊点的印制电路板焊接时尤为突出。为了消除这种现象，往往在制作好的印制电路板上，除焊盘外，其余部位都应涂敷阻焊剂。

（3）涂敷助焊剂。在印制电路板上涂敷助焊剂，也是提高焊接质量的一个措施。涂敷助焊剂有两种情况：一种是在印制板制成后及时喷涂或浸渍一层助焊剂，以保护焊盘免受腐蚀、氧化和污染；另一种是在波峰焊前对插好元器件且剪切引线后的印制板涂敷助焊剂，以提高焊接的质量。

（4）及时清除锡渣。熔融的焊料长时间与空气接触，会生成锡渣，因此焊料槽要定期清理，一般一个月小清理一次，六个月大清理一次，把槽底沉积的杂质清除掉。这些杂质掺杂在焊料中，会使焊料熔点温度升高，从而影响焊接质量，使焊点无光泽，所以要定时清除锡渣；也可以在熔融的焊料中加入防氧化剂，这不但可以防止焊料氧化，还可使锡渣还原成纯锡。

4）焊接操作注意事项

波峰焊是进行高效率、大批量焊接电路板的主要手段之一，操作中如有不慎，即可能出现焊接质量问题。所以操作员工应对波峰焊机的构造、性能、特点有全面的了解，并熟悉设备的操作方法。在操作中还应注意以下几个环节：

（1）焊接前的检查。工作前应对设备的各个部分进行可靠性检查。

（2）焊接过程中的检查。在焊接过程中应不断检查焊接质量，检查焊料的成分，及时去除焊料表面的氧化层，添加防氧化剂，并及时补充焊料。

（3）焊接后的检查。对焊接的质量进行检查，及时发现问题，少数漏焊可用电烙铁手工补焊，若有大量的焊接质量问题，必须要及时查找原因。

目前各种波峰焊设备的性能差异较大。比较完善的波峰焊设备应由喷刷助焊剂、预热、波峰焊接、冷却等部分组成。如再配以自动插件、剪切引线装置，就组成了印制电路板的自动生产线。

7.2　面板、机壳装配工艺

电子产品的面板和机壳构成了产品的骨架主体，也决定了产品的外观造型，并决定了产品的使用、维护和运输是否方便。

随着电子产品的市场竞争日益激烈，人们对产品的款式要求越来越高。在组织生产电子产品时，除了重视提高产品的内在质量外，还需重视产品的外观装潢。面板、机壳经过喷涂、漏印和烫金等工艺，可以明显地改善产品的外观，从而增强产品的竞争能力。

7.2.1 塑料面板、机壳加工工艺

1. 喷涂

随着塑料制品的普及，人们对塑料制品的质感、色感要求越来越高，尤其是一些家用电子产品，除了一般的着色外，还需要做进一步的色彩设计。喷涂是满足人们对塑料面板、机壳的色彩需求的加工工艺。

喷涂不仅可以满足人们对产品不同色彩的要求，还有助于提高成型塑料制品的性能，弥补产品在注塑成型过程中产生的一些缺陷。喷涂按其作用可分为装饰性喷涂和填补性喷涂两类。熔积痕、气印、缩孔、砂眼、划痕等缺陷，经过喷涂工艺处理后将会得到改善。

塑料面板、机壳的喷涂工艺过程如下：

（1）修补平整。当面板、机壳的注塑成型品存在划痕、砂眼等缺陷时，首先要用胶黏填料修补平整。

（2）去油污。面板、机壳在注塑成型时，因使用的油性脱膜剂可能残留在塑料件外表面上，会影响喷涂料在塑料件外表面上的附着力，所以在喷涂前需用软布蘸酒精或清洁剂擦拭面板、机壳外表面，去掉油污。

（3）静电除尘。塑料面板、机壳制品成型后，因有静电，表面极易吸附灰尘，将影响喷涂料在塑料件表面上的附着力，产生涂料脱落现象，所以面板、机壳表面必须进行除尘处理。除尘一般分为人工除尘和静电除尘两种。静电除尘是利用静电除尘装置产生正、负离子将塑料件表面的静电去除，然后利用轴流式抽风机吸走塑料件表面的灰尘，从而达到除尘的目的。在喷涂室内，塑料件表面还要用压缩空气喷枪吹扫，进行二次除尘。

（4）喷涂。塑料面板、机壳经过修补平整、去油污及除尘处理后，由传送带输送到喷涂室进行喷涂。喷涂有三种方法：手工喷涂、机械手自动喷涂和流水线式自动喷涂。

① 机械手自动喷涂。工件由传送带送至喷涂室内的工作台上，通过机械手对工件的上、下、左、右、前五个方向进行喷涂；然后工作台做 90°转动，机械手再对工件其他部位进行五个方向的喷涂。整个喷涂过程由计算机控制自动完成，生产效率较高，劳动强度低，适合大批量的喷涂作业。

② 流水线式自动喷涂。工件由传送带送入喷涂室内，传送带两侧的喷枪对工件可进行上下往复喷涂，顶部喷涂枪可做 360°转动及喷涂，放置工件的流水平台也可做 90°转动，对工件进行全方位的连续喷涂，生产效率较高。

（5）干燥。塑料面板、机壳喷涂后要进行干燥，一般采用加温强制干燥方法。面板、机壳由悬挂式传送带送入烘房，烘房内用电热管恒温至 50～60℃，面板、机壳在烘房内停留时间为 15 min 左右。

（6）涂膜质量检验。塑料面板、机壳喷涂后，要进行外观检查和喷涂质量的检验以及耐磨、耐汽油、耐清洁剂和老化等试验项目。

面板、机壳喷涂后的外观应漆膜均匀，无挂漆、露底等现象。喷涂质量的检验在生产现场常常采用附着力试验和表面硬度试验等方法。

2. 漏印

塑料面板、机壳经过喷涂工艺并检查合格后，根据需要可以进行丝网漏印，在面板、机壳上印刷出产品设计需要的文字、符号及标记。为了保证漏印质量，漏印前对面板、机壳和丝网有如下要求：面板、机壳需要漏印的表面应无划痕损伤等缺陷；面板、机壳要经除尘处理；网上的文字、符号和标记等图样不走形，网孔要干净，易漏油墨。

面板、机壳的漏印工艺过程如下：

(1) 漏印图形文字的丝网板的制版。

(2) 漏印。漏印可采用手工方式或由半自动漏印机进行。为了保证漏印质量，漏印的环境温度要控制在 20℃ 左右，若温度太高，油墨易干涸而堵塞网孔。

(3) 套色。一些塑料面板、机壳的漏印需要套色，套几种颜色，就必须做几个完全相同的丝网板，然后使用封网胶，每次套色时将不需要的图样涂抹掉，分别在面板、机壳面上漏印。

(4) 干燥。漏印好的面板机壳，自然风干 30 min 后，用塑料袋封口并装入包装箱。

3. 烫印

烫印也称烫金，是塑料件表面装饰的一个重要手段，也是电子产品常用的一种装饰工艺。它是用烫压的方法将烫印膜上的材料或图案转移到被加工的工件表面，以达到装饰或标志的目的。

塑料面板和机壳无论是否经过喷涂，都可以在表面烫印木纹箔、金属箔，以装饰面板和机壳的表面。烫印工艺简单，比电镀成本低，能达到塑料电镀的效果。

烫印使用的烫印纸由三层材料组成，表层是聚酯薄膜，中间层是金属箔（如铝箔、铜箔或木纹箔等），底层是胶粘剂层，金属箔层厚度为 $2 \sim 7~\mu m$。

烫印是在烫印机上进行的。

7.2.2　面板、机壳的装配

注塑成型后的面板、机壳经过喷涂、漏印、烫印等工艺后，成为电子整机的一个主要部件。为满足电子整机产品的质量要求，塑料面板、机壳在生产流水线上装配时的工艺要求如下：

(1) 装配前应进行面板、机壳质量检查。面板、机壳外观要整洁，表面不应有明显的划伤、裂缝、变形，表面涂覆层不应起泡、龟裂和脱落。将外观检查不合格的工件隔离存放，做好记录。将合格的工件罩上用软绒布做的护罩，放置到流水线传送带上。

(2) 在生产流水线工位上，凡是面板、机壳接触的工作台面上，均应放置塑料泡沫垫或橡胶软垫，防止装配过程中划损工件外表面。

(3) 面板、机壳内部注塑有各种凸台和预留孔，用来装配机芯、印制电路板及其部件。装配面板、机壳时，一般是先里后外，先小后大。搬运面板、机壳时，应轻拿轻放，不能碰压。

(4) 在面板上装配各种可动件时，应使可动件的操作灵活、可靠，位置要适当，无明显的缝隙，零部件应紧固无松动，具有足够的机械强度和机械稳定性。

(5) 机壳带有排气通风孔或其他孔洞时，应避免金属物进入机内与带电元件接触。

（6）在面板上贴铭牌、装饰、指示片等时，应按要求贴在指定位置，并要端正牢固。

（7）面板与外壳合拢装配时，用机动旋具紧固自攻螺钉时应无偏斜、松动并准确装配到位。扭力矩大小要合适，力度太大时，容易产生滑丝甚至出现穿透现象，损坏面板。装配完毕，用风枪清洁面板、机壳表面，然后装塑料袋封口，并加塑料泡沫衬垫后装箱。

7.3　散热件、屏蔽装置装配工艺

7.3.1　散热件的装配

1. 散热

电子整机产品中，大功率元器件在工作过程中发出热量而产生较高的温度，元器件受此温度影响，就会降低电性能的稳定性，甚至会损坏元器件本身，缩短工作寿命。所以大功率电子元器件要采取散热措施，保证元器件和电路能在允许的温度范围内正常工作。

散热有自然散热、强迫通风、蒸发、换热器传递等方式。自然散热应用较为普遍，投资少、见效快，易于实现。散热途径有热传导、自然对流和热辐射等几种。

电子元器件的散热一般使用铝合金材料制成的散热器。大功率元器件工作时，大部分热量通过元器件与散热器的接触向周围空间辐射散热。为了提高大功率元器件的散热效果，可以采取以下方法：

（1）为了增大散热器的散热面积，可以把散热器设计成分叉、层状等结构，但受电子元器件安装密度和产品小型化的限制。

（2）增加大功率元器件外壳与散热器的接触面积，并在接触面上涂硅脂以减小热阻。

（3）一些大功率晶体管外壳（即其集电极）不允许与散热器直接接触，一般可选用热阻小的薄绝缘片垫在中间，并且涂上硅脂，减小绝缘衬垫的传导热阻。

2. 散热器的装配要求

（1）元器件与散热器之间的接触面要平整，以增大接触面，减小散热热阻。元器件与散热器之间的紧固件要拧紧，使元器件外壳紧贴散热器，保证有良好的接触。

（2）有些电子产品的大功率元器件采用板状散热器（称散热板）。散热板的结构较简单，其面积和形状由散热元器件的功率大小、元器件在印制电路板中的位置及周围空间的大小决定。在保证散热的前提下，应尽量减小散热板的面积。

（3）散热器在印制电路板上的安装位置由电路设计决定，一般应放在印制电路板易产生热量的地方，而且在散热器的周围不要布置对热敏感的元器件，尽量减小散热器的热量对周围元器件的影响，从而提高电路的热稳定性。

（4）元器件装配散热器可在装配模具内进行。将螺母、散热板、元器件、垫片、螺钉依次放入模具内，使用机动旋具使元器件紧固于散热器上，不能松动。

7.3.2　屏蔽装置的装配

随着电子技术的发展，电子产品已日趋微型化，电路复杂程度不断提高，各种不同的电路靠得很近，相互之间产生干扰的可能性大大增加。噪声干扰有来自电路内部的，也有来自外部的，当这两种干扰超过一定值时，就会使电子产品的性能降低，甚至不能工作。干扰其他电路的电路叫干扰源，受其他电路干扰的电路叫受感物。产生干扰的原因很复杂，一个受感物往往受多个干扰源的同时作用，要抑制干扰就要设法使干扰电平降低到允许的电平值以下。抑制干扰有三种方法，一是减小干扰源的噪声电平，二是提高受感物的信号电平，三是减少寄生耦合。前两种方法与电路设计有关，后一种方法与整机结构和装配工艺有关。如果在结构上正确地布置元器件、部件和导线，装配上采用屏蔽技术，就可以减少寄生耦合。

屏蔽的目的是阻止电磁能量的传播，并将其限制在一定的空间范围内，即将干扰源与受感物隔离开，减小干扰源对受感物的干扰，从而使寄生耦合减少到允许的程度。一般凡是"场"的干扰都可以用屏蔽的方法来削弱。

屏蔽效果用屏蔽的有效性来度量，它表示干扰辐射能量经屏蔽后被衰减的程度，用分贝（dB）表示。屏蔽有效性愈大，表示屏蔽效果愈好。

不同的电子设备、不同的电路对屏蔽的要求不同。通常频率高、增益大、周围干扰强的电路对屏蔽要求较高。为了提高屏蔽效果，有必要从装配角度了解寄生耦合、屏蔽的种类及结构。

1. 寄生耦合

电子电路中涉及的各种元器件、导线都存在寄生参数。例如，两条平行导线间具有一定的分布电容，一根导线除自身的电阻外还有电感。由电磁感应原理可知，电路中每个元器件、每根导线流过电流时，在这些元器件、导线的周围就存在一定的电场和磁场。这些寄生参数的存在，使干扰源与受感物之间存在着电磁场的耦合。当频率高于 100 kHz 时，元器件和导线的辐射能力增强，因而干扰源与受感物之间还存在辐射电磁场的寄生耦合。由此可见，由于各种直接、间接的媒介作用，产生了各种形式的寄生耦合。

2. 屏蔽的种类

（1）电屏蔽。电屏蔽指电场屏蔽，其作用是抑制干扰源与受感物之间的寄生分布电容耦合。

电屏蔽的屏蔽方法有多种，最简单的方法是在干扰源与受感物之间隔一块金属板，或者在干扰源和受感物上盖上金属盖。在对屏蔽要求较高的场合，则是把干扰源或受感物用金属屏蔽罩完全封闭起来。

屏蔽时，屏蔽金属必须有良好的接地，这样可使分布电容泄漏出来的电能经屏蔽罩传导入地，而不会窜入其他电路中。由于干扰源与受感物之间大部分的寄生电容短接接地，使分布电容大大降低，故能有效地抑制寄生电容的耦合。

（2）磁屏蔽。磁屏蔽用于抑制寄生电感产生的磁场（指恒定磁场或 4 kHz 以下的低频磁场）耦合。

电感耦合是通过磁力线作用的，用高导磁率的磁性材料做成屏蔽罩，可使磁力线大部分沿屏蔽物的壁通过，以保护屏蔽罩内的电路、元件不受外界磁场的干扰，或将屏蔽罩内的干扰源产生的磁场短路，从而使磁场不会泄漏出来干扰外界的电路或元器件。

（3）电磁屏蔽。电磁屏蔽是对高频磁场的屏蔽，即对辐射电磁场的屏蔽。电磁场在金属内传播时，其场强在传播距离上按指数规律衰减，电磁场的频率愈高，就愈容易被金属吸收，即电磁场透入金属内的深度就愈浅。例如电磁场频率高于 1 MHz 时，用 0.5 mm 厚的任一金属制成的屏蔽物，就可以使场强减弱至原来的 1/100；电磁场频率高于 10 MHz 时，只用 0.1 mm 厚的铜金属制成的屏蔽物，就可以使场强减弱至原来的 1/100。因此一般金属材料完全可以满足屏蔽高频电磁场的要求。

按照电磁感应理论，高频电磁场在金属腔体上将产生交变电动势，并感应出交变的涡流，涡流不但产生热效应而消耗一部分干扰磁场的能量，还能产生磁场。磁场方向在腔体外侧与外磁场相同，在腔体内侧与外磁场相反，这样金属腔体内的磁场交连到腔体外部，阻止了外部磁场透过腔体干扰内部的受感物，达到了屏蔽的效果。感应涡流愈大，产生的反磁场作用愈强，屏蔽效果愈好。屏蔽材料常采用导电性能好的非磁性金属，有利于产生较大的涡流。

3. 屏蔽的结构

（1）屏蔽板。这是最简单的屏蔽结构——用金属板将需要屏蔽的两个电路或元件隔离开。

（2）屏蔽盒。将要屏蔽的电路装配在一个带盖的屏蔽盒内成为一个组件，这种屏蔽结构的屏蔽效果较好。

（3）屏蔽格。将需要分隔开的电路分别安装在各个屏蔽格内，并用盖板将屏蔽格盖封起来。

（4）双层屏蔽。在小屏蔽盒的外面再罩一个大屏蔽盒，用绝缘柱支撑固定内屏蔽盒，适用于外电磁场很强、被屏蔽电路的灵敏度又很高、使用一个屏蔽盒不能满足屏蔽效果的场合。

为了保证双层屏蔽盒的屏蔽效果，在被屏蔽电路通过内外屏蔽盒的进出引线上要加设滤波电路。内外屏蔽盒间只能采用一点连盒，并用金属棒作连接导体，防止被屏蔽电路的地电流与外界地电流串扰，减小内屏蔽盒的接地电阻。

（5）屏蔽盖。为了便于对被屏蔽的电路进行检测调试，屏蔽盒宜做成可拆卸的盖板形式。这时要求盒盖与盒体间应保持良好的接触密封效果，防止从金属缝隙处泄漏辐射电磁场。

4. 屏蔽件的装配

为了保证屏蔽效果，除要求屏蔽件有良好的接地外，还要根据装配方式的不同进行合理装配。如果屏蔽件装配不合适或接地不良，会使屏蔽效果不好，甚至出现寄生耦合参数比未屏蔽时还要大，带来更大的干扰危害。

（1）螺接或铆接。屏蔽件用螺接或铆接方式时，装配前要求将接触面加工平整；装配时使用的螺钉、铆钉要紧固好，不能松动，以减小接触电阻。这种装配方式比较简便，但连接点易产生松紧不均，造成屏蔽效果不稳定，所以只适用于频率低于 100 kHz 的低频场合。

（2）锡焊装配。这种装配方式是将屏蔽板或屏蔽罩直接焊接在印制电路板地线上，缝隙也用焊料焊接，因而屏蔽效果较好，干扰电磁场的泄漏小，适合于 300 MHz 以上的高频场合。装配时要注意焊点、焊缝应光滑、无毛刺。

（3）屏蔽盒盖弹性嵌装。屏蔽盒盖之间嵌装时，用力要均匀，防止因硬性撬开或掰开屏蔽盖、弹簧片而造成永久变形，降低紧密配合的效果，影响屏蔽性能。

习　题　7

1. 印制电路板的组装工艺是指什么？

2. 印制电路板组装的基本要求有哪些？

3. 元器件引线成形有哪些技术要求？

4. 印制电路板组装时，电子元件有哪几种插装方式？各有什么特点？

5. 面板、机壳的喷涂工艺的作用是什么？

6. 电子产品中屏蔽装置有何作用？

7. 电子产品的面板、机壳已向全塑型方向发展，其加工工艺主要有_____、_____和_____等。

8. 塑料面板、机壳的喷涂的工艺过程为_____、_____、_____、_____、_____、_____。

9. 屏蔽的种类分为_____、_____、_____三种。

10. 电子器件散热分为_____、_____、_____、_____等方式。

11. 元器件的插装应遵循(　　)的原则，这样有利于插装的顺利进行。

　　A. 先大后小、先轻后重、先低后高、先里后外、先一般后特殊

　　B. 先小后大、先轻后重、先低后高、先里后外、先一般后特殊

　　C. 先小后大、先重后轻、先低后高、先里后外、先特殊后一般

　　D. 先大后小、先重后轻、先低后高、先外后里、先特殊后一般

12. 电子装配中，浸焊焊接印制电路板时，浸焊深度一般为印制板厚度的(　　)。

　　A. 100%　　　　　　　　　B. 刚接触到印制导线

　　C. 全部浸入　　　　　　　D. 50%～70%

13. 在电子设备中，为防止磁场或低频磁场的干扰，通常采用(　　)。

　　A. 电屏蔽　　　　　　　　B. 磁屏蔽　　　　　　　　C. 电磁屏蔽

14. 如果在结构上正确地布置元器件、部件和导线，装配上采用屏蔽技术，就可以(　　)。

　　A. 减小干扰源的噪声电平

　　B. 提高受感物的信号电平

　　C. 减少寄生耦合

　　D. 使电子产品的性能降低

15. 在电路中(　　)元器件要考虑重量、散热等问题，应安装在底座上和通风处。

　　A. 电解电容、中频变压器等

　　B. 电源变压器、电机等

　　C. 保险丝、闸刀等

　　D. 集成电路、遥控红外接收器等

第8章　表面组装技术(SMT)

【教学目标】

1. 掌握 SMT 的概念，掌握 SMT 与 THT 的区别。
2. 熟悉常用 SMT 元器件。
3. 熟悉 SMT 焊膏印刷工艺流程。
4. 熟悉 SMT 贴装工艺流程。
5. 掌握 SMT 自动焊接工艺。
6. 掌握常见 SMT 组装工艺流程。
7. 了解 SMT 检测，了解静电防护。
8. 掌握 SMT 手工焊接与拆焊的方法。

SMT 是 Surface Mount Technology 的缩写，意为表面组装技术，指无需对印制电路板钻插装孔，直接将贴片元器件或适合于表面组装的微型元器件贴装焊接至表面组装印制电路板(SMB)或其他基板表面规定位置上的装联技术。SMT 作为新一代电子装联技术已广泛地应用于各个领域的电子产品组装中，成为世界电子整机组装技术的主流。SMT 在持续发展着，是电子整机组装技术别无选择的趋势。

与传统的 THT(Through Hole Technology，通孔插装技术)比较，SMT 优势显著：

(1) 组装密度高，贴片元器件的体积和重量只有传统插装元器件的 1/10 左右，一般采用 SMT 技术之后，电子产品体积缩小 40%～60%，重量减轻 60%～80%。

(2) 可靠性高，抗振能力强，焊点缺陷率低。

(3) 高频特性好，可减少电磁和射频干扰。

(4) 易于实现自动化生产，生产效率高。

(5) 节省材料、能源等，可降低成本达 30%～50%。

8.1　SMT 元器件

随着 SMT 技术的普及，各种电子元器件几乎都有了 SMT 的封装。贴片元器件 SMC/SMD 即 Surface Mount Component/Device 的缩写，其特征是无引线或短引线、小型化、薄型化。

目前常用的 SMT 元器件有电阻、电容、电感、二极管、三极管、场效应管、集成电路等。

8.1.1　常用贴片元件

1. 电阻

1）封装代号

固定贴片电阻的外形一般为矩形，其封装代号用 4 位数字表示，前两位数字表示元件的长度 L，后两位数字表示元件的宽度 W。有公制、英制两种表示方式，如表 8 - 1 所示。公制的单位是毫米（mm），英制的单位是英寸（inch）、密尔（mil），其中 1 inch＝1000 mil＝25.4 mm。

表 8 - 1　贴片电阻的英制和公制封装

公制封装代号	3216	2012	1608	1005	0603
对应的英制封装代号	1206	0805	0603	0402	0201

例如：公制 1608 对应英制 0603 封装，其具体尺寸分别为 1.6×0.8（单位：mm）以及 0.06×0.03（单位：inch）。

2）阻值标称方法

（1）三位数字标示（允许误差为±5%）：前两位表示有效数字，第三位表示倍率，基本单位是 Ω。

例：贴片电阻标示为"103"，表示标称阻值为 10×10^3 Ω ＝ 10 kΩ。

（2）四位数字标示（允许误差为±1%）：前三位表示有效数字，第四位表示倍率，基本单位是 Ω。

例：贴片电阻标示为"1502"，表示标称阻值为 150×10^2 Ω ＝ 15 kΩ。

（3）字母数字组合标示："R"表示小数点，其余是有效数字。

例：贴片电阻标示为"8R20"，表示标称阻值为 8.20 Ω。

（4）排阻。

例：4 位排阻标示为"106"，则每个电阻阻值为 10×10^6 Ω ＝ 10 MΩ。

2. 电容

1）封装代号

普通的多层陶瓷电容的外形一般为矩形，其封装代号与电阻相同，前两位数字表示元件的长度，后两位数字表示元件的宽度。有公制、英制两种表示方式。

2）容量标称方法

普通的多层陶瓷电容是无极性电容，本体上一般是没有标称的，而是标称在编带盘上的。电解电容、钽电容是极性电容，本体上一般有标称。贴片电解电容有黑色标记的一端为负极，另一端是正极。贴片钽电容标有横线的一端是正极，另一端是负极。

（1）三位数字标示。前两位表示有效数字，第三位表示倍率，基本单位为皮法（pF）。

例：多层陶瓷电容标示为"103"，表示标称容量为 10×10^3 pF＝10 nF。

钽电容标示为" 107 16 V "，表示标称容量为 10×10^7 pF＝100 μF，额定电压为 16 V。

（2）直标法。

例：电解电容器标示为" 4.7 50 V "，表示标称容量为 4.7 μF，额定电压为 50 V。

3. 电感

贴片电感的标称方法主要有以下两种。

（1）用 R 代替小数点的位置，基本单位是 μH。

例：贴片电感标示为"1R0"，表示其电感量为 1 μH；标示为"R68J"，表示其电感量为 0.68 μH＝680 nH±5％。

（2）三位数字标示。前两位表示有效数字，第三位表示倍率，基本单位为 μH。

例：贴片电感标示为"101J"，表示其电感量为 100 μH±5％。

4. 二极管

贴片二极管有整流二极管、稳压二极管等。二极管有色环的一极为负极，可以用万用表测试。

稳压二极管上标有稳压值，如玻璃封装 MMSZ5V6 的稳压值为 5.6 V。

5. 发光二极管

发光二极管是有方向的，其正、负极和发出光的颜色可以用万用表测试。尺寸大的贴片 LED 引脚附近有标记的是负极，尺寸小的如 0805、0603 封装底部有"T"字形或倒三角形符号，"T"字正看时一横的一侧为正极，三角形符号的"角"靠近的是负极。在使用时要留意其发出光的颜色种类。

6. 三极管

贴片三极管一般采用 SOT-23 塑封，如图 8-1 所示。三极管型号不同，其功能用途就不一样，使用时必须仔细分清楚。

图 8-1　贴片三极管（SOT-23 封装）

8.1.2　常见贴片集成电路的封装形式

封装技术是指将电子元器件利用绝缘塑料或陶瓷材料打包的技术，主要实现固定、密封、保护芯片和增强导热性能等功能，故封装技术的好坏直接影响芯片性能发挥和与之连接的 PCB（印制电路板）的设计与制造，是电子元器件成型工艺的重要环节之一。广泛应用于贴片集成电路的封装形式主要有下述几种。

1. SOP（Small Outline Package，小外形封装）

SOP 封装的引脚从封装两侧引出呈翼状（L 形），典型图例如图 8-2 所示。

(a) SOP14

(b) DIP8与SOP8的比较

图 8-2　SOP 封装

2. QFP(Quad Flat Package，方形扁平封装)

QFP 封装的引脚从四个侧面引出呈翼状(L 形)，典型图例如图 8-3 所示。

3. PLCC (Plastic Leaded Chip Carrier，塑封引线芯片载体)

PLCC 封装外形呈正方形，引脚从封装的四个侧面引出，呈丁字形，其典型图例如图 8-4所示。

4. BGA(Ball Grid Array，球栅阵列封装)

BGA 封装在印制基板的背面按阵列方式制作出球形凸点用以代替引脚，在印制基板的正面装配 LSI 芯片，然后用模压树脂或灌封方法进行密封。BGA 封装的引脚数多且引脚间距大，是多引脚 LSI 常用的一种封装，其典型图例如图 8-5 所示。

　　图 8-3　QFP 封装　　　　图 8-4　PLCC 封装　　　　图 8-5　BGA 封装

8.2　SMT 辅助材料

在 SMT 生产中，通常将贴片胶、锡膏等称之为 SMT 辅助材料。这些辅助材料对 SMT 的品质、生产效率起着至关重要的作用。因此，SMT 操作人员必须了解其性能和学会正确地使用。

8.2.1　贴片胶

SMT 中使用的贴片胶又称红胶，是一种固化前具有一定的初黏度及外形、固化后具有足够的粘接强度的胶体。其作用是将表面组装元器件固定在 PCB 上，避免其在插件和过波峰焊的过程中脱落或移位。

贴片胶可分为环氧树脂类和丙稀酸类两大类型。一般生产中多采用环氧树脂热固化类胶水，其特点是热固化速度快，接连强度高，电特性较佳，而不采用丙稀酸胶水(需紫外线照射固化)。

1. 对贴片胶的基本要求

包装内无杂质及气泡，储存期限长，可用于高速或超高速点胶机；胶点形状及体积一致，断面高，无拉丝；颜色易识别，便于人工及自动化设备检查胶点的质量；初粘力高，固化温度低，固化时间短，热固化时胶点不会下塌；高强度及弹性以抵挡波峰焊时之温度突变，固化后特性优良，无毒性，具有良好的返修特性。

2. 贴片胶引起的生产品质问题

贴片胶常出现的生产品质问题包括：失件(涂胶量过少或漏点)、元件偏斜(贴片胶粘接力不足)、接触不良(拉丝、贴片胶过量)等。

3. 贴片胶使用规范

（1）储存。胶水领取后应登记到达时间、失效期、型号，并为每瓶胶水编号。胶水应保存在恒温、恒湿的冰箱内，温度约为 2～8℃。

（2）取用。胶水使用时，应遵守先进先出的原则。应提前至少 1 h 从冰箱中取出，标明时间、编号、使用者、应用的产品，并密封置于室温下，待胶水达到室温时按一天的使用量把胶水用注胶枪分别注入点胶瓶里。注胶水时，应小心和缓慢地注入点胶瓶，防止空气泡的产生。

（3）使用。把装好胶水的点胶瓶重新放入冰箱，生产时提前 1～2 h 从冰箱取出，标明取出时间、日期、瓶号，填写胶水解冻、使用时间记录表，使用完的胶水瓶用酒精或丙酮清洗干净放好以备下次使用，未使用完的胶水，标明时间放入冰箱存放。

8.2.2　焊膏

1. 焊膏

由焊膏导致的缺陷占 SMT 缺陷中的 60％～70％，所以规范、合理使用焊膏显得尤为重要。

在表面组装件的再流焊中，焊膏被用来实施表面组装元器件的引线或端点与印制板上焊盘的连接。焊膏是由合金焊料粉、助焊剂和一些添加剂混合而成的膏状物，具有一定的黏性和良好的触变性，具有良好的印刷性能和再流焊接性能，并在储存时性能稳定。

1）合金焊料粉

（1）种类。合金焊料粉是焊膏的主要成分，约占焊膏重量的 85％～90％。常用的合金焊料粉有锡-铅（Sn-Pb）、锡-铅-银（Sn-Pb-Ag）、锡-铅-铋（Sn-Pb-Bi）等，最常用的合金成分为 Sn63Pb37。

（2）颗粒选择。合金焊料粉颗粒的形状、大小影响表面氧化度和流动性，对焊膏的性能影响很大。

一般由印刷模板或网版的开口尺寸来决定选择焊锡粉颗粒的大小和形状。不同的焊盘尺寸和元器件引脚应选用不同颗粒度的焊料粉，不能都选用小颗粒，因为小颗粒有大得多的表面积，使得助焊剂在处理表面氧化时负担加重。

（3）金属含量。金属含量较高（大于 90％）时，可以改善焊膏的塌落度，有利于形成饱满的焊点，并且由于助焊剂量相对较少可减少助焊剂残留物，有效防止锡珠的出现，缺点是对印刷和焊接工艺要求较严格；金属含量较低（小于 85％）时，印刷性好，焊膏不易粘刮刀，印刷模板寿命长，润湿性好，缺点是易塌落，易出现锡珠和桥接等缺陷。

2）助焊剂

在焊膏中，助焊剂是合金焊料粉的载体，其主要的作用是清除被焊件以及合金焊料粉的表面氧化物，使焊料迅速扩散并附着在被焊金属表面。助焊剂的组成为活性剂、成膜剂和胶粘剂、润湿剂、触变剂、溶剂和增稠剂以及其他各类添加剂。

对助焊剂的活性必须控制，活性剂量太少可能因活性差而影响焊接效果，但活性剂量太多又会引起残留量的增加，甚至使腐蚀性增强。焊膏中的助焊剂的组成及含量对塌落度、黏度和触变性等影响很大。

2. 焊膏的分类

常用的焊膏熔点为 179~183℃，成分为 Sn63Pb37 和 Sn62Pb36Ag2。

按助焊剂的活性可分为无活性(R)、中等活性(RMA)和活性(RA)焊膏。常用的是中等活性焊膏。

3. SMT 对焊膏的要求

(1)具有较长的储存寿命，在 0~10℃下可保存 3~6 个月。储存时不会发生化学变化，也不会出现焊料粉和助焊剂分离的现象，并保持其黏度和粘接性不变。

(2)有较长的工作寿命，在印刷后通常要求能在常温下放置 12~24 h，其性能保持不变。

(3)印刷后以及在再流焊预热过程中，焊膏应保持原来的形状和大小，不产生堵塞。

(4)良好的润湿性能。要正确选用助焊剂中活性剂和润湿剂成分，以便达到润湿性能要求。

(5)不发生焊料飞溅。这主要取决于焊膏的吸水性、焊膏中溶剂的类型、沸点和用量以及焊料粉中杂质类型和含量。

(6)具有较好的焊接强度，确保不会因振动等因素出现元器件脱落。

(7)焊后残留物稳定性能好，无腐蚀，有较高的绝缘电阻，且清洗性好。

4. 焊膏的选用

主要根据工艺条件、使用要求及焊膏的性能来选用焊膏，要求其满足以下特性：

(1)具有优异的保存稳定性。

(2)具有良好的印刷性(流动性、脱版性、连续印刷性)等。

(3)印刷后在长时间内对 SMC/SMD 保持有一定的黏合性。

(4)焊接后能得到良好的接合状态(焊点)。

(5)焊接后的助焊剂残渣有良好的清洗性，清洗后不可留有残渣成分。

5. 焊膏使用和储存的注意事顶

(1)领取焊膏应登记到达时间、失效期、型号，并为每罐焊膏编号，然后保存在恒温、恒湿的冰箱内，温度约为 2~8℃。焊膏储存和处理常用方法见表 8-2。

表 8-2　焊膏储存和处理方法

条件	时间	环境
装运	4 天	＜ 10℃
货架寿命(冷藏)	3~6 个月(标贴上标明)	0~5℃冰箱
货架寿命(室温)	5 天	湿度 30%~60%RH，温度 15~25℃
焊膏稳定时间 (从冰箱取出后)	8 小时	室温，湿度 30%~60%RH，温度 15~25℃
焊膏的模板寿命	4 小时	机器环境，湿度 30%~60%RH，温度 15~25℃

(2)焊膏在使用时，应遵循先进先出的原则，应提前至少 2 h 从冰箱中取出，写下时间、编号、使用者、应用的产品，并密封置于室温下，待焊膏达到室温时打开瓶盖。如果在低温下打开，容易吸收水汽，再流焊时容易产生锡珠。注意：不能把焊膏置于热风器、空调等旁边加速它的升温。

(3)焊膏在开封前，需使用离心式的搅拌机进行搅拌，使焊膏中的各成分均匀，降低焊膏的黏度。焊膏开封后，原则上应在当天内一次用完，超过使用期限的焊膏绝对不能使用。

（4）焊膏置于网板上超过 30 min 未使用时，应重新用搅拌机搅拌后再使用。若中间间隔时间较长，应将焊膏重新放回罐中并盖紧瓶盖放于冰箱中冷藏。

（5）根据印制电路板幅面的大小及焊点的多少决定第一次加到印刷模板上的焊膏量，一般第一次加 200～300 g，印刷一段时间后再适当加入一些。

（6）焊膏印刷后应在 24 h 内贴装完，超过时间应把 PCB 上的焊膏洗净后重新印刷。

（7）焊膏印刷时的最佳温度为 23℃±3℃，湿度以（55±5）％RH 为宜。湿度过高，焊膏容易吸收水汽，在再流焊时产生锡珠。

8.3　SMT 印刷、点胶与贴装工艺

8.3.1　SMT 印刷工艺

1. 焊膏印刷技术

将焊锡膏涂敷到 PCB 焊盘图形上，是再流焊工艺中最常用的方法。其目的是将适量的焊锡膏均匀地施加在 PCB 的焊盘上，以保证贴片元器件与 PCB 相对应的焊盘在再流焊接时达到良好的电气连接，并具有足够的机械强度。焊锡膏涂敷方式主要采用印刷涂敷法。印刷涂敷法又分直接印刷法（也叫模板漏印法）和非接触印刷法（也叫丝网印刷法）两种类型，直接印刷法是目前高档设备广泛应用的方法。

2. 印刷机

全自动印刷机通常装有光学对中系统，通过对 PCB 和模板上对中标志的识别，可以自动实现模板窗口与 PCB 焊盘的自动对中，印刷机重复精度达±0.01 mm。在配有 PCB 自动装载系统后，能实现全自动运行。但印刷机的多种工艺参数，如刮刀速度、刮刀压力、丝网或模板与 PCB 之间的间隙仍需人工设定。

无论是哪一种印刷机，都由以下几部分组成：

（1）夹持 PCB 基板的工作台，包括工作台面、真空夹持或板边夹持机构、工作台传输控制机构。

（2）印刷头系统，包括刮刀、刮刀固定机构、印刷头的传输控制系统等。

（3）丝网或模板及其固定机构。

（4）为保证印刷精度而配置的其他机构，包括视觉对中系统，干、湿和真空吸擦板系统以及二维、三维测量系统等。

3. 焊锡膏印刷过程

印刷焊锡膏的工艺流程如下：

印刷前的准备→调整印刷机工作参数→印刷焊锡膏→印刷质量检验→清理与结束。

4. 焊锡膏印刷方法

焊锡膏的印刷方法有两种：无刮动间隙的印刷是直接（接触式）印刷，采用刚性材料加工而成的金属漏印模板；有刮动间隙的印刷是非接触式印刷，采用柔性材料丝网或金属掩膜。

刮刀压力、刮动间隙和刮刀移动速度是保证印刷质量的重要参数。

1) 漏印模板印刷法的基本原理

漏印模板印刷法的基本原理如图 8-6 所示。

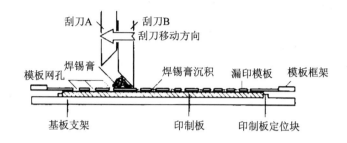

(a) 焊锡膏印刷过程示意图

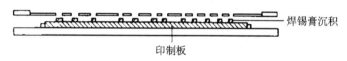

(b) 焊锡膏印刷完成示意图

图 8-6　漏印模板印刷法的基本原理

将 PCB 板放在基板支架上,由真空泵或机械方式固定,将已加工有印刷图形的漏印模板在金属模板框架上绷紧,模板与 PCB 表面接触,镂空图形网孔与 PCB 上的焊盘对准,把焊锡膏放在漏印模板上,刮刀(亦称刮板)从模板的一端向另一端推进,同时压刮焊锡膏通过模板上的镂空图形网孔印刷(沉积)到 PCB 的焊盘上。假如刮刀单向刮锡,沉积在焊盘上的焊锡膏可能会不够饱满;而刮刀双向刮锡,焊锡膏图形就比较饱满。高档的 SMT 印刷机一般有 A、B 两个刮刀:当刮刀从右向左移动时,刮刀 A 上升,刮刀 B 下降,B 压刮焊锡膏;当刮刀从左向右移动时,刮刀 B 上升,刮刀 A 下降,A 压刮焊锡膏,如图 8-6(a)所示。两次刮锡后,PCB 与模板脱离(PCB 下降或模板上升),完成焊锡膏印刷过程,如图 8-6(b)所示。

焊锡膏是一种膏状流体,其印刷过程遵循流体动力学的原理。漏印模板印刷的特征是:

(1) 模板和 PCB 表面直接接触。

(2) 刮刀前方的焊锡膏颗粒沿刮刀前进的方向滚动。

(3) 漏印模板离开 PCB 表面的过程中,焊锡膏从网孔转移到 PCB 表面上。

2) 丝网印刷涂敷法的基本原理

将乳剂涂敷到丝网上,只留出印刷图形的开口网目,就制成了非接触式印刷涂敷法所用的丝网。丝网印刷涂敷法的基本原理如图 8-7 所示。

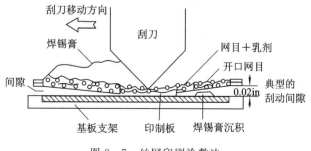

图 8-7　丝网印刷涂敷法

将 PCB 固定在工作支架上，将印刷图形的漏印丝网绷紧在框架上并与 PCB 对准，将焊锡膏放在漏印丝网上，刮刀从丝网上刮过去，压迫丝网与 PCB 表面接触，同时压刮焊锡膏通过丝网上的图形印刷到 PCB 的焊盘上。

丝网印刷具有以下三个特征：

（1）丝网和 PCB 表面隔开一小段距离。

（2）刮刀前方的焊锡膏颗粒沿刮刀前进的方向滚动。

（3）丝网从接触到脱开 PCB 表面的过程中，焊锡膏从网孔转移到 PCB 表面上。

8.3.2　SMT 点胶工艺

把贴片胶涂敷到电路板上的工艺称为点胶。点胶工艺主要用于表面贴装元器件的贴装与通孔插装元器件的插装两者共存的贴插混装工艺中。例如在图 8-8 所示生产工艺流程中，印制电路板（PCB）B 面的元器件从开始点胶固化后，到了最后才能进行波峰焊焊接，这期间间隔时间较长，而且进行的其他工艺较多，元器件的固定就显得尤为重要。

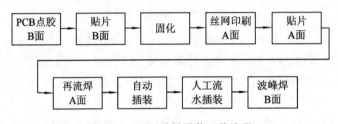

图 8-8　双面贴插混装工艺流程

1. 点胶工艺参数的控制

大批量生产中的点胶工序由计算机控制的点胶机用注射的方式完成操作，也可由印刷机用印刷的方式涂敷。点胶过程中易出现的工艺缺陷有胶点大小不合格、拉丝、胶水浸染焊盘、固化强度不好易掉片等。因此进行点胶各项技术工艺参数的控制是解决问题的关键。

（1）点胶量的大小。根据工作经验，胶点直径的大小应为焊盘间距的一半，贴片后胶点直径应为胶点直径的 1.5 倍。这样就可以保证有充足的胶水来粘接元件，又避免了过多胶水浸染焊盘。点胶量多少由点胶时间的长短及点胶量来决定，实际中应根据生产情况（室温、胶水的黏性等）选择点胶参数。

（2）点胶压力。目前点胶机采用给点胶针的胶筒施加一个压力来保证足够的胶水挤出点胶嘴。压力太大易造成胶量过多；压力太小则会出现点胶断续现象，从而造成漏点等缺陷。应根据不同品质的胶水、工作环境温度来选择压力。环境温度高则会使胶水黏度变小、流动性变好，这时需调低压力就可保证胶水的供给，反之亦然。

（3）点胶嘴大小。在实际工作中，点胶嘴内径大小应为胶点直径的 1/2，点胶过程中，应根据 PCB 上焊盘的大小来选取点胶嘴，如 0805 和 1206 的焊盘大小相差不大，可以选取同一种针头，但是对于相差悬殊的焊盘就要选取不同的点胶嘴，这样既可以保证胶点质量，又可以提高生产效率。

（4）点胶嘴与 PCB 板间的距离。不同的点胶机采用不同的针头，且点胶嘴均有一定的止动度。每次工作开始时应先校准点胶嘴的止动位置，从而保证点胶质量。

（5）胶水的黏度。胶水的黏度直接影响点胶的质量。黏度大，则胶点会变小，甚至拉丝；黏度小，胶点会变大，进而可能渗染焊盘。点胶过程中，应对不同黏度的胶水选取合理的压力和点胶速度。

（6）胶水温度。一般环氧树脂胶水应保存在 2~8℃ 的冰箱中，使用时应提前 1~2 h 拿出，确认回温完成后方可使用。胶水的使用温度为 25℃ 左右。环境温度对胶水的黏度影响很大，温度过低则胶水的黏度变大，出现拉丝现象，因而对于环境温度应加以控制。同时环境的湿度也应该给予保证，湿度小胶点易变干，影响胶水的黏度。

（7）固化温度曲线。对于胶水的固化，一般生产厂家已给出温度曲线。实际生产中应尽可能采用较高温度来固化，使胶水固化后有足够的强度。

（8）气泡。胶水一定不能有气泡。一个小小的气泡就会造成许多地方没有点上胶水，因此每次装胶水时应排空胶瓶里的空气，防止出现空点的现象。

以上任何一个参数的变化都会影响到其他方面，同时缺陷产生的原因可能来自多个方面，应对可能造成缺陷的因素逐项检查，进而排除。总之，在生产中应该按照实际情况来调整各参数，既要保证生产质量，又要提高生产效率。

2. 贴片胶的固化

在涂敷贴片胶的位置贴装元器件以后，需要固化贴片胶使元器件固定在电路板上。固化贴片胶有光照固化和加热固化两种不同类型，因此涂敷的技术要求也不相同。图 8-9(a)表示光固型贴片胶的涂敷位置，可见贴片胶至少应该从元器件的下面露出一半，才能被光照射而实现固化；图 8-9(b)是热固型贴片胶的涂敷位置，因为采用加热固化的方法，所以贴片胶可以完全被元器件覆盖。

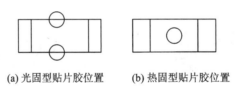

(a) 光固型贴片胶位置　　　(b) 热固型贴片胶位置

图 8-9　贴片胶的点涂位置

8.3.3　SMT 贴装工艺

1. SMT 贴片工艺和贴片机

在 PCB 板上印好焊锡膏或贴片胶以后，用贴片机或人工的方式，将 SMC/SMD 准确地贴放到 PCB 表面相应位置上的过程，叫作贴片(贴装)工序。目前在国内的电子产品制造企业里，主要采用自动贴片机进行自动贴片。在维修或小批量的试制生产中，也可以采用手工方式贴片。

自动贴片机相当于机器人的机械手，能按照事先编制好的程序把元器件从包装中取出来，并贴放到电路板相应的位置上。

为适应高密度超大规模集成电路的贴装，较先进的贴片机还具有光学检测与视觉对中系统，以保证芯片能够高精度地准确定位。

2. 对贴片质量的要求

要保证贴片质量，必须考虑贴装元器件的正确性、贴装位置的准确性和贴装压力（贴片高度）的适度性。

1）贴片工序对贴装元器件的要求

（1）元器件的类型、型号、标称值和极性等特征标记都应该符合产品装配图和明细表的要求。

（2）被贴装元器件的焊端或引脚至少要有厚度的 1/2 浸入焊锡膏，一般元器件贴片时，焊锡膏挤出量应小于 0.2 mm；窄间距元器件的焊锡膏挤出量应小于 0.1 mm。

（3）元器件的焊端或引脚都应该尽量和焊盘图形对齐、居中。再流焊时，熔融的焊料使元器件具有自定位效应，允许元器件的贴装位置有一定的偏差。

2）元器件贴装偏差

（1）矩形元器件贴装允许有平移或旋转偏差，但必须保证焊端的 3/4 以上在焊盘上。

（2）小外形晶体管（SOT）贴装允许有旋转偏差，但必须保证引脚全部在焊盘上。

（3）小外形集成电路（SOP）贴装允许有平移或旋转偏差，但必须保证引脚宽度的 3/4 在焊盘上，如图 8 - 10 所示。

（4）四边扁平封装（QFP、PLCC 等）器件贴装允许有偏差，但必须保证引脚宽度的 3/4 和引脚长度的 3/4 在焊盘上。

（5）BGA 器件贴装时焊球中心与焊盘中心的最大偏移量应小于焊球半径，如图 8 - 11 所示。

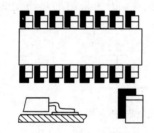

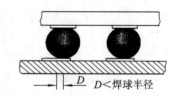

图 8 - 10　SOP 集成电路的贴装偏差　　　图 8 - 11　BGA 集成电路的贴装偏差

3）元器件贴片压力（贴装高度）

元器件贴片压力要合适，如果压力过小，元器件焊端或引脚就会浮放在焊锡膏表面，焊锡膏就不能粘住元器件，在电路板传送和焊接过程中，未粘住的元器件可能移动位置。

如果元器件贴装压力过大，焊锡膏挤出量过大，容易造成焊锡膏外溢，使焊接时产生桥接，同时也会造成器件的滑动偏移，严重时会损坏器件。

8.4　SMT 焊接工艺

随着表面组装技术的快速发展，越来越多的电路板采用贴片元器件，同传统的 THT 插装元器件相比，该类型电路板具有易于大批量加工、布线密度高、高频性能稳定等优点，但存在不便于手工焊接的缺点。

目前，常用贴片元器件的自动焊接技术有波峰焊接法和再流焊接法两种。一些特殊情况如维修需手工焊接。

8.4.1　SMT 自动焊接技术

1. 波峰焊

波峰焊是利用焊锡槽内的机械式或电磁式离心泵,将熔融焊料压向喷嘴,形成一股向上平稳喷涌的焊料波峰并源源不断地从喷嘴中溢出。装有元器件的印制电路板以平面直线匀速运动的方式通过焊料波峰,在焊接面上形成润湿焊点而完成焊接。

1) 单波峰焊接工艺

利用波峰焊接法焊接贴片元器件时应注意如下几点:

(1) SMC/SMD 的焊端或引脚应正对锡流的方向,以利于与锡流的接触,减少虚焊和漏焊。

(2) 较小的元器件不应排在较大的元器件后,以免较大元器件妨碍锡流与较小元器件的焊盘接触,造成漏焊。

(3) SOJ、PLCC、QFP、BGA 等封装的贴片元器件不能采用波峰焊。

(4) 大尺寸陶瓷贴片电容器不适合波峰焊。

(5) 波峰焊接面上的贴片元器件,其长轴要与波峰流动的方向平行,以减少电极间的焊锡桥接。

(6) 波峰焊接面上的大、小贴片元器件不能排成一条直线,应错开位置,以免造成虚焊、漏焊。

(7) 波峰焊接面上较大元器件的焊盘要适当加大,以免造成空焊。

2) 双波峰焊接工艺

SMT 中的波峰焊一般采用双波峰焊接工艺,以避免采用单波峰焊接时出现的漏焊、桥接、焊缝不充实等质量缺陷。

双波峰焊接的优点是对传统的印制电路板焊接工艺有一定的继承性,但在高密度组装中,双波峰焊接仍无法完全消除桥接等焊接缺陷,特别是不适合热敏元件和一些大而多引脚的 SMD,因此双波峰焊接在 SMT 的应用中也有一定的局限性,主要体现在以下方面:

(1) 受助焊剂所产生的气体的影响。焊接时由于熔融锡液温度高,使助焊剂受热而产生气体。这时元件作为焊接的对象进入焊接区域将被锡液完全遮蔽,由助焊剂产生的气体很可能滞留在元件近旁。表面组装元件的密度高,元件安装间距很小,滞留气体将会带来焊接故障。

(2) 焊接时桥接的发生。表面组装元件与常规带引线的元件相比,元件的配置密度提高了许多,因此在布线之间很容易发生焊锡的桥接。

(3) 焊锡量过多。表面组装元件的品种日益增多,元件电极的形状各有不同,采用波峰焊不能准确地设定焊锡的供给量,焊接时容易发生锡量过多、挂锡、拉尖等不良现象。

(4) 焊锡浸润不良。由于印制电路板上表面组装元件的大小不同、高低不一,焊接时,在凹陷不平部分和元件相对于流向的背阴均易出现焊锡浸润不良的现象。

(5) 焊锡污染的影响。熔融的焊锡除锡、铅外,还有一些铜、锌、铝等金属,存在着一定程度的污染。污染程度严重时,还会发生桥接、挂锡,造成印制电路板上的电路短路及产生焊锡拉尖等。为了避免这些不良现象,要随时检查焊锡的污染情况,并及时清除残渣。

3）SMT 中波峰焊接要点

（1）表面组装元件大多数是无引线元件，焊接时元件对热应力没有缓冲作用，由急剧的温度变化而产生的热应力将直接冲击到元件，所以特别要重视对焊接工序温度的控制。通常要求把温度波动控制在±3℃以内。

（2）焊接条件一般为 240～250℃，3～5 s。

（3）焊接中焊锡浸渍重复次数在两次以内。

（4）焊接时，在元件安装密集处及元件间距很小的部位，因滞留有助焊剂气体，很容易出现浸润不良，要注意印制板的移动方向和锡液的流动方向。

（5）为避免焊接时发生桥接和锡量过多等不良现象，操作时须注意印制板与波峰的接触角度，通常情况下必须与印制板成 5°～8°的仰角。

（6）片式元件的端电极多为 Ag 或 Ag/Pd 电极，如果被焊锡浸渍的时间太长，易产生电极脱帽现象，这是应注意的。

（7）焊接结束后，必须置于常温下进行自然冷却，不可急冷。这一点对于片式陶瓷电容器来说非常重要，急冷会使电容器产生裂缝。

（8）为了解决波峰焊接中存在的诸多问题，SMT 焊接大多采用双波峰焊接法。该方法的优点是：焊接时能将助焊剂形成的气体赶走，在经过第二波峰时又把焊点上多余的焊锡拉走，使焊接故障大大减少。

2. 再流焊

再流焊也称回流焊，是英文 Reflow Soldering 的直译。

再流焊工艺是通过重新熔化预先分配到印制电路板焊盘上的焊膏，实现表面组装元器件焊端或引脚与印制电路板焊盘之间机械与电气连接的焊接。再流焊工艺目前已经成为表面组装焊接技术的主流之一。

再流焊有红外再流焊、热风对流再流焊、热板传导再流焊、激光再流焊等多种。其中热风对流再流焊与红外再流焊在工业上比较成熟。

1）再流焊的优点

与波峰焊相比，再流焊具有以下优点：

（1）可贴装各种 SMC/SMD。

（2）元器件不直接浸渍在熔融的焊料中，受到的热冲击小。

（3）能控制焊料的施加量，减少了虚焊、桥接等缺陷，焊接质量好，焊点一致性好，可靠性高。

（4）能够自动校正偏差，把元器件拉回到近似准确的位置。

（5）再流焊的焊料是焊锡膏，能保证成分正确，不会混入杂质。

（6）可采用局部加热的热源，因此能在同一基板上采用不同的焊接方法进行焊接。

（7）工艺简单，返修工作量很小。

2）回流温度曲线

再流焊工艺的关键是控制好回流的温度曲线即固化、回流条件，正确的温度曲线将保证高品质的锡焊点。在 SMT 行业里普遍采用温度测试仪得出温度曲线，再参考此温度曲线改进工艺。

回流温度曲线是回流炉（即回流焊机）中施加于电路板上的温度与时间的函数。影响曲线的参数中最关键的是传送带速度和每个区的温度设定。

(1) 理想的回流温度曲线。理论上理想的温度曲线由四个温度区间组成,前面三个区加热,最后一个区冷却。回流炉的温区越多,越能使温度曲线的轮廓更准确和接近设定值,理想的回流温度曲线如图 8-12 所示。

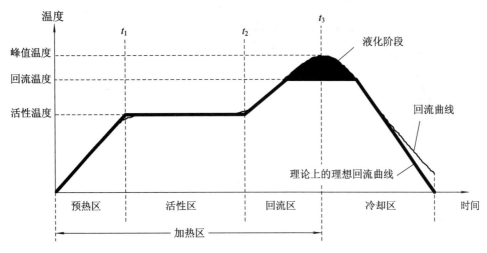

图 8-12 理想的回流温度曲线

预热区——用来将 PCB 的温度从周围环境温度提升到所需的活性温度。其温度以每秒 2~4℃的速度连续上升,温度上升太快会产生较大的热冲击,使 PCB 及组件受损。温度上升太慢,锡膏没有足够的时间达到活性温度,影响焊接质量。

活性区——也叫保温区,有两个功能:第一个功能是使温度分布均匀,减少温差,缓和正式焊接时的热冲击;第二个功能是将助焊剂活性化,使挥发性的物质从锡膏中挥发。一般活性区的温度为 150℃左右。理想的曲线要求活性区的温度相当平稳,这样才能使 PCB 的温度在活性区开始和结束时是相等的。

回流区——使 PCB 的温度提升到锡膏熔点温度以上,使锡膏液化并维持一定的焊接时间,在 PCB 焊盘和元器件的焊端之间形成合金,完成焊接过程。典型的峰值温度范围是 205~230℃。这个区的温度设定太高会引起 PCB 过分卷曲、脱层或烧损,并损坏元件。

冷却区——对完成焊接的 PCB 板进行降温,通常按每秒 3~4℃的速度降温。如降温过快会使焊点出现龟裂现象,过慢则会加剧焊点氧化。理想的冷却区曲线和回流区曲线成镜像关系,实际中越是接近这种镜像关系,焊点达到固态时的结构越紧密,得到焊接点的质量越好。

(2) 实际回流温度曲线。设定各温区温度后,给回流炉通电加热,当设备监测系统显示炉内温度达到稳定时,利用温度测试仪进行测试以观察其实际的温度曲线是否与预定曲线相符。如不相符,则需进行各温区温度的重新设置及回流炉参数调整,这些参数包括传送速度、冷却风扇速度、强制空气冲击和惰性气体流量,直至达到正确的温度为止。

图 8-13~图 8-16 是四种不良的回流温度曲线类型及原因分析。

实际回流温度曲线应尽可能与理想的图形相吻合,从而取得合适的温度和速度,生产出高品质的产品。

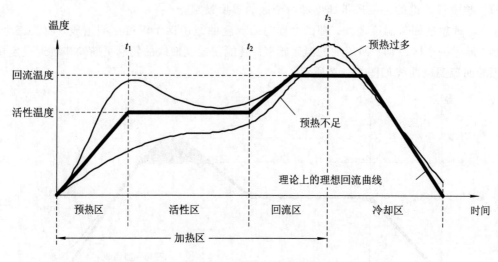

图 8-13　预热不足或过多

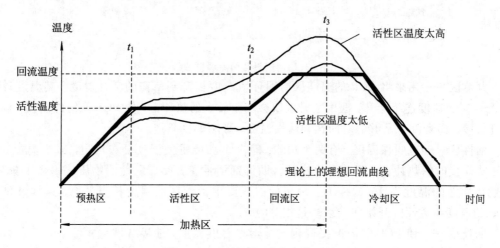

图 8-14　活性区温度太高或太低

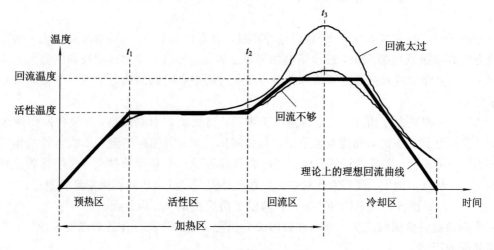

图 8-15　回流太过或不够

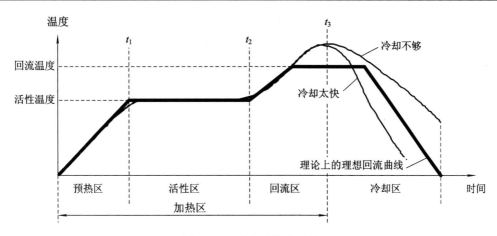

图 8-16　冷却过快或不够

3. 回流焊主要缺陷分析

1）锡珠

锡珠的直径约为 0.2～0.4 mm，主要集中出现在片式阻容元件的某一侧面，不仅影响 PCB 板产品的外观，更为严重的是由于 PCB 板上元件密集，在使用过程中它会造成短路现象，从而影响电子产品的质量。锡珠产生的主要原因如下：

（1）回流焊预热不足，升温过快。

（2）锡膏经冷藏，回温不完全。

（3）锡膏吸湿产生喷溅（室内湿度太重）。

（4）锡膏品质不良。

（5）印刷模板开孔设计不当。

2）桥接

焊点之间有焊锡相连造成短路称为桥接。桥接产生的主要原因如下：

（1）印刷模板开孔设计不当。

（2）元器件与锡膏接触压力过大。

（3）锡膏品质不良。

（4）回流时间过长。

（5）元件贴装偏移。

3）直立

矩形片式元件的一端焊接在焊盘上，而另一端则翘立，这种现象就称为直立。引起该现象的主要原因是锡膏熔化时元件两端受力不均匀，具体表现如下：

（1）焊点上锡膏熔化速率不同。

（2）元件两个焊端或 PCB 焊盘的两点可焊性不均匀。

（3）在贴装元件时偏移过大，或锡膏与元件两个焊端的连接面积相差太大。

8.4.2　SMT 组装工艺

SMT 工艺有两类基本工艺流程：

第一类：印刷焊膏 → 贴片 → 再流焊；

第二类：涂贴片胶 → 贴片 → 波峰焊。

采用波峰焊工艺焊接表面贴装电路板时，由于贴片元器件位于电路板下方，故贴片时必须用贴片胶将其固定。

若将上述两类基本工艺流程混合与重复使用，则可以演变成多种组装工艺流程。

1. SMT 组装方式

SMT 组装方式分为完全表面组装、单面混合组装、双面混合组装三类，具体见表 8 - 3。

表 8 - 3　SMT 组装方式

组装方式		组装组件结构图	印制电路板	元器件	特　点
完全表面组装	单面		单面	SMC/SMD	工艺简单，适于小型、薄型化组装
	双面		双面	SMC/SMD	高密度、薄型化组装
单面混合组装	先贴法		单面	SMC/SMD、THC	先贴后插、工艺简单、组装密度低
	后贴法		单面	SMC/SMD、THC	先插后贴、工艺复杂、组装密度高
双面混合组装	元器件在 PCB 同一侧		双面	SMC/SMD、THC	组装密度高
	THC 在 A 面，SMC/SMD 在 A、B 面		双面	SMC/SMD、THC	组装密度高

2. SMT 组装工艺流程

1）完全表面组装

完全表面组装是指 PCB 上只有 SMC/SMD 而无 THC（通孔插装元件）。

（1）单面完全表面组装工艺流程：

固定 PCB 板 → 印刷焊膏 → 贴装 SMC/SMD → 焊膏烘干 → 再流焊接 → 检测。

（2）双面完全表面组装工艺流程：

固定 PCB 板 → A 面印刷焊膏 → 点胶粘剂（根据具体情况和需要选择是否点胶）→ 贴装 SMC/SMD → 焊膏烘干、胶粘剂固化 → A 面再流焊接 → 翻板 → B 面印刷焊膏 → 贴装 SMC/SMD → 焊膏烘干 → B 面再流焊接 →检测。

2）单面混合组装

单面混合组装即 SMC/SMD 与 THC（通孔插装元件）分布在 PCB 的不同面上，但仅焊接其中一面。具体有以下两种组装方式。

（1）先贴法，工艺流程如下：

固定 PCB 板 → B 面点胶粘剂 → 贴装 SMC/SMD → 胶粘剂固化→ 翻板 → A 面插入 THC → 波峰焊接 → 检测。

(2) 后贴法,工艺流程如下:

固定 PCB 板 → A 面插入 THC → 翻板 → B 面点胶粘剂 → 贴装 SMC/SMD → 胶粘剂固化 → 翻板 → 波峰焊接 → 检测。

3) 双面混合组装

双面混合组装是指 SMC/SMD 和 THC 混合分布在 PCB 的同一面,同时,SMC/SMD 也可分布在 PCB 的两面,有两种组装方式。

(1) SMC/SMD 和 THC 同在 PCB 的一侧时,工艺流程如下:

固定 PCB 板 → A 面涂焊膏 → 贴装 SMC/SMD → 焊膏烘干 → 再流焊接 → 插装 THC → 波峰焊接 → 检测。

(2) THC 在 A 面,SMC/SMD 在 A、B 面时,工艺流程如下:

固定 PCB 板 → A 面印刷焊膏 → 贴装 SMC/SMD → 焊膏烘干 → 再流焊接 → 翻板 → B 面点胶粘剂 → 贴装 SMC → 胶粘剂固化→ 翻板 → 插装 THC → 波峰焊接 → 检测。

8.5 SMT 质量标准

SMT 的焊接质量要求焊点表面有金属光泽且平滑,焊料与焊件交接处平滑,无裂纹、针孔、夹渣等现象,焊点具有良好的表面润湿性,即熔融焊料在被焊金属表面上应铺展并形成完整、均匀、连续的焊料覆盖层,焊料量足够,不过多或过少,如图 8-17 所示。

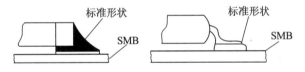

图 8-17 合格的 SMT 焊接情况

8.5.1 SMT 检验方法

在 SMT 的检验中常采用目测检查、光学设备检查、在线测试等方法,根据不同工序完成后的具体情况选择相应的检验方法,综合地运用多种检验方法严把质量关。因此,在生产的全过程中需要建立一个合理的检查与监测控制体系。

1. 主要检测内容

为了保证 SMT 设备的正常运行,加强各工序的工作质量检查,从而监控其运行状态,应在一些关键工序后设立质量控制点。这些控制点通常设立在如下位置:

(1) PCB 检测。检查印制电路板有无变形,焊盘有无氧化,印制电路板表面有无划伤。

(2) 印刷检测。检查印刷是否完全,有无桥接,厚度是否均匀,有无塌边,印刷有无偏差。

(3) 贴片检测。检查元器件的贴装位置是否符合标准,检查有无掉片,有无错件。

(4) 焊后检测。检查元器件的焊接质量,检查有无桥接、直立、偏移、锡珠、虚焊等不良焊接现象。

2. 检测方法

（1）人工目测检查。依据检测标准目测检查或借助放大镜检查。

（2）自动光学检测（AOI）。AOI 系统用可见光（激光）或不可见光（X 射线）作为检测光源，光学部分采集需要检测的电路板图形，由图像处理软件对数据进行处理、分析和判断，不仅能够从外观上检查电路板和元器件的质量，也可以在焊接工序后检查焊点的质量。

（3）在线测试。采用针床式在线测试技术，可在电路板装配生产流水线上高速静态地检测出电路板上元器件装配故障和焊接故障，可在单板调试前通过对板上已焊装好的元器件进行分立隔离测试，精确地测出漏装、错装、参数值偏差、焊点连焊、印制导线开/短路等故障，可准确确定故障点。

8.5.2　SMT 检验标准

1. 印刷检验

总则：印刷在焊盘上的焊膏量允许有一定的偏差，但焊膏覆盖在每个焊盘上的面积应大于焊盘面积的 75%。印刷检验标准图示如表 8-4 所示。

表 8-4　图示印刷检验标准

缺陷	理想状态	可接受状态	不可接受状态
偏移		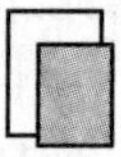	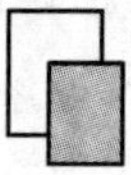
连锡		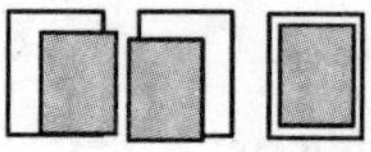	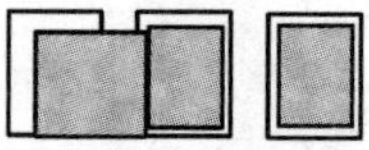
锡膏沾污		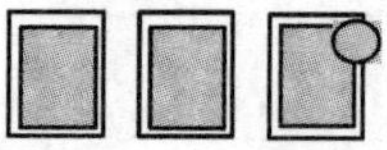	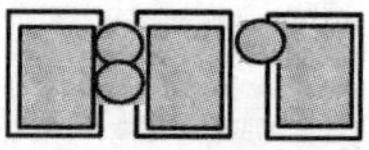
锡膏高度变化大			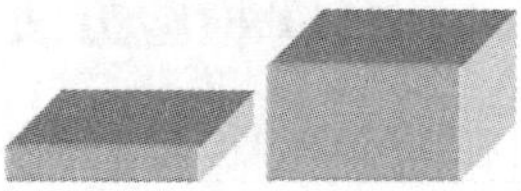
锡膏面积缩小			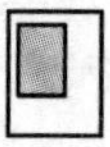
锡膏面积太大			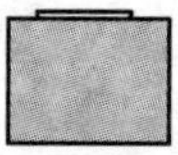
挖锡			
边缘不齐			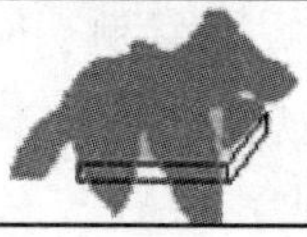

2. 点胶检验

理想胶点：焊盘和引出端面上看不到贴片胶沾染的痕迹，胶点位于各焊盘间的正中部，其大小为点胶嘴的 1.5 倍左右，胶量以贴装后元器件焊端与 PCB 的焊盘不沾染为宜。点胶检验标准图示如表 8-5 所示。

表 8-5 图示点胶检验标准

缺陷	理想状态	可接受状态	不可接受状态
偏移	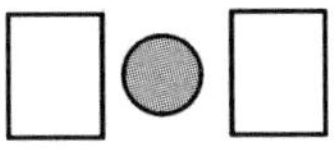	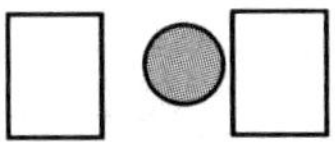	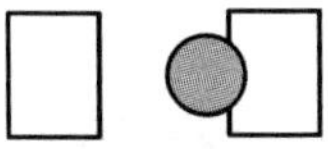
胶点过大	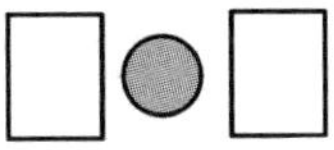	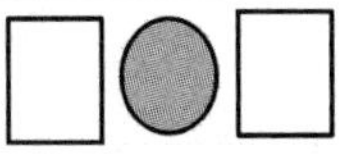	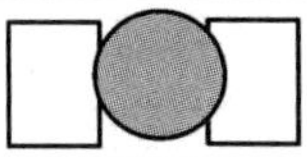
胶点过小	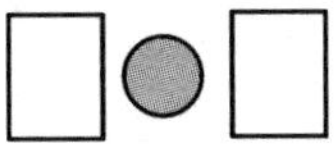	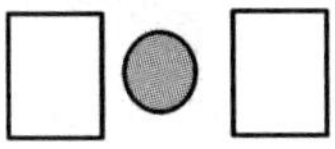	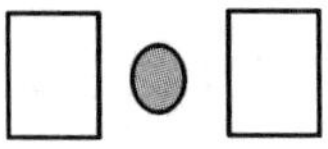
拉丝	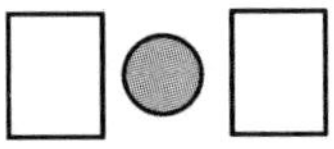		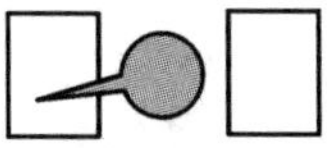

3. 炉前检验(贴片检验)

检查元器件的贴装位置是否符合标准，有无漏件、错件。炉前检验标准图示如表 8-6 所示。

表 8-6 图示炉前检验标准

缺陷	正常状态	可接受状态	不可接受状态
偏移	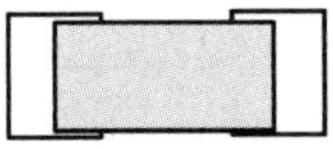	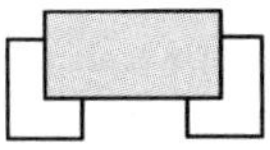	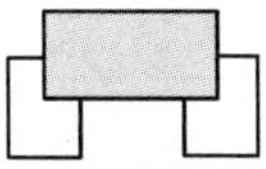
偏移	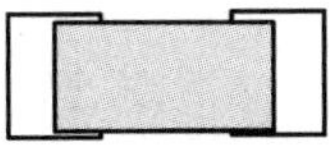	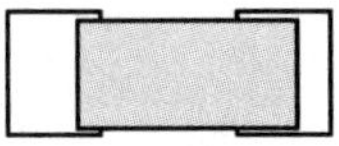	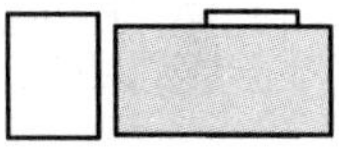
溢胶	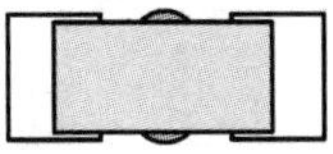	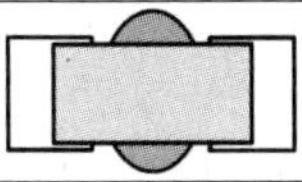	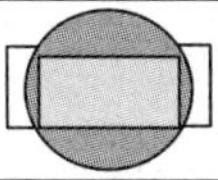
漏件	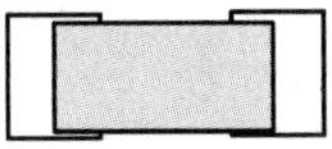		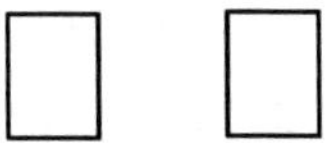
错件	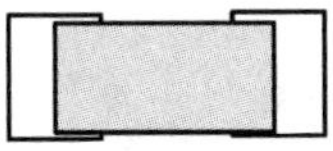		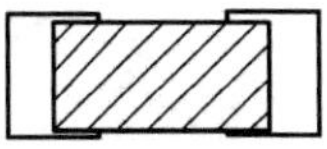
反向	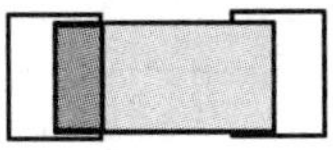		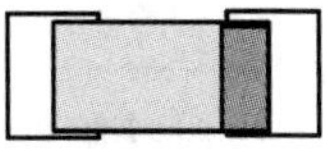
悬浮			
旋转	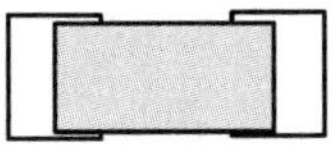	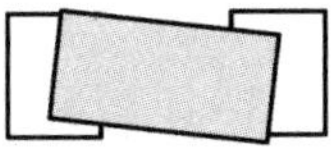	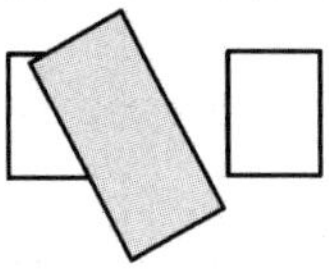

4. 炉后检验(焊后检验)

良好的焊点应饱满、润湿良好,焊料铺展到焊盘边缘。炉后检验标准图示如表 8 - 7 所示。

表 8 - 7　图示炉后检验标准

缺陷	正常状态	可接受状态	不可接受状态
偏移		A ⎯⎯⎯ B B<A/4	A ⎯⎯⎯ B B>A/4
偏移			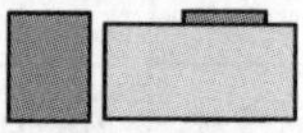
溢胶		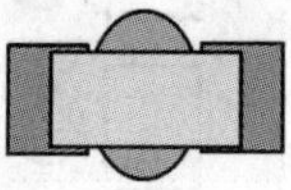	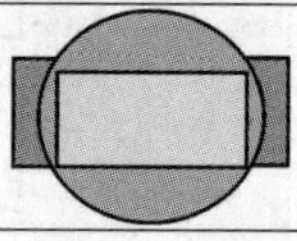
漏件			
错件	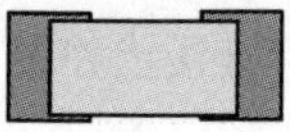		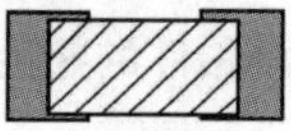
反向			
直立	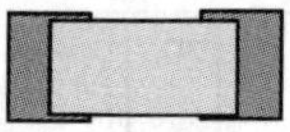		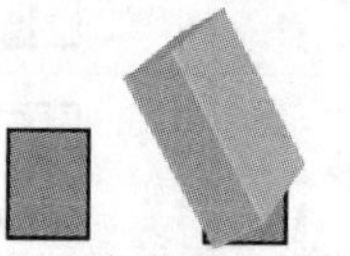
旋转	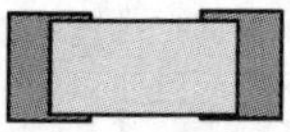	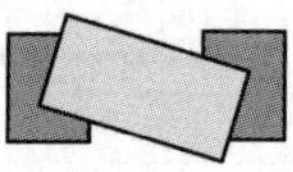	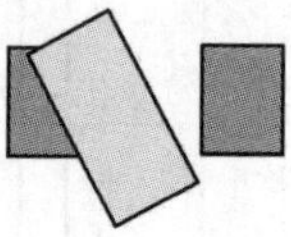
锡珠	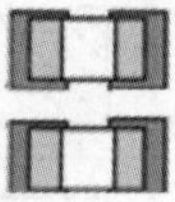	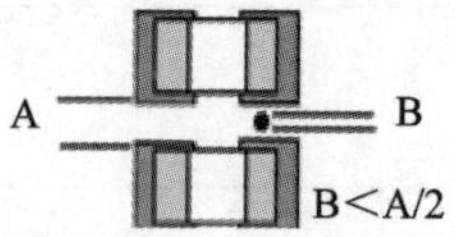 A ⎯●⎯ B B<A/2	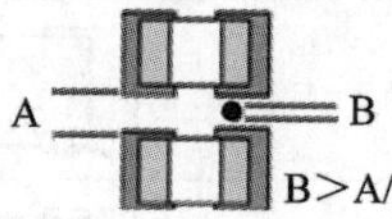 A ⎯●⎯ B B>A/2

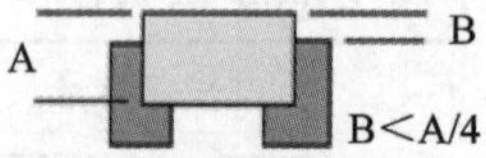

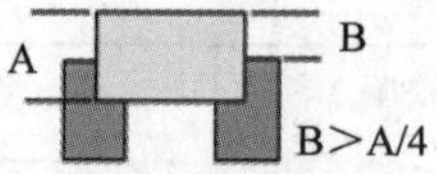

5. 质量缺陷数的统计

在 SMT 生产过程中,质量缺陷的统计十分必要,在 SMT 焊接质量缺陷统计中,常用 DPPM 统计方法,即统计每百万的缺陷数。计算公式如下:

$$缺陷率[DPPM] = \frac{缺陷总数}{焊点总数} \times 10^6$$

焊点总数=检测印制电路板数×每块板上的焊点

缺陷总数=检测全部印制电路板的总缺陷数量

例如：某印制电路板上共有 1000 个焊点，检测印制电路板数为 500，检测出的缺陷总数为 20，则

$$缺陷率[DPPM] = \frac{20}{1000 \times 500} \times 10^6 = 40DPPM$$

8.5.3　SMT 返修

当完成印制电路板组件的检查后，发现有缺陷的就需要进行返修。返修有两种方法，一是采用恒温电烙铁(手工焊接)进行返修，一是采用返修工作台(热风焊接)进行返修。不论采用哪种方式都要求在最短的时间内形成良好的焊接点，因此要求在 5 s 内完成焊接，最佳焊接时间为 3 s。

1. 恒温电焊台/热风拆焊台

返修工作中多数情况会用到恒温电焊台/热风拆焊台，如图 8-18 所示，其中热风拆焊台的热风枪又称为焊风枪，是一种适用于贴片元器件拆卸、焊接的专用工具。目前，智能化的热风枪具有恒温、恒风、风压/温度可调、智能待机/关机等特点。

图 8-18　数显防静电恒温电焊台/数显热风拆焊台

恒温电焊台/热风拆焊台的正确使用，直接关系到贴片元器件焊接效果与安全，故使用时应注意如下事项。

(1) 第一次使用恒温电焊台时，在达到熔锡温度时要及时上锡，以防止高温氧化烧死烙铁头。

(2) 在焊接过程中，尽可能地用松香等助焊剂湿润焊锡，及时去除焊锡表面氧化物。

(3) 热风枪放置、设置时，风嘴前方 15 cm 范围内不得放置任何物体，尤其是可燃物。

(4) 焊接普通的锡铅焊锡时，一般温度设定为 300~350℃，风压为 60~80 级。

(5) 根据实际焊接部位大小选择相应的风嘴。

(6) 根据实际焊接环境选择相应风压，具体选择如表 8-8 所示。

表 8-8　热风枪风压选择标准

应用环境	风压	说　明
小型元器件	低风压	风压太高，可因强风吹走元器件，且可能因高温影响焊接区附近元器件
大、中型元器件	高风压	高风压可补偿散热面积大的热量损失

（7）利用热风枪吹焊贴片元器件时，风嘴要垂直对准贴片元器件，高度距元器件约 5 mm 左右，并且要沿着 IC 引脚的位置，以 10~30 mm/s 的速度来回移动，以确保元器件、电路板受热均匀。

（8）拆卸贴片元器件时，需要设定上、下限加热温度，使拆卸温度达到最佳状态。同时在拆卸元器件时要均匀加热，并且等焊锡完全熔化后才能够轻轻地用镊子将元器件取下，以免将电路板的焊盘一起撕下来，造成印制电路板损伤或报废。

2. 贴片元器件的手工焊接与拆焊

手工焊接与拆焊有着广泛的应用，如电路板的调试和维修，焊接与拆焊质量的好坏也直接影响到维修效果。它在电子产品生产制造过程中的地位是非常重要、必不可少的。

目前，引脚密度小的贴片元器件均可用电烙铁进行手工焊拆。而对于引脚密度大、间距小的贴片元器件，可采用专门的返修设备进行焊拆，也可以采用热风枪进行焊拆。

1）手工焊接

（1）矩形贴片元件的手工焊接。引脚间距较宽的贴片元器件如矩形贴片元件焊接时，先在一个焊盘上镀锡，然后用镊子夹持贴片元件将一只引脚焊好，再用锡丝焊接好其余的引脚，如图 8-19 所示。

图 8-19　矩形贴片元件的手工焊接

（2）翼形引脚贴片集成电路的手工焊接。引脚间距较小的翼形引脚贴片集成电路焊接时，将集成电路引脚与焊盘对齐，先点焊好对角的两个引脚，涂助焊剂后用拖焊的方式将其他引脚焊好，如图 8-20 所示。

图 8-20　翼形引脚贴片集成电路的手工焊接

（3）焊点连焊的处理方法。多股铜芯线吸锡法是利用去除塑胶外皮的多股铜芯线，使用前先将多股铜芯丝附上松香酒精溶液，待电烙铁加热后将多股铜芯丝放到贴片元器件焊点连焊的引脚上加热，这样连焊引脚上的多余焊锡就会被铜芯线吸附，如图 8-21 所示。吸上焊锡的铜芯线部分可剪去。有条件也可购置使用专用的吸锡编织带。

图 8-21　焊点连焊的处理

2）手工拆焊

（1）贴片集成电路的拆焊方法。

① 仔细观察欲拆卸集成电路的位置和方位，并做好记录，以便拆后再焊接时不出错。

② 将贴片集成电路周围的杂质清理干净，往贴片集成电路引脚处刷注少许松香酒精。

③ 调好热风枪的温度和风速，使风嘴和所拆集成电路保持垂直，并沿集成电路引脚周围均匀加热，待集成电路引脚的焊锡全部充分熔化后，用小镊子将集成电路轻轻镊起，不可用力，否则极易损坏集成电路的焊盘。

（2）增加焊锡融化拆卸法。增加焊锡融化拆卸法是一种省事的方法，只要给待拆卸的高密度引脚上再加一些焊锡，使每列引脚的焊点连接起来，这样有利于传热，便于拆卸。如对两列引脚的贴片集成电路拆卸时，用电烙铁对两列引脚轮换加热，当两列焊锡全部融化后，用小镊子轻轻镊起元器件。注意：不可在焊锡尚未完全融化时强行拆下元器件，这样可能会造成印制电路板上的焊盘脱落。

8.6　安全常识及静电防护

8.6.1　安全常识

安全对于我们非常重要。通常所讲的安全是指人身安全，而这里所讲的安全是一个非常广义的概念。我们必须树立一个较为全面的安全意识，即在强调人身安全的同时必须注意设备及产品的安全。

1. 预防人身触电事故

用电时注意以下问题，可以预防触电事故。

（1）发现有损坏的开关、电线等电气安全隐患，及时向有关管理人员报告处理。

（2）不要用湿手触动电气设备（如按开关、按钮）。

（3）清扫卫生时，不要用湿抹布擦电线、开关按钮及电气设备。

（4）若有人触电，千万不能直接用手去拉触电者，应迅速切断电源，及时向管理人员报告施救。

2. 机电设备操作常识

生产现场的机电设备较多，如贴片机是一个高速运转的机电设备，由多个部分组成，包括动力源（马达）、动力传输机构（皮带、链条）、动作机构（高速旋转的贴片头、工作台）、机架、移动的夹爪、锋利的刀口等。对于这些高速运转的机电设备，如果在使用操作过程中稍有不慎，就可能造成伤人事故。因此在操作时应注意下列问题：

（1）进入现场必须穿工作服、工作鞋，戴工作帽，女职工发辫必须盘入帽内。

（2）严格按设备操作规程使用设备。

（3）禁止在机电设备运行中进行清扫和隔机传递工具、物品；禁止非岗位人员触动或开关机电设备仪表仪器和各种阀门。

（4）在设备运行或调机过程中，如发生意外，应迅速按下急停按钮，或关闭电源开关，使设备立即停止工作。

（5）更换某些部件时应在机器停止的状态下进行，同时应锁紧急停按钮（防止他人误操作）。

（6）进行设备维护时，一般情况下应在设备停止工作的状态下操作，情况特殊不能停机，应有一个人以上在旁监护。

（7）操作中注意防止烫伤，同时也要戴好手套。

3. 防火安全知识

由于工厂的货仓及生产现场均有众多的易燃物品，因此员工必须树立防火意识。防火必须以预防为主。日常防火应做到：

（1）易燃品使用后必须盖紧瓶盖，并放置于阴凉处。避免在阳光下暴晒及在高温干燥环境中放置。

（2）进入生产现场严禁携带火种及吸烟。

（3）应确保电源线良好，严禁一插多用的现象，避免电线过负荷而起火。

（4）员工必须学会使用消防器材。

（5）万一发生火警，应第一时间拨打消防报警电话"119"，说清楚火警出现的准确地点。

8.6.2　静电防护

1. 人体静电防护系统

人体静电防护系统包括防静电腕带、工作服、鞋、帽、手套等，这种整体的防护系统兼具静电泄漏与屏蔽功能。每位操作人员均戴上防静电腕带，每天用测试仪对防静电腕带进行检测，保证防静电环的有效作用。

2. 防静电地坪

防静电地坪可以有效地将人体静电通过地面尽快地泄放于大地，同时也能泄放设备、工装上的静电以及不方便使用腕带情况下的人体静电。

3. 防静电操作系统

在工作台面上铺放防静电桌垫，防静电桌垫必须有效接地，各工序的操作系统应具备防静电功能，用防静电的传送皮带，确保营造一个防静电的工作环境。

习　题　8

1. 什么是表面组装技术？它与通孔插装技术相比有哪些特点？

2. 表面组装工艺的自动焊接方法有几种？它们各有什么特点？

3. 绘制单面混合组装工艺流程图、双面混合组装工艺流程图、完全表面组装工艺流程图。

4. 在波峰焊焊接中为减少挂锡和拉毛等不良影响，印制电路板在焊接时通常与波峰（　　）。

　　A. 成 5°～8°的倾角接触

　　B. 忽上忽下地接触

　　C. 以先进、再退、再前进的方式接触

5. 波峰焊焊接中，较好的波峰是达到印制电路板厚度的（　　）为宜。

　　A. 1/2～2/3　　　　B. 2 倍　　　　C. 1 倍　　　　D. 1/2 以内

第9章　电子整机总装与调试工艺

【教学目标】
　　1. 熟悉电子整机总装的组织形式、内容、基本原则和要求。
　　2. 了解电子整机总装的一般工艺流程，熟悉电子整机总装的工艺操作规程。
　　3. 了解调试工作的内容，熟悉调试方案的内容和制定调试方案的基本原则。
　　4. 掌握调试的工艺流程，能正确选用仪器、仪表并进行调试，能对一般故障做出正确判断并及时排除。

9.1　电子整机总装及其工艺

9.1.1　总装

1. 总装的特点

　　总装是把合格的零部件、组件装配成合格产品的过程，是电子整机生产中一个重要的工艺过程。总装过程具有如下特点：

　　（1）总装前组成整机的有关零部件和组件必须经过调试、检验，不合格的零部件及组件不允许投入总装线。

　　（2）总装过程要根据整机的结构情况，应用合理的安装工艺，用经济、高效、先进的装配技术，使产品达到预期的效果，满足产品在功能、技术指标和经济指标等方面的要求。

　　（3）大批量产品的总装在流水线上进行。每个工位除按工艺要求操作外，还要严格执行自检、互检与专职检验相结合的制度。总装中每一个阶段的工作完成后都应进行检验，分段把好质量关，从而提高产品的一次调通率。

　　（4）整机总装的流水线将整个装联工作划分为若干简单的操作，而且每个工位往往会涉及不同的安装工艺，因此要求各工位的操作人员熟悉安装要求和熟练掌握安装技术，保证产品的安装质量。

2. 整机总装的一般流程

　　总装前对焊接好的具有一定功能的印制电路板进行调试（也叫板调），板调合格后进入总装过程。在总装线上把具有不同功能的印制电路板安装到整机的机架上，并进行电路性能指标的初步调试。调试合格后再把面板、机壳等部件进行合拢总装，然后检验整机的各种电气性能、机械性能和外观，检验合格后即进行产品包装和入库。整机总装的一般流程是：

　　各功能单元电路板调试合格→前段总装→初调→常温老化→整机总调→后段总装→整机总检→整机包装→入库。

3. 总装安装工艺原则

总装安装工艺原则是制定安装工艺规程时应遵循的基本原则，具体要求如下：先轻后重、先小后大、先铆后装、先装后焊、先里后外、先低后高、上道工序不得影响下道工序、下道工序不应改变上道工序的安装，注意前后工序的衔接，使操作者感到方便，节约工时。

4. 总装的基本要求

总装的基本要求是牢固可靠，不损伤元器件和零部件，避免碰伤机壳、元器件和零部件的表面涂覆层，不破坏整机的绝缘性能，安装件的方向、位置、极性正确，保证产品的电性能稳定并有足够的机械强度和稳定度。

5. 总装的内容

整机总装是将零部件和组件按预定的设计要求装配在机箱(或机柜)内，再用导线将各零部件、组件之间进行电气连接。在生产中必须遵循其安装工艺和接线工艺。

9.1.2　总装工艺

1. 总装工艺要求

1) 正确装配

(1) 保证总装中使用的元器件和零部件的规格型号符合设计要求。

(2) 整机安装生产线所使用的机动螺钉旋具在安装时应垂直于工件，力矩大小适合。

(3) 注意安装零部件的安全要求。

(4) 整机安装时，零部件用螺钉紧固后，在螺钉头部滴红色胶粘剂固定，以防松脱。

2) 保护好产品外观

(1) 各个工位对面板、外壳等注塑件要轻拿轻放。

(2) 较大的注塑件如电视机外壳，要加软布外罩。

(3) 用运送车搬运注塑件时，要单层放置。

(4) 操作人员要戴手套操作，防止注塑件沾染油污、汗渍。

(5) 操作人员使用和放置电烙铁时要小心，不能烫伤面板、外壳。

(6) 给固定螺钉、线扎等滴注胶粘剂时，用量要适当，防止量多溢出。

2. 总装安装工艺

总装安装工艺是指综合运用各种装联工艺的过程，其安装工艺方法如下：

(1) 装配工位应按照工艺指导卡进行操作。

(2) 采用完全互换法安装。安装过程中尽量采用标准化的零部件。

(3) 在总装流水线上应合理布置工位、操作人员，注意均衡生产，使流水线作业畅通，保证产品的产量和质量。

(4) 对总装过程中存在的质量问题应及时反馈，申请调整工艺方法。

(5) 不同结构的电子产品，安装方法也有区别。

3. 总装接线工艺

1) 接线工艺要求

导线在整机电路中是用作信号和电能传输的，接线合理与否对整机性能影响极大。

总装接线应满足以下要求：

（1）接线要整齐、美观。将低频、低增益的同向接线组扎成整齐的线扎，并减小布线面积。

（2）接线要求安全、可靠和稳固。接线连接要牢固，若用焊锡焊接，焊点应无虚焊；若用接线插头连接，接线插头与插座要牢固。

（3）连接布线要避开整机内锐利的棱角、毛边，防止损坏导线绝缘层，避免短路或漏电故障。

（4）绝缘导线要避开高温元器件，防止导线绝缘层老化或降低绝缘强度。

（5）传输信号线要用屏蔽线，防止信号对外干扰或外界对信号形成干扰。避开高频和漏磁场强度大的元器件，减少外界干扰。

（6）安装电源线和高电压线时，连接点应消除应力，防止连接点发生松脱现象。

（7）整机电源引线孔的结构应保证当电源引线穿进或日后移动时，不会损伤导线绝缘层。

（8）交流电源的接线应绞合布线，减小对外界的干扰。

（9）整机内导线要敷设在空位，避开元器件密集区域，为其他元器件检查维修提供方便。

（10）接线的固定可以用塑料的固定卡或搭扣，单根或导线不多的线束可用胶粘剂进行固定。

2）接线工艺

（1）配线。配线时应根据接线表要求，需考虑导线工作电流、线路工作电压、信号电平和工作频率等因素。

（2）布线原则。

① 不同用途、不同电位的连接线不要扎在一起，应相隔一定距离，或相互垂直交叉走线，以减小相互干扰。例如输入与输出信号线、低电平与高电平的信号线、交流电源线与滤波后的直流馈电线、电视外输出线与中频通道放大器的信号线、不同回路引出的高频接线等。

② 连接线要尽量缩短，使分布电感和分布电容减至最小，尽量减小或避免产生导线间的相互干扰和寄生耦合。高频、高压的连接线更要注意此问题。

③ 线扎在机内分布的位置应有利于分线均匀。从线扎中引出接线至元器件的接点时，应避免线扎在密集的元器件之间强行通过。

④ 与高频无直接连接关系的线束要远离高频回路，防止造成电路工作不稳定。

⑤ 接地线布线时要注意以下几点：

a. 接地线应短而粗，减小接地电阻引起的干扰电压。

b. 地线按照就近接地原则，本级电路的地线尽量接在一起。

c. 电路中同时存在高低频率、不同性质电路的电源或交直流馈电的复杂情况时，电路的接地线要妥善处理，防止通过公共地线的寄生耦合干扰。

d. 输入、输出线或电源馈线应有各自的接地回路，避免采用公共地线。

（3）布线方法。

① 水平导线敷设尽量紧贴板底，竖直方向的导线可沿框边四角敷设，以利于固定。

② 接点之间的连线要按电路特点连接，要按具体的结构条件正确选择连接线。接线间距 20～30 mm 的可用裸铜线连接，需要绝缘时可加绝缘套管。

③ 传送高频信号可采用屏蔽导线，以减小干扰。

④ 两根以上且长度超过 10 cm 互相靠近的平行导线可以理成线束。粗的线束（即线扎）应每隔 20～30 cm 及在接线的始端、终端、转弯、分叉、抽头等部位用线卡固定。在固定点的线扎外应包上绝缘材料或套管，以防损坏线扎的外层绝缘层。细的线束或单根接线每隔 10～15 cm 用搭扣固定，或用胶粘剂固定。

⑤ 线扎弯曲时保持其自然过渡状态，并进行机械固定。

⑥ 一般交流电源线采用绞合布线，电源变压器初级、次级的引出连线应按安全标准使用绝缘线，并套上绝缘套管。

9.2　电子整机调试及其工艺

9.2.1　调试

调试是用测量仪表和一定的操作方法对单元电路板和整机的各个可调元器件或零部件进行调整，测试相关测试点的技术指标，最终使电子产品性能指标达到规定的要求。对于电子整机的生产，调试是必不可少的工序。

电子产品调试的内容主要包括：合理使用仪器、仪表；对单元电路板或整机进行调整和测试；排除调试中出现的故障，做好记录；对调试记录做分析和处理，提出改进措施。

调试的目的是使电子产品实现预定的功能和达到规定的技术指标。

调试工作是按照调试工艺对电子整机进行调整和测试，使之达到或超过标准化组织所规定的功能、技术指标和质量标准。调试既是保证并实现电子整机功能和质量的重要工序，又是发现电子整机设计、工艺缺陷和不足的重要环节。从某种程度上说，调试工作也是为不断地提高电子整机的性能和品质积累可靠的技术性能参数。

1. 调试工作的内容

调试工作的内容包括调整和测试两个方面。调整主要是指对电路参数而言，即对整机内可调元器件及与电气指标有关的系统、机械传动部分等进行调整，使之达到预定的性能指标和功能要求。测试是用规定精度的测量仪表对单元电路板和整机的各项技术指标进行测试，以此判断被测技术指标是否符合规定的要求。

调试工作的任务如下：

（1）明确调试的具体内容、目的和要求。

（2）正确合理地选择和使用测试仪器、仪表。

（3）按照调试工艺指导卡的规定对单元电路板或整机进行调整和测试，完成后紧固好。

（4）排除调试中出现的故障，并做好记录。

（5）认真对调试数据进行分析与处理，编写调试工作总结，提出改进意见。

　　简单的小型整机装配完成之后，可以直接进行整机调试。结构复杂的整机，通常先对单元电路板进行调试，达到要求后再进行总装，最后进行整机调试。

　　批量生产的电子整机的调试工作一般在流水装配线上按照调试工艺卡的规定进行。

2. 调试方案的制定

　　调试方案是调试工艺文件的核心内容。整个调试过程按照调试工艺文件要求进行。

　　1）调试方案的基本内容

　　调试方案是工艺设计人员为某一电子产品的生产而制定的一套调试内容和操作方法，它是调试人员着手工作的技术依据。调试的内容、方法、步骤、仪器仪表和工具量具等，由调试工艺指导卡规定。

　　调试方案（调试工艺指导卡、调试工艺文件）应包括以下基本内容：

　　（1）根据产品标准及产品等级规格所拟定的调试内容。

　　（2）调试设备、仪器仪表、工具、材料。

　　（3）调试方法及具体步骤。

　　（4）调试安全操作规程。

　　（5）测试条件与有关注意事项。

　　（6）调试接线图和相关材料。

　　（7）调试所需的数据资料及记录表格。

　　（8）调试工序的安排及所需人数、工时。

　　（9）调试责任者的签署及交接手续。

　　2）制定调试方案的基本原则

　　（1）确定调试的项目及主要性能指标。

　　（2）确定调试的重点、具体方法和步骤。

　　（3）考虑调试元件之间、电路前后级之间、部件之间的相互影响。

　　（4）保证批量生产的产品性能指标在规定范围内的一致性。

　　（5）考虑调试人员的技术水平。

　　（6）考虑调试用设备的通用性、可靠性、可操作性以及维修、安全等因素。

　　（7）考虑批量生产时的实际情况，尽量采用新技术、新元件（如免调试元器件等）、新工艺，提高生产效率及产品质量。

　　（8）考虑调试工艺的合理性、经济性和高效率，重视积累数据和经验，提高调试工艺水平。

3. 仪器、仪表的选择与使用

　　1）仪器、仪表的选择

　　（1）正确选择调试用的仪器仪表或专用调试设备。所用仪器、仪表应符合一定的计量和检测要求，仪器、仪表本身的误差应小于被测量所要求的精度。

　　（2）对灵敏度较高的仪表，要有良好的地线，且互相之间的连线需采用屏蔽线。对要求防震、防尘、防电磁场的仪器仪表，在使用中应考虑必要的防护措施。

　　（3）高频测量时，高频探头应直接与被测点接触。连线及地线越短越好，以减少测量误差。

2）仪器、仪表的组成与使用

仪器、仪表在调试现场布置和接线时要注意以下几个问题：

（1）仪器、仪表的布置应便于操作和观察，如需重叠放置时，应按照"下重上轻"的原则，注意相互不产生影响，确保安全稳定。

（2）为了保证测量精度，应满足测量仪器、仪表的使用条件。

（3）仪器、仪表在使用过程中严格按其使用规程进行操作并精确读数。

（4）对于高增益弱信号或高频信号的测量，应注意不要将被测件的输入与输出接线靠近或交叉，以免引起信号的串扰及寄生振荡。

3）调试中的干扰与噪声及对调试环境的要求

调试场地周围环境总是存在不同程度的电磁场干扰，外界干扰信号使测量数据不准确，存在严重干扰时调试甚至无法进行。来自设备系统外部的无用信号称为干扰，由设备系统内部产生的无用信号称为噪声。这些无用信号在调试、测试过程中可能会以不同的形式对有用信号产生干扰。正常情况下所使用的仪器、仪表都已经过计量，其内部噪声产生的影响可以忽略不计。因此，调试过程中所受影响主要是外部的各种干扰。因此，调试场地应避免工业干扰、强功率电台以及其他电磁场干扰，必要时在屏蔽室内进行调试比较稳定可靠，特别在调试高频电路时。为防止电源波动和电源干扰，供调试用的交流电源需经过隔离变压器，并且还要进行交流稳压。屏蔽室或其他调试场地都应有良好的安全设施，以确保调试设备和人身的安全。

9.2.2　调试工艺

调试工艺包括调试工艺流程的安排、调试工序之间的衔接、调试手段的选择和调试工艺指导卡的编制等。

调试工作遵循的一般规律为：先调试部件，后调试整机；先内后外；先调试结构部分，后调试电气部分；先调试电源，后调试其余电路；先调试静态指标，后调试动态指标；先调试独立项目，后调试相互影响的项目；先调试基本指标，后调试对质量影响较大的指标。

调试一般分为单元调试和整机调试，有以下四个具体步骤。

1. 调试前的准备工作

（1）调试人员应熟悉调试工艺文件，明确调试内容、方法步骤、设备使用及有关事项。

（2）调试环境应整齐清洁，避免电磁场干扰。

（3）调试用仪器、仪表应符合计量标准和调试要求，摆放有序。

（4）准备好技术文件、被测件及各种工装夹具。

（5）调试前应严格检查单元电路板、部件和整机的基本特性。

（6）通电调试前，应检查各待调单元电路板、部件和整机的电源输入端是否短路，检查调试用电源是否正常。

2. 通电调试的要求

通电时，应注意不同类型整机的通电程序。通电之后应观察整机内部有无放电、打火、冒烟等现象，有无异常气味，整机上各种仪器指示是否正常。如发现有异常现象，应立即断电。如有高压大容量电容器，应使用放电棒进行放电后再排除故障。若通电后一切正常，可先进行静态调试。静态调试正常后，再加输入信号进行动态调试。调试人员在进行调试时应单手操作，以防触电。

3. 单元部件的调试

单元部件（包括单元电路板等）的调试是整机总装和总调的前期工作，其调试质量会直接影响到电子产品的质量和生产效率，它是整机生产过程中的一个重要环节。

单元部件调试的一般工艺流程为：外观直观检查→静态工作点的测试与调整→动态调试→技术参数测试与调整→性能指标综合测试。

4. 整机调试

电子产品的调试程序为：电源调试→各单元电路的调试→整机调试。整机调试是在单元调试和整机前段总装之后进行的调试过程。整机调试的目的是使电子产品完全达到设计技术指标的要求。

整机调试的一般工艺流程为：整机直观检查→结构件检查→各单元电路分级调试→整机统调→整机技术指标测试。各工序的工作内容详述如下：

（1）按先外后内的原则进行整机外观检查。

（2）调试结构部分。

（3）通电检查。电源开关在"关"的位置时，检查电源开关是否符合要求、保险丝是否装入、输入电压是否正确，检查无误后插上电源插头，打开电源开关通电。接通电源后，应注意有无放电、打火、冒烟现象，有无异常气味，若有须立即断电检查。

（4）电源调试。

第 1 步，电源空载初调。电源电路的调试，通常先在空载状态下进行，切断该电源的一切负载后进行初调，避免未经调试的电源电路异常时造成部分电子元器件的损坏。

第 2 步，电源加负载时的细调。在初调正常的情况下，加上定额负载（也可用等效假负载代替），再测量各项性能指标，观察是否符合设计要求。当达到最佳值时，可锁定调整元件（如电位器等）。

（5）单元电路的分级调试。单元部件在整机装配之前已调试好，装配成整机后，还需分别对各单元部件进行调试。首先检查和调整静态工作点，工作状态正确后再加信号进行动态调试，直到各部分电路均符合技术文件规定的各项指标为止。

（6）整机统调。各部件调整好之后，接通所有部件的电源，进行整机联调。调试顺序可按信息传递的方向或路径一级一级地测试，逐步完成整机电路的调试工作。

（7）整机技术指标测试。整机正常工作后，立即进行技术指标的测试工作，根据设计要求，逐个检测指标完成情况。若未能达到指标要求，需分析原因找出改进的措施，直至达到指标要求。

（8）例行试验。全部技术指标达标后，根据具体情况和需要选择进行相应的例行试验。具体内容详见本书"10.1.3 例行试验"。一般调试完成后电子产品整机还需进行通电老化试验。

（9）参数复调。经整机通电老化试验后，各项技术性能指标会有一定程度的变化，这时须进行参数复调。当达到要求后，便可包装入库。

9.2.3　故障查找与处理

1. 故障查找与处理的步骤

按以下步骤进行故障查找与排除：

（1）了解故障现象，调查故障发生的经过，并做好记录。

（2）故障分析。正确分析故障，查找故障产生的部位并分析原因。查找时要按照程序逐次检查。一般程序是：先外后内，先粗后细，先易后难，先常见现象后罕见现象。在查找过程中，尤其要重视供电电路的检查和静态工作点的测试，因为正常的电压是任何电路工作的基础。

（3）处理故障。查找到具体的故障原因应及时排除。有些故障可直接处理，如线头脱落、虚焊等；有些故障需更换部件，如元器件损坏等，元器件代换时应选择使用原规格、原型号的元器件或者性能指标优于原损坏件的同类型元器件。

（4）修复后的部件、整机的复测。

（5）修理资料的整理记录，归档管理。

2. 查找故障的方法

1）观察法

（1）静态观察法：又称不通电观察法。在电子电路通电前主要通过目视检查找出某些故障。实践证明，占电子电路故障相当比例的焊点失效、导线接头断开、元件烧坏、电容器漏液或炸裂、接插件松脱、接点生锈等，完全可以通过观察发现，没有必要对整个电路大动干戈，导致故障升级。

（2）动态观察法：也称通电观察法，即给电路通电后，运用人体视、嗅、听、触觉检查电路故障。通电观察，特别是较大设备通电时应尽可能采用隔离变压器和调压器逐渐加电，防止故障扩大。一般情况下还应使用仪表，如电流表、电压表等监视电路状态。

通电后，眼要看电路内有无打火、冒烟等现象，耳要听电路内有无异常声音，鼻要闻电器内有无烧焦、烧糊的异味，发现异常立即断电查找原因；通电一段时间后断开电源，手要触摸一些元件、集成电路等是否发烫（注意：高压、大电流电路需防触电、防烫伤），发现异常须及时查找原因。

2）测量法

（1）电阻法。电阻是各种电子元器件和电路的基本特征，在不通电的情况下，利用万用表测量电子元器件或电路各点之间电阻值来判断故障的方法称为电阻法。

测量电阻值有"在线"和"离线"两种基本方式。"在线"测量时需要考虑被测元器件受其他并联支路的影响，测量结果应对照原理图分析判断。"离线"测量需要将被测元器件或电路从整个电路或印制电路板上脱焊下来，操作较麻烦但结果准确可靠。

用电阻法测量集成电路，通常先将一个表笔接地，用另一个表笔测各引脚对地电阻值，然后交换表笔再测一次，将测量值与正常值（来自维修资料或自己积累的资料）进行比较，相差较大者往往是故障所在（不一定是集成电路损坏）。

电阻法对确定开关、接插件、导线、印制电路板印制导线的通断及电阻器的变质、电容器短路、电感线圈断路等故障非常有效而且快捷，但对晶体管、集成电路以及电路单元来说，一般不能直接判定故障，需要对比分析或兼用其他方法。由于电阻法不需要给电路通电，因此可将检测风险降到最小，故一般检测时被首先采用。

采用电阻法测量时要注意：

① 使用电阻法时应在电路断电、大电容放电完毕的情况下进行，否则结果不准确，还可能损坏万用表。

② 在检测低电压(≤5 V)供电的集成电路时避免用指针式万用表电阻挡 $R×10$ kΩ 挡。

③ 在线测量时应将万用表表笔交替进行测试，对测试结果对比分析。

(2) 电压法。电压法是在接通电源的情况下，用万用表测量电路各部位电压的参数是否正常，从而判断故障所在。

① 交流电压测量。一般电子电路中交流回路较为简单，对 50 Hz 市电升压或降压后的电压只需使用普通万用表选择合适 AC 量程即可，测高压时要注意安全并养成用单手操作的习惯。

② 直流电压测量。测量直流电压一般分为三步：

a. 测量稳压电路输出端的直流电压值是否正常。

b. 各单元电路及电路的关键"点"如放大电路输出点、外接部件电源端等处电压是否正常。

c. 电路主要元器件如晶体管、集成电路各引脚电压是否正常，对集成电路首先要测电源端。较完善的产品说明书中会给出电路各点正常工作电压，有些维修资料中还提供集成电路各引脚的工作电压，另外也可对比正常工作时同种电路测得的各点电压。电压偏离正常值较多的部位或元器件，往往就是故障所在部位。这种检测方法，要求工作者具有电路分析能力并尽可能收集相关电路的资料数据，才能达到事半功倍的效果。

(3) 电流法。电子电路正常工作时，各部分工作电流是稳定的，而电流偏离正常值较多的部位往往是故障所在。这就是用电流法检测电路故障的原理。

电流法有直接测量和间接测量两种方法。直接测量是将电流表直接串接在欲检测的回路中测得电流值的方法。这种方法直观、准确，但往往需要对电路做"手术"，例如断开导线、脱焊元器件引脚等，才能进行测量，因而不大方便。对于整机总电流的测量，一般可通过将电流表的两个表笔接到开关上的方式测得，对使用 220 V 交流电的线路必须要注意测量安全。

间接测量法实际上是先测电压然后换算成电流值。这种方法快捷方便，但如果所选测量点的元器件有故障则不容易准确判断。

采用电流法检测故障，应对被测电路的正常工作电流值事先心中有数。一方面大部分电路说明书或元器件样本中都给出正常工作电流值或功耗值，另一方面通过实践积累可大致判断各种电路和常用元器件工作电流范围，例如一般运算放大器、TTL 电路静态工作电流不超过几毫安，CMOS 电路则在毫安级以下等。

(4) 波形法。对交变信号的产生和处理电路来说，采用示波器观察信号通路各点的波形是最直观、最有效的故障检测方法。

• 应用波形法时的观测对象有以下三种：

① 波形的有无和形状。在电子电路中，一般电路各点波形的有无和形状是确定的，如

果测得某点波形没有或形状相差较大，则故障发生于该电路的可能性较大。当观察到不应出现的自激振荡或调制波形时，虽不能确定故障部位，但可从频率、幅值大小分析故障原因。

② 波形失真。在放大或缓冲等电路中，电路参数失配、元器件选择不当或损坏等都会引起波形失真，通过观测波形和分析电路可以找出故障原因。

③ 波形参数。利用示波器测量波形的各种参数，如幅值、周期、前后沿、相位等，与正常工作时的波形参数进行对比，可找出故障原因。

• 应用波形法要注意：

① 观测电路高电压和大幅度脉冲部位一定要注意不能超过示波器的允许电压范围。必要时采用高压探头或对电路观测点采取分压取样等措施。

② 示波器接入电路时本身输入阻抗对电路也有一定影响，特别在测量脉冲电路时，要采用有补偿作用的 10∶1 探头，否则观测的波形与实际不符。

(5) 逻辑状态法。对数字电路而言，只需判断电路各部位的逻辑状态即可确定电路工作是否正常。数字逻辑主要有高、低两种电平状态，另外还有脉冲串及高阻状态。因而可使用逻辑笔进行电路检测。

逻辑笔具有体积小、携带使用方便的优点。功能简单的逻辑笔可测单种电路(TTL 或 CMOS)的逻辑状态，功能较全的逻辑笔除可测多种电路的逻辑状态外，还可定量测量脉冲个数，有些还具有脉冲信号发生器的作用，可发出单个脉冲或连续脉冲以供检测电路用。

3) 跟踪法

(1) 信号寻迹法。信号寻迹法是针对信号产生和处理电路的信号流向寻找信号踪迹的检测方法，具体检测时又可分为正向寻迹(由输入到输出的顺序查找)、反向寻迹(由输出到输入的顺序查找)和等分寻迹三种。

正向寻迹是常用的检测方法，可以借助测试仪器(示波器、万用表等)逐级定性、定量检测信号，从而确定故障部位。显然，反向寻迹检测仅仅是检测的顺序不同。

(2) 信号注入法。对于本身不带信号产生电路或信号产生电路有故障的信号处理电路，采用信号注入法是有效的检测方法。所谓信号注入，就是在信号处理电路的各级输入端输入已知的外加测试信号，通过终端指示器(例如指示仪表、扬声器、显示器等)或检测仪器来判断电路工作状态，从而找出电路故障。

4) 替换法

(1) 元器件替换。元器件替换除某些电路结构较为方便外(例如带插接件的 IC、开关、继电器等)，一般都需拆焊，操作比较麻烦且容易损坏周边电路或印制电路板，因此元器件替换法一般只在其他检测方法均难判别时才采用，并且尽量避免对电路板做"大手术"。例如，怀疑某只电阻内部开路，可直接焊上一只新电阻试之；怀疑某只电容容量减小，可再并联一只电容试之。

(2) 单元电路替换。当怀疑某一单元电路有故障时，另用相同型号或类型的正常电路替换待查设备的相应单元电路，可判定此单元电路是否正常。有些电子设备有若干相同的电路，例如立体声电路左右声道完全相同，可用于交叉替换试验。

　　当电子设备采用单元电路多板结构时进行替换试验是比较方便的，因此对现场维修要求较高的设备，应尽可能采用替换的方式。

　　（3）部件替换。随着集成电路和安装技术的发展，电子产品迅速向集成度更高、功能更多、体积更小的方向发展，不仅元器件的替换试验困难，单元电路替换也越来越不方便，过去十几块甚至几十块电路的功能，现在用一块集成电路即可完成，在单位面积的印制电路板上可以容纳更多的电路单元。电路的检测、维修逐渐向板卡级甚至整体方向发展。特别是较为复杂的由若干独立功能件组成的系统，检测时主要采用的是部件替换方法。

　　部件替换试验要遵循以下三点：

　　① 用于替换的部件与原部件必须型号、规格一致，或者是主要功能兼容并能正常工作的部件。

　　② 要替换的部件接口工作正常，至少电源及输入、输出口正常，不会使替换部件损坏。这一点要求在替换前分析故障现象并对接口电源做必要检测。

　　③ 替换要单独试验，不要一次换多个部件。

　　5）比较法

　　（1）整机比较法。整机比较法是将故障设备与同一类型正常工作的设备进行比较，进而查找出故障的方法。这种方法对缺乏资料而本身较复杂的设备尤为适用。

　　整机比较法是以测量法为基础的。对可能存在故障的电路部分进行工作点测定和波形观察或信号监测，比较好坏设备的差别，往往会发现问题。由于每台设备不可能完全一致，对检测结果还要分析判断，因此这些常识性问题需要基本理论基础和日常工作的积累。

　　（2）调整比较法。调整比较法是通过调整设备的可调元件或改变某些现状，比较调整前后电路的变化来确定故障的一种检测方法。这种方法特别适用于放置时间较长，或由于搬运、跌落等外部条件变化引起故障的设备。

　　（3）旁路比较法。旁路比较法是用适当容量和耐压的电容对被检测设备电路的某些部位进行旁路的比较检查方法，适用于电源干扰、寄生振荡等故障。因为旁路比较实际上是一种交流短路试验，所以一般情况下先选用一只容量较小的电容，临时跨接在有疑问的电路部位和"地"之间，观察比较故障现象的变化。如果电路向好的方向变化，可适当加大电容容量再试，直到消除故障，根据旁路的部位可以判定故障的部位。

　　（4）排除比较法。有些组合整机或组合系统中往往有若干相同功能和结构的组件，调试中发现系统功能不正常时，不能确定引起故障的组件，在这种情况下采用排除比较法容易确认故障所在。方法是逐一插入组件，同时监视整机或系统，如果系统正常工作，就可排除该组件的嫌疑，再插入另一块组件试验，直到找出故障。

　　例如，某控制系统用八个插卡分别控制八个对象，调试中发现系统存在干扰，采用比较排除法，当插入第五块卡时干扰现象出现，确认问题出在第五块卡上，用相同型号的优质卡代之，干扰即排除。

　　注意：

　　① 上述方法是递加排除，显然也可逆向进行，即递减排除。

　　② 这种多单元系统故障有时不是一个单元组件引起的，这种情况下应多次比较才可排除。

③ 采用排除比较法时,注意每次插入或拔出单元组件前都要关断电源,防止带电插拔造成系统损坏。

9.2.4　调试的安全措施

1. 测试环境的安全措施

测试场地内所有的电源线、插头、插座、保险丝、电源开关等都不允许有裸露的带电导体,所用电器材料的工作电压和电流均不能超过额定值。

2. 供电设备的安全措施

当调试设备需要使用调压变压器时,应注意其接法。因为调压器的输入端与输出端不隔离,因此接入电网时必须使公共端接零线,以确保后面所接电路不带电。若在调压器前面再接入隔离变压器,则输入线无论如何连接,均可确保安全。

3. 测试仪器的安全措施

(1) 测试仪器及附件的金属外壳应接地,尤其是高压电源及带有 MOS 电路的仪器更要接地良好。

(2) 测试仪器外壳易接触的部分不应带电。仪器外部超过安全电压的接线柱及端口不应裸露。

(3) 测试仪器的电源线应采用三芯插头。

4. 操作安全措施

(1) 被测整机通电前,检查其电路及连线有无短路等不正常现象。接通电源后,观察机内有无冒烟、打火、异常发热等情况。如有异常现象,则应立即切断电源,查找故障原因。

(2) 禁止调试人员带电操作,如必须与带电部分接触,应使用带有绝缘保护的工具。

(3) 在进行高压测试调整前,应做好绝缘安全准备,如穿绝缘工作鞋、戴绝缘工作手套等。接线之前应先切断电源,工作完毕后再接通电源进行测试与调整。

(4) 使用和调试 MOS 电路时必须佩戴防静电腕套。在更换元器件或改变连接线之前,应关掉电源,待大电容放电完毕后再进行相应的操作。

(5) 调试时至少应有两人在场,其他无关人员不得进入工作场所,任何人不得随意拨动电源开关。

(6) 调试工作结束或离开工作场所前,应关掉全部仪器设备的电源,并关闭电源总闸。

习　题　9

1. 什么叫总装?总装的内容包括哪些项目?
2. 总装的一般工艺流程是什么?它与整机生产的一般过程有什么不同?
3. 总装的一般要求和基本原则各是什么?
4. 整机装配工艺文件包括哪些内容?
5. 电子产品为什么要进行调试?调试工作的主要内容是什么?

6. 编制调试工艺文件的原则是什么？调试工艺文件应包括哪些基本内容？

7. 整机调试的一般程序是什么？

8. 查找电子产品的故障常用哪些方法？

9. 调试工作是按照调试工艺对电子整机进行_____和_____，使之达到或超过标准化组织所规定的功能、技术指标和质量标准。

10. 小型电子整机或单元电路板通电调试之前，应先进行外观直观检查，检查无误后，方可通电。电路通电后，首先应测试（　　）。

    A. 动态工作点　　　　B. 静态工作点　　　　C. 电子元器件的性能

11. 要学会正确查找故障的部位，分析产生故障的原因，查找时按照程序逐次检查。一般程序是（　　）。

    A. 先内后外，先细后粗，先难后易，先罕见现象后常见现象

    B. 先外后内，先细后粗，先易后难，先常见现象后罕见现象

    C. 先外后内，先粗后细，先易后难，先常见现象后罕见现象

    D. 先内后外，先粗后细，先难后易，先罕见现象后常见现象

第10章　检验与包装工艺

【教学目标】
1. 了解检验的分类、构成要素和方法。
2. 熟悉产品检验工作的工艺流程、内容和方法，了解例行试验的项目和方法。
3. 了解包装的种类、原则和要求，熟悉有关包装的基本知识。
4. 了解条形码与防伪标志。

10.1　检　　验

检验是利用一定的手段测定出产品的质量特性，与国标、部标、企业标准或双方制定的技术协议等公认的质量标准进行比较，然后做出产品是否合格的判定。检验是把好质量关的重要工序，它贯穿于产品生产的全过程。

检验工作分自检、互检和专职检验三级，其中专职检验是企业质量部门的专职人员根据相应的技术文件，对产品所需要的一切原材料、元器件、零部件、整机等进行观察、测量、比较和判断，做出质检结论，确定被检验的物品的取舍。现在企业都执行三级检验相结合的制度，本节所讲的检验工作主要是指对电子整机进行的专职检验。

10.1.1　检验的基本知识

1. 电子整机产品的质量特征

（1）性能。性能是指产品满足使用目的所具备的技术特性，它可以是产品使用性能、机械性能、电气性能、外观要求等。

（2）可靠性。可靠性是指产品在规定的时间内和规定的条件下完成工作任务的性能。它包括产品的平均寿命、失效率、平均维修时间间隔等。

（3）安全性。安全性是指产品在操作、使用过程中保证安全的程度。

（4）适应性。适应性是指产品对自然环境条件表现出来的适应能力，如对温度等的反应。

（5）经济性。经济性是指产品的成本和维持正常工作的消耗费用等。

（6）时间性。时间性是指产品进入市场的适时性和售后及时提供技术支持和维修服务等。

2. 检验的分类

产品检验的形式较多，具体类型及分类标准如下：

（1）按实施检验的人员划分可分为自检、互检和专检。

（2）按被检产品的数量划分可分为全数检验和抽样检验。

（3）按检验场所划分可分为固定检验和巡回检验。

（4）按生产线构成划分可分为线内检验和线外检验。

（5）按对产品是否有破坏性划分可分为破坏性检验和非破坏性检验。

（6）按受检产品的质量特征划分可分为功能检验和感观检验。

（7）按照对象性质划分可分为几何量检验、物理量检验、化学量检验等。

（8）按照检验的目的和实施的主体，产品质量检验可分为生产检验、验收检验和监督检验。

① 生产检验：由企业自身或各级主管部门检验。生产检验又分为定型检验（新产品定型）、定期检验和出厂检验。其中出厂检验又分为常规检验和抽样检验，前者是指在生产过程中，对逐台产品进行规定项目的检验，后者是产品正式出厂前的检验。

② 验收检验：由商检部门或使用单位、消费者检验。

③ 监督检验：由国家技术监督局、专业检验机构实施的法定检验。

3. 检验构成的要素

检验是依据产品的质量标准，利用相应的技术手段，对该产品进行全面的检查和试验。检验的对象可以是元器件或零部件、原材料、半成品、单件产品或成批产品等。

所有检验均包含以下构成要素：

（1）质量标准。

（2）抽样。在一批产品中，按规定随机抽取样品进行测试。

（3）测定。采用测试、试验、化验、分析和感官等多种方法实现产品的测定。

（4）比较。将测定结果与质量标准进行对照，明确结果与标准的一致程度。

（5）判断。根据比较的结果判断，产品达到质量要求者为合格，反之为不合格，将合格品再分等级。

（6）处理。对被判为不合格的产品，视其性质、状态和严重程度，区分为返修品、次品或废品等。

（7）记录。记录测定的结果，填写相应的质量文件，以反馈质量信息，评价产品，改进质量。

4. 检验的方法

（1）全数检验。全数检验是对产品进行百分之百的检验。一般只用于可靠性要求特别高的产品。

（2）抽样检验。从待检产品中抽取若干件样品进行检验，即抽样检验，简称抽检。抽样检验应在产品设计成熟、工艺规范、工装可靠的前提下进行。样品抽取时，应从该批产品中随机（任意）抽取。根据抽样结果和抽样标准来判断抽检产品是否合格。抽样检验的方法被广泛采用。

10.1.2　产品检验

产品检验是对生产前后的所有产品进行合格与否的鉴定，它包括对元器件、原材料、半成品、成品实施的检验工作。产品检验工作的内容一般包括入库前的检验、生产过程中的检验和整机检验。

1. 入库前的检验

产品生产所需的原材料等检验合格后方可入库。对判为不合格的物品进行严格隔离，以免混料。有些元器件在装接前还要进行老化筛选，老化筛选应在进厂检验合格的元器件中进行。老化筛选内容一般包括温度老化试验、功率老化试验、气候老化试验以及一些特殊的试验。

2. 生产过程中的检验

生产过程中的检验，一般采用操作人员自检、生产班组互检和专职人员检验相结合的方式，以确保产品质量。

（1）自检是操作人员根据本工序工艺指导卡的要求，对自己所组装的元器件、零部件的装接质量进行检查，对不合格的部件应及时调整并更换，避免流入下道工序。

（2）互检是下道工序对上道工序的检验。操作人员在进行本工序操作前，应检查前道工序的装调质量是否符合要求，对有问题的部件应及时反馈给前道工序。

（3）专职检验一般在部件、整机装配与调试完成后进行。检验时应根据质量标准，对部件、整机生产过程中各装调工序的质量进行综合检查。

3. 整机检验

整机检验是产品经过总装、调试合格之后，检查产品是否达到预定的功能要求和技术指标。

整机检验主要包括直观检验、功能检验和主要性能指标测试等内容，其中功能检验是对产品设计所要求的各项功能进行检查。

4. 检验合格证

产品经检验后若性能指标达到规定的要求，说明该产品合格，准许成为商品进入市场销售。因此，产品检验合格证是产品性能指标达标和合格的重要标志。

10.1.3　例行试验

例行试验包括环境试验和寿命试验。例行试验的样品机应在检验合格的整机中随机抽取。

1. 环境试验

环境试验是评价、分析环境对产品性能影响的试验，它通常是在模拟产品可能遇到的各种自然条件下进行的。环境试验是一种检验产品适应环境能力的方法。

环境试验的内容包括以下四个方面。

1）机械试验

机械试验的主要项目如下：

（1）振动试验。振动试验用来检查产品经受振动的稳定性。

（2）冲击试验。冲击试验用来检查产品经受非重复性机械冲击的能力。

（3）离心加速度试验。离心加速度试验主要用来检查产品结构的完整性和可靠性。

2）气候试验

气候试验用来检查产品在设计、工艺、结构上所采取的防止或减弱恶劣气候条件对原材料、元器件和整机参数影响的措施。

气候试验的主要项目如下：

（1）高温试验：用于检查高温环境对产品的影响，确定产品在高温条件下工作和储存的适应性。

（2）低温试验：用于检查低温环境对产品的影响，确定产品在低温条件下工作和储存的能力。

（3）温度循环试验：用于检查产品在较短时间内抵御温度剧烈变化的承受能力，以及是否因热胀冷缩引起材料开裂、接插件接触不良、产品参数恶化等失效现象。

（4）潮湿试验：用以检查潮湿对电子产品的影响，确定产品在潮湿条件下工作和储存的适应性。

（5）低气压试验：用于检查低气压对产品性能的影响。

3）运输试验

运输试验是检验产品对包装、储存、运输环境条件的适应能力。

4）特殊试验

特殊试验是检查产品适应特殊工作环境的能力。特殊试验包括烟雾试验、防尘试验、抗霉菌试验和抗辐射试验等。不是所有种类的产品都要做该项试验。

2. 寿命试验

寿命试验是用来考察产品寿命规律性的试验，它是产品最后阶段的试验。寿命试验是在规定条件下，模拟产品实际工作状态和储存状态，投入一定样品进行的试验。

寿命试验分为工作寿命试验和储存寿命试验两种。因储存寿命试验的时间太长，故常采用工作寿命试验（又叫功率老化试验）。工作寿命试验是在给产品加上规定的工作电压时进行的试验，试验过程中应按照技术条件的规定，间隔一定的时间进行参数测试。

10.2　包　装

10.2.1　包装的基本知识

包装是产品生产的最后一道工序。产品的包装具有保护产品、方便储运及促进销售的功能。

产品的包装是产品生产过程中的重要组成部分，进行合理的包装是保证产品在流通过程中避免机械损伤、确保质量而采取的必要措施。各种各样的产品，不但应具有妥善的外包装，以便于运输、储存和装卸，而且还必须有合适的内包装，用美观的装潢和合理的文字说明宣传商品、介绍商品和指导消费者合理地使用商品。可见，在流通领域中，商品的包装是实现商品交换价值和使用价值的重要手段。包装除保护商品安全、方便运输储存这两种功能外，还应有美化商品、吸引顾客、促进销售的重要功能。商品的包装已同商品质量、商品价格一起成为商品竞争的三个主要因素。

1. 包装的种类

产品的包装分为外包装、内包装和中包装，它们是相互影响、不可分割的一个整体。

（1）运输包装即产品的外包装。它的主要作用是确保产品数量与保护产品质量，便于产品储存和运输，最终使产品完整无损地送到消费者手中。

（2）销售包装即产品的内包装。它是与消费者直接见面的一种包装，其作用不仅是保护产品，便于消费者使用和携带，而且还要起要美化产品和广告宣传的作用。

（3）中包装起到计量、分隔和保护产品的作用，是运输包装的组成部分。也有随同产品一起上架与消费者见面的，这类中包装视为销售包装。

2. 产品包装原则

包装既是一门科学，又是一门技术。包装要符合科学、经济、牢固、美观、适销的原则。

（1）包装是一个体系。它的范围包括原材料的提供、加工、容器制造、辅件供应以及包括为完成整件包装所涉及的各有关生产、服务部门。

（2）包装是生产经营系统的一个组成部分。产品从进料生产到销售的整个过程中都离不开包装。

（3）产品是包装的中心，产品的发展和包装的发展是同步的。良好的包装能为产品增加吸引力，但是再好的包装也掩盖不了劣质产品的缺陷。过分包装和不善包装都会影响产品的销售。

（4）包装必须具备保护产品、激发消费者的购买欲、方便运输和储存三大功能。

（5）包装必须标准化。经济包装以最低的成本为目的。

（6）产品包装必须根据市场动态和客户的爱好，在变化的环境中不断改进和提高。

3. 包装的要求

1）对产品的要求

在进行包装前，合格的产品应按有关规定进行外表面处理（消除污垢、油脂、指纹、汗渍等）。在包装过程中保证机壳、荧光屏、旋钮、装饰件等部分不被损伤或污染。

2）包装与防护

（1）合适的包装应能承受合理的堆压和撞击。

（2）做好防尘、防湿、防振等。

（3）合理压缩包装体积，包装箱要装满，不留空隙，减少晃动，以提高防振效果。

3）装箱

（1）装箱时，应清除包装箱内的异物和尘土。

（2）装入箱内的产品不得倒置。

（3）装入箱内的产品、附件、衬垫及使用说明书、合格证、装箱明细表等内装物必须齐全。

（4）装入箱内的产品、附件和衬垫，不得在箱内任意移位。

4）封口和捆扎

采用纸包装箱时，用 U 形钉或胶带将包装箱下封口封合。当确认产品、衬垫、附件和使用说明书、合格证等全部装入箱内并在相应位置固定后，用 U 形钉或胶带将包装箱的上封口封合。必要时，对包装件选择适用规格的打包带进行捆扎。

5）标志

（1）包装上的标志应与包装箱大小协调一致。

（2）文字标志的书写由左到右、由上到下，数字采用阿拉伯数字，汉字采用规范汉字。

（3）标志方法可以印刷、粘贴、打印等。

（4）标志内容应包括：产品名称和型号、商品名称及注册商标图案、产品主体颜色、包装件重量、包装件最大外部尺寸、内装产品数量、出厂日期、生产厂名、储运标记(向上、怕湿、小心轻放、堆码层数等)、条形码等。

4．包装材料

根据包装要求和产品特点,选择合适的包装材料。常用的包装材料有木箱、纸箱(盒)、缓冲材料、防尘及防湿材料等。

5．包装工艺

(1)包装工艺指导卡。在包装工序中,每个工位的操作内容、方法、步骤、注意事项、所用辅助材料、工装设备等都做了详细的规定。操作者只需按包装工艺指导卡进行操作即可。

(2)包装工艺过程。产品的包装工序可根据具体情况和需要安排相应多个工位进行,分别完成包装准备、清洁包装、产品装箱、配件及技术资料装箱、封箱、运送到物料区或入库等工作。

10.2.2　条形码与防伪标志

1．条形码

条形码为国际通用产品符号。这种符号条码由各国统一编码,它可使商店的管理人员随时了解商品的销售动态,简化管理手续,减少管理成本。

条形码是指由一组规则排列的条、空及其对应字符组成的标识,用以表示一定的商品信息的符号。其中条为黑色、空为空白,用于条形码识读设备的扫描识读。其对应字符由一组阿拉伯数字组成,供人们直接识读或通过键盘向计算机输入数据使用。这一组条空和相应的字符所表示的信息是相同的。

条形码的编码遵循唯一性原则,以保证条形码在全世界范围内不重复,即一种商品项目只能有一个代码。不同规格、不同品种、不同颜色的商品只能使用不同的商品代码。

1)EAN 码(国际物品编码)

目前 EAN 组织推行的条形码已由单纯的商品条形码发展到包括商品、物流、应用多种条形码在内的 EAN 条形码体系。EAN 的商品条形码有标准版(EAN-13)和缩短版(EAN-8)两个版本,其中 EAN-13 为 13 位编码,EAN-8 为 8 位编码。

(1)EAN-13。EAN-13 由条形码符号和字符代码两部分组成,如图 10-1 所示。

图 10-1　标准版 EAN-13 的组成

EAN-13 字符代码的结构如下:

① 国家代码(1~3 位,共 3 位),国家或地区的独有代码,由 EAN 总部指定分配,如中国为 690~695。

② 企业代码(4~8 位,共 5 位),由本国或地区的条形码编码机构分配,我国由中国物

品编码中心统一分配。

③ 产品代码(9～12 位，共 4 位)，由生产企业自行分配。

④ 校验码(第 13 位，共 1 位)，用于校验前 12 位数字代码的正确性，其数字依据一定的算法，由前 12 位数字计算得到。

(2) EAN-8。EAN-8 主要用于包装体积小的产品上，其国家代码、产品代码、校验码的内容同 EAN-13。

2) 条形码符号

条形码符号是由一组粗细和间隔不等的黑条(简称条)与空白(简称空)所组成，其作用是通过电子扫描，将本产品编码的内容(即产品名称、生产企业、国家或地区、校验码等)同信息库的数据相结合，在销售本产品时，立即显示出价格，同时为销售单位提供必要的进、销、存等营业资料。对整个产品编码而言，条形码符号是它的关键部分，所以在包装上加印条形码时，条形码符号的印刷必须规范化，否则电子扫描时就得不出正确的信息。

2. 防伪标志

防伪是对那些以欺骗为目的且未经所有权人准许而进行仿制或复制的活动而采取的防止措施。许多产品的包装一旦打开，就再也不能恢复到原来的形状，起到了防伪的作用。

防伪标志又称防伪标识，是能粘贴、印刷、转移在标的物表面、标的物包装或标的物附属物(如商品挂牌、名片以及防伪证卡)上，具有防伪作用的标识物，如激光防伪标志等。

习　题　10

1. 什么叫作检验？产品检验有哪些类型？各有什么特点？
2. 整机检验工作的主要内容有哪些？
3. 试述环境试验的主要内容及一般程序。
4. 全数检验和抽样检验各有哪些优缺点？
5. 编写检验工艺流程时，应考虑哪些因素？
6. 简述产品包装的作用与意义。
7. 产品包装上应标明哪些信息？
8. 条形码与激光防伪标志各自的功能是什么？
9. 商品竞争的三个主要因素是商品的_____、_____及_____。
10. (　　)应在产品设计成熟、定型、工艺规范、设备稳定、工装可靠的前提下进行。

　　A. 全数检验　　　　　　B. 专职检验　　　　　　C. 抽样检验

11. 生产过程中的检验一般采用(　　)的检验方式。

　　A. 巡回检验　　　　　　B. 全数检验　　　　　　C. 抽样检验

12. 以下说法中不正确的是(　　)。

　　A. 商品的包装和装潢，在流通领域中，是实现商品交换价值和使用价值的重要手段

　　B. 包装有保护商品安全、方便运输储存、美化商品、吸引顾客、促进销售的重要功能

　　C. 良好的包装能为产品增加吸引力，还能掩盖劣质产品的缺陷

　　D. 合理包装是保证产品在流通过程中避免机械物理损伤，确保其质量而采取的必要措施

下篇　电子工艺实验与综合实训

第 11 章 电子工艺基础实验

11.1 电阻器的识读与检测

一、实验目的

（1）熟悉常用电阻器的分类及作用。

（2）会识读各类电阻器的标称值及允许误差。

（3）会使用万用表测量实际电阻值，并会检测电阻器的好坏。

二、实验器材

指针式万用表、数字万用表、色环电阻、固定电阻、电位器、带开关的电位器、热敏电阻器、保险管、连接导线。

三、实验内容

1. 常用电阻的识读与检测

检测 3 只四色环电阻、3 只五色环电阻、4 只固定电阻，按要求填写表 11－1。

表 11－1 电阻器的识读与检测

序号	色环或标示	标称值/Ω	允许误差	指针万用表测阻值/Ω	数字万用表测阻值/Ω	额定功率/W	质量
1							
2							
3							
4							
5							
6							
7							
8							
9							
10							

2．电位器的识读与检测

检测一般电位器 4 只、带开关的电位器 1 只，按要求填写表 11-2。

表 11-2　电位器的识读与检测

序号	标示	标称值/Ω	允许误差	额定功率/W	万用表测阻值/Ω	质量
1						
2						
3						
4						
5						

（1）会检测一般电位器的固定端和调整端，测量其固定端间电阻值，判断电位器质量好坏。绘制外形图和符号图，并标明引脚对应关系。

（2）会检测带开关的电位器的开关端、电位器的固定端和调整端，测量其固定端间电阻值，判断该带开关的电位器质量好坏。绘制外形图和符号图，并标明引脚对应关系。

3．热敏电阻器的检测

热敏电阻器的检测可用万用表电阻挡（尽量用较高电阻挡，以减小测试电流引起的热效应）。测量方法如下：

冷态测一次电阻值并记录，再用手捏住热敏电阻器对其加热（也可用其他热源如电烙铁、电吹风适当加热），应看到电阻值明显变化（NTC 型电阻变小；PTC 型电阻变大）；若电阻值不变或变化很小，则说明其已失效。

4．保险管通断判别

用数字式万用表二极管挡测量保险管通断，并判别其质量。

四、实验效果检查

（1）任选一只电阻，要求能识读与检测。

（2）任选一只电位器，要求会识读与检测，并指出其固定端、调整端。

五、思考题

电位器有什么作用？画出其接入电路的常用接法并说明其作用。

11.2　电容器的识读与检测

一、实验目的

（1）熟悉电容器的分类及作用。

（2）会识读各类电容器的标称值及额定电压，能识别电解电容器的正、负极。

（3）会用指针式万用表检测电容器的质量。

（4）会用数字万用表测量电容器的电容量。

二、实验器材

指针式万用表、数字万用表、各类固定电容器、晶体管收音机用的双联可变电容器、连接导线。

三、实验内容

1. 电容器的识读与检测

检测 4 只电解电容器、6 只不同类型及不同标示方法的无极性固定电容器，按要求填写表 11-3。

表 11-3　电容器的识读与检测

序号	标示	电容标称值/F	允许误差	额定电压/V	数字万用表测容值/F	指针式万用表检测质量
1						
2						
3						
4						
5						
6						
7						
8						
9						
10						

2. 电容器质量的判断与检测

（1）电容器的质量判定。

（2）电容器的容量判定。

3. 电解电容器极性判定

任选一只电解电容器，判定它的极性。

4. 双联可变电容器检测

（1）碰片检测。

（2）容量检测。

四、实验效果检查

（1）任选一只小瓷片电容，要求能识读与检测。

（2）任选一只电解电容器，要求能识读与检测。

（3）要求能检测一只双联可变电容器的质量。

五、思考题

用指针式万用表检测 470 μF 电容器的质量，用什么挡位较好？为什么？

11.3　电感元件的识读与检测

一、实验目的

(1) 熟悉电感元件的分类及作用。

(2) 熟悉变压器的种类及封装。

(3) 会识读色环电感。

(4) 会检测变压器，并能画出其内部电路图。

二、实验器材

指针式万用表、数字万用表、色环电感、电源变压器、中频变压器、晶体管收音机用输入变压器、连接导线。

三、实验内容

1. 色环电感的识读与检测

检测 5 只色环电感，按要求填写表 11－4。

表 11－4　色环电感的识读与检测

序号	色环	标称值/μH	允许误差	质量
1				
2				
3				
4				
5				

2. 电源变压器初级绕组与次级绕组的区分

检测一只降压电源变压器，能区分哪两个端子是同一个绕组，并指出初、次级。

3. 晶体管收音机用输入、输出变压器的检测

晶体管收音机用输入变压器和输出变压器从外观上不易区分，可用万用表电阻挡加以检测，检测区分依据如表 11－5 所示。

表 11－5　晶体管收音机用输入变压器和输出变压器的区分

	初级(直流电阻阻值)	次级(直流电阻阻值)
输出变压器	两个绕组，每个数欧～一百多欧	一个绕组，并零点几欧～一点几欧
输入变压器	一个绕组，几百欧	两个绕组，每个几十欧～一百多欧

检测晶体管收音机用输入变压器(引脚图如图 11－1 所示)，画出其内部结构图(引脚朝上)，并标出极间电阻。

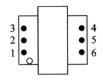

图 11-1　晶体管收音机用输入变压器引脚图(引脚朝上)

4. 中频变压器的检测

检测晶体管收音机用中频变压器(引脚图如图 11-2 所示),画出其内部结构图(引脚朝上),并标出极间电阻。

图 11-2　晶体管收音机用中频变压器(白、红)引脚图(引脚朝上)

四、实验效果检查

(1) 用万用表检测一只多绕组电源变压器,能区分哪两个端子是同一个绕组,并能指出初、次级。

(2) 检测一只中频变压器、一只输入变压器。

(3) 任选一只色环电感,要求会正确识读。

五、思考题

如何区分晶体管收音机用的输入变压器和输出变压器?

11.4　二极管的检测

一、实验目的

(1) 了解常见二极管的种类及封装。

(2) 会用万用表检测二极管的极性与质量,会用万用表判别硅、锗二极管。

(3) 会测量稳压二极管的稳压值。

(4) 会用万用表检测整流桥。

二、实验器材

指针式万用表、数字万用表、兆欧表、常见二极管若干、整流桥、连接导线、直流稳压电源。

三、实验内容

1. 二极管的检测

(1) 采用指针式万用表检测。

(2) 采用数字万用表检测。

2. 测量稳压二极管的稳压值

稳压二极管多为硅管,正向导通电压为 0.7 V,反向稳压值可用兆欧表配合万用表测量。

普通二极管(如检波二极管)和小功率稳压二极管的特性有两个明显的区别：

(1) 普通二极管多工作在正向导通和反向截止状态下，稳压二极管则工作在反向击穿状态下。

(2) 绝大多数二极管反向击穿电压在几十伏以上，而常用稳压管击穿电压多低于15 V。

3. 双向触发二极管的检测

(1) 正、反向电阻值的测量。用万用表的电阻挡 $R \times 1\ k\Omega$ 或 $R \times 10\ k\Omega$ 挡测量双向触发二极管的正、反向电阻值。正常时，其正、反向电阻值均应为无穷大；若测得正、反向电阻值均很小或为 0，则说明该二极管已被击穿损坏。

(2) 测量转折电压。将兆欧表的接线柱 E 和接线柱 L 分别接双向触发二极管的两端，用兆欧表提供击穿电压，同时用万用表的直流电压挡测量出电压值，将双向触发二极管的两极对调后再测量一次。比较两次测量的电压值的偏差(一般为 3～6 V)，此偏差值越小，说明此二极管的性能越好。

4. 记录实验结果

检测普通二极管 3 只，稳压二极管 1 只，双向触发二极管 1 只，按要求填写表 11-6。

表 11-6　二极管的检测

序号	标示	数字万用表示值	硅管或锗管	稳压管的稳压值	质量
1					
2					
3					
4					
5					

四、实验效果检查

(1) 选一只二极管，要求判别其材料、极性及质量好坏。

(2) 选一只稳压二极管，要求测出其稳压值。

五、思考题

(1) 如何用万用表检测小功率整流桥？

(2) 你能用可调直流电压源、电阻和待测稳压二极管构成一个测量稳压值的电路吗？实际测量 3 只稳压二极管，画出电路图，并标明其参数。简述测量的原理和方法，与使用兆欧表和万用表配合所测得的数据进行比较，是否相同或相近？

11.5　三极管的检测与应用

一、实验目的

(1) 了解常见三极管的种类及封装，并会识读。

（2）会用万用表判别三极管的 e、b、c 极，能检测三极管的质量，会测量 h_{FE} 值。

（3）掌握三极管的放大特性与开关特性。

二、实验器材

计算机、Proteus 软件、指针式万用表、数字万用表、常见三极管若干、电阻、电位器、电容、发光二极管、直流稳压电源、示波器、信号发生器、连接导线。

三、实验内容

1．三极管的检测

用指针式万用表检测 3 只三极管，判别其管型、引脚及质量，用数字万用表检测 2 只三极管，按要求填写表 11 - 7。

表 11 - 7　三极管的检测

序号	标示	硅管或锗管	PNP 或 NPN	图示引脚	h_{FE} 值	质量
1						
2						
3						
4						
5						

2．三极管特性实验

1）开关特性

电路如图 11 - 3 所示，用 Proteus 软件仿真成功。连接电路，检查无误后接通电源进行实验调试，观察发光二极管的亮、灭情况，并记录实验结果。

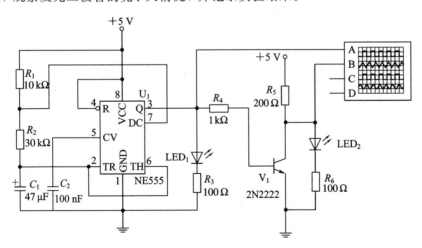

图 11 - 3　三极管的开关特性仿真电路

2）放大特性

电路如图 11 - 4 所示，用 Proteus 软件仿真成功。连接电路，检查无误后接通电源进行实验调试，用示波器观察输入、输出波形。注意调整信号发生器选择输入电路的交流信号的幅度，调整电位器使输入的交流信号输出后既能放大又不失真，调整电路参数使电路达最佳效果。绘制实际的总体电路图，并记录实验数据。

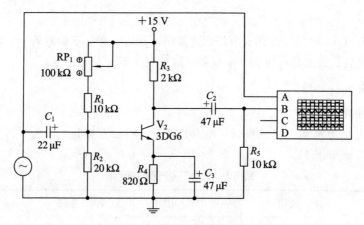

图 11-4　三极管的放大特性仿真电路

四、实验效果检查

选 1 只三极管，要求识别 e、b、c 三极并判别好坏，测出 h_{FE} 值。

五、思考题

（1）简述用万用表检测一只好的三极管的管型、材料及 e、b、c 三极的方法，并简述测量其 h_{FE} 值的方法。

（2）如何判别一只未知三极管的质量好坏？

（3）当三极管处于放大、开、关三种工作状态时，e、b、c 三极电位分别应满足什么条件？

11.6　场效应管的检测与应用

一、实验目的

（1）了解场效应管的种类及封装。

（2）掌握结型场效应管、绝缘栅型场效应管引脚的识别，会判别其质量好坏。

（3）掌握结型场效应管、绝缘栅型场效应管的放大特性与开关特性。

二、实验器材

计算机、Proteus 软件、指针式万用表、数字万用表、结型场效应管 3DJ6（仿真选 2N3459）、绝缘栅型场效应管 IRF630、其他场效应管若干、电阻、电位器、电容、发光二极管、直流稳压电源、示波器、信号发生器、连接导线。

三、实验内容

1. 结型场效应管（3DJ6）的检测

（1）极性及质量的检测。

（2）绘出所测结型场效应管封装的示意图及引脚图。

（3）结型场效应管特性实验。电路如图 11-5、图 11-6 所示，用 Proteus 软件仿真（仿真场效应管选 2N3459)成功。连接电路,检查无误后接通电源,借助仪器仪表进行实验调试并记录结果。在仿真实验及实际电路实验调试成功后进一步观察结型场效应管的 D、S极功能能否互换。

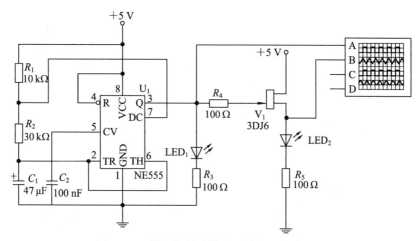

图 11-5　结型场效应管的开关特性仿真电路

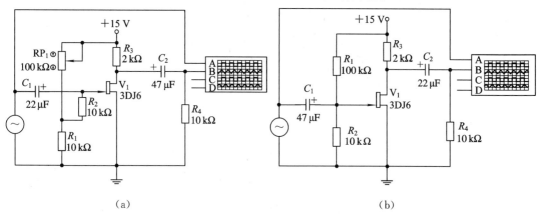

　　　　　　（a）　　　　　　　　　　　　　　　　　　　　　（b）

图 11-6　结型场效应管的放大特性仿真电路

2. 绝缘栅型场效应管(IRF630)的检测

(1) 极性及质量的检测。

(2) 绘出所测绝缘栅型场效应管封装的示意图及引脚图。例如 IRF630 的电路符号及引脚图如图 11-7 所示。

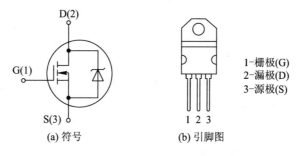

　(a) 符号　　　　　　　　(b) 引脚图

图 11-7　IRF630 的电路符号及引脚图

（3）绝缘栅型场效应管特性实验。绝缘栅型场效应管的开关特性仿真电路如图 11-8 所示，放大特性仿真电路如图 11-9 所示，用 Proteus 仿真成功。连接电路，检查无误后接通电源，借助仪器仪表进行实验调试并记录结果。

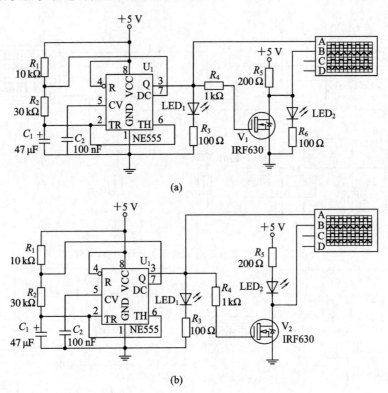

图 11-8　绝缘栅型场效应管的开关特性仿真电路

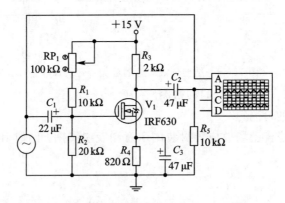

图 11-9　绝缘栅型场效应管的放大特性仿真电路

四、实验效果检查

（1）任选一只结型场效应管，要求会判断 G、D、S 及管型，并会判断其质量好坏。

（2）任选一只绝缘栅型场效应管，要求会判断 G、D、S 及管型，并会判断其质量好坏。

五、思考题

（1）简述结型场效应管工作原理。

（2）简述绝缘栅型场效应管工作原理。

11.7　晶闸管的检测与应用

一、实验目的

（1）了解晶闸管的封装。

（2）会判别单向、双向晶闸管引脚，并会检测其质量好坏。

（3）掌握单向、双向晶闸管的特性。

二、实验器材

指针式万用表、电阻、电容、发光二极管、单向晶闸管、双向晶闸管、开关、小信号灯、直流稳压电源、低压交流电源、连接导线。

三、实验内容

1. 单向晶闸管（SCR）

（1）极性及质量检测。

（2）绘出所测单向晶闸管的引脚图。

（3）单向晶闸管特性实验。

按图 11-10 接好电路，检查无误后接通电源。观察先合上开关 S、再断开开关 S 时小信号灯的亮灭情况。

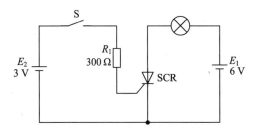

图 11-10　单向晶闸管特性实验

2. 双向晶闸管（TRIAC）

（1）极性及质量检测。

（2）绘出所测双向晶闸管的符号和引脚图。例如 Z0409MF 和 L4004F51 的引脚排列如图 11-11 所示。

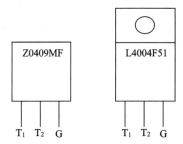

图 11-11　双向晶闸管引脚排列示例

（3）双向晶闸管特性实验。

① 按图 11-12 接好电路，观察开关 S 闭合、断开时小信号灯的亮灭情况（必须用两组交流电，不能共用一组交流电）。

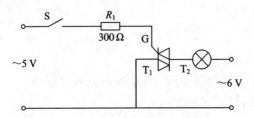

图 11-12 双向晶闸管特性实验 1

② 按图 11-13 接好电路，观察开关 S 闭合、断开时小信号灯的亮灭情况。改变直流电源 E_1 的方向，再次观察开关 S 闭合、断开时小信号灯的亮灭情况。

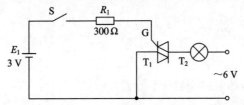

图 11-13 双向晶闸管特性实验 2

（4）双向晶闸管的实际应用。按图 11-14 接好电路，观察小信号灯的亮灭情况。

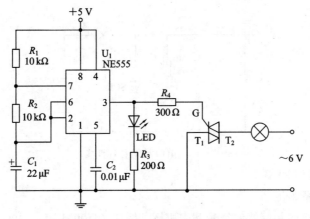

图 11-14 双向晶闸管的实际应用

（5）双向晶闸管在直流电路中。按图 11-15 接好电路，观察开关 S 闭合、断开时小信号灯的亮灭情况。改变直流电源 E_1 或 E_2 的方向，再次观察开关 S 闭合、断开时小信号灯的亮灭情况。一共四种情况，试画出电路图。

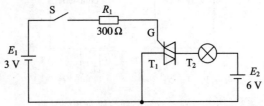

图 11-15 双向晶闸管在直流电路中

四、实验效果检查

（1）任选一只单向晶闸管，要求会识别 G、A、K 极，并会判断其质量好坏。

（2）任选一只双向晶闸管，要求会识别 G、T_1、T_2 极，并会判断其质量好坏。

五、思考题

（1）画出单向晶闸管的符号，简述其工作原理。

（2）画出双向晶闸管的符号，简述其工作原理。

11.8　光电、显示器件的检测

一、实验目的

（1）了解一些常见光电、显示器件的封装，并会识别。

（2）会用万用表检测发光二极管的极性与质量。

（3）会用万用表检测数码管的类型与质量。

（4）会用万用表检测光敏二极管、光敏三极管的质量。

（5）了解光电耦合器的工作原理及应用。

二、实验器材

指针式万用表、数字万用表、电阻、发光二极管、共阴极数码管、共阳极数码管、8×8 LED 点阵、光敏二极管、光敏三极管、光电耦合器、蜂鸣器、集成电路 NE555、三极管 9011、连接导线、直流稳压电源。

三、实验内容

1. 发光二极管的检测

（1）用数字万用表二极管挡检测发光二极管的质量好坏。

（2）用数字万用表 h_{FE} 挡检测发光二极管的质量好坏。

2. 光敏二极管、光敏三极管的检测

用指针式万用表电阻挡检测光敏二极管、光敏三极管的质量好坏。

3. 光电耦合器

（1）槽型光电耦合器特性检测。电路如图 11-16 所示，光电耦合器间通光时，U_{YH} 输出 ＿＿＿＿ 电平（约 ＿＿＿＿ V）；光电耦合器间遮光时，U_{YH} 输出 ＿＿＿＿ 电平（约 ＿＿＿＿ V）。

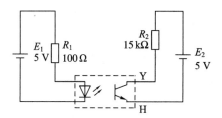

图 11-16　槽型光电耦合器特性检测电路

（2）槽型光电耦合器的应用。槽型光耦控制蜂鸣器的电路如图 11-17 所示。

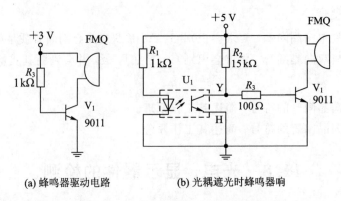

(a) 蜂鸣器驱动电路　　　　　　　(b) 光耦遮光时蜂鸣器响

图 11-17　槽型光耦控制蜂鸣器电路

4. LED 数码管的检测

(1) 判定结构形式。

(2) 识别各引脚。

(3) 检查全亮笔段。

(4) 绘制数码管的引脚排列及内部结构图。

四、实验效果检查

(1) 选一位、二位数码管各 1 只，要求测量并绘制其引脚图。

(2) 选 8×8 LED 点阵 1 只，要求测量并绘制其引脚图。

(3) 检测光敏二极管、光敏三极管的质量好坏。

五、思考题

(1) 有一个不知名的元件，头部外观与发光二极管相同，但却有 3 只引脚，试用万用表检测其功能，并绘制其内部结构图。

(2) 选四位数码管 1 只，要求测量并绘制其引脚图。

11.9　集成电路、扬声器、开关

一、实验目的

(1) 会识读集成电路的引脚。

(2) 会检测扬声器的质量好坏。

(3) 会检测各类开关元件。

二、实验器材

计算机、Proteus 软件、指针式万用表、示波器、电阻、电容、二极管、发光二极管、开关、按钮、纸盆式扬声器、集成电路 NE555、其他类型集成电路若干、连接导线、直流稳压电源。

三、实验内容

1. 检测扬声器

1) 检测阻抗

用指针式万用表电阻挡 $R \times 1\Omega$ 挡(对低阻扬声器、耳机)或 $R \times 100\Omega$ 挡(对中高阻耳机),两表笔测扬声器或耳机两引出线间电阻,再将测得值乘以 1.08~1.09,即为扬声器或低阻耳机的阻抗。例如,测得一扬声器电阻为 7.4 Ω,乘以上述系数后知其阻抗约为 8 Ω。阻抗和电阻值很接近的原因,是由于阻抗由电抗(含感抗和容抗)和电阻合成,而扬声器、耳机的阻抗多在 400 Hz(或 800 Hz)时测定,在这样的低频下,电抗已显得次要(感抗在这里与电阻串联,而线圈匝间分布电容的容抗在这里与电阻并联)。用此方法测算得的阻抗值一般可与扬声器或低阻耳机的标称阻抗相符,否则说明有故障。

2) 测能否发声

用指针式万用表电阻挡 $R \times 1$ Ω 挡,两表笔碰触扬声器或耳机的两引出线,造成通断交替的状态,若能听到"咯咯"声,说明扬声器正常,可发声。

经以上检查则可判断扬声器、耳机的质量,但对是否失真等未作检测。

要对比同型号的 2 只扬声器(或 2 只耳机)哪个较灵敏,可用同 1 只指针式万用表电阻挡 $R \times 1$ Ω 挡,两表笔分别碰触待测扬声器(或耳机),发出"咯咯"声较大的那只较灵敏,发声弱的不灵敏。

3) 扬声器的极性

扬声器引线柱旁标有"＋""－",若 2 只扬声器同时使用一定要注意极性的一致性,以免削弱声场。

2. 检测各类开关元件

用万用表检测各类开关元件,绘制外形图和符号图,并标明引脚对应关系。

3. 集成电路引脚识别

观察集成电路的封装,画出引脚图,并标出引脚序号。

4. 集成电路 NE555 的应用

1) 延时电路

集成电路 NE555 延时电路如图 11-18 所示,用 Proteus 软件仿真成功。连接电路,按下开关 S 后其迅速复位,观察 LED 的亮灭情况。查阅相应资料,分析电路的工作原理。若想延长 LED 亮的时间,应怎样调整?

2) 多谐振荡器

集成电路 NE555 多谐振荡器电路如图 11-19 所示,电路元件参数查阅相应资料自行计算,并用 Proteus 软件仿真成功。连接电路,根据扬声器发声情况适当调整元件参数,使声音悦耳为止。并用示波器观察其输出波形。

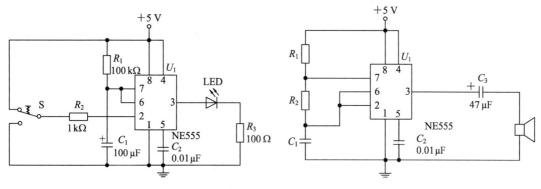

图 11-18　延时电路　　　　　　　　　　　　图 11-19　多谐振荡器

四、实验效果检查

(1) 任选一只集成电路，要求指出其引脚顺序。

(2) 任选一只扬声器，要求判断其好坏。

五、思考题

(1) 电磁式扬声器的工作原理是什么？

(2) 延时电路的延时时间如何计算？

(3) 图 11 - 19 所示多谐振荡器的振荡频率应如何计算？

11.10　电磁继电器的检测与应用

一、实验目的

(1) 了解电磁继电器的结构，掌握其工作原理。

(2) 掌握电磁继电器的检测。

(3) 会用电磁继电器设计控制电路。

二、实验器材

万用表、电阻、电容、二极管、发光二极管、电磁继电器、开关、小信号灯、小直流电机、连接导线、实验模块、直流稳压电源、低压交流电源。

三、实验内容

1. 电磁继电器的检测

(1) 观察电磁继电器的结构及其使用条件，并作记录。

(2) 检测电磁继电器的 5 个引脚中哪一对是线圈，其他 3 个引脚为一组转换接点（其中哪一个引脚是公共端，哪一个引脚是常开触点，哪一个引脚是常闭触点）。绘制所测电磁继电器的符号及引脚图，例如 SRD - 05VDC - SL - C 的符号及引脚排列如图 11 - 20 所示。

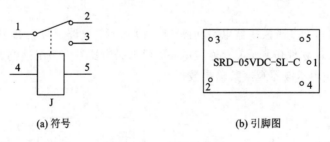

(a) 符号　　　　　　　　　　　(b) 引脚图

图 11 - 20　电磁继电器

2. 电磁继电器特性实验

1) 电磁继电器控制信号灯

电磁继电器控制信号灯电路如图 11 - 21 所示，用开关控制各路电源的通断，用电磁继电器控制小信号灯的亮灭，要求信号灯 L_1 由 6 V 直流电源供电，信号灯 L_2 由 6 V 交流电源供电。画出实验电路图，按所画实验电路图接好电路，检查电路无误后给电路通电，然后观察开关闭合、断开时小信号灯的亮灭情况，并分析电磁继电器在电路中所起的作用。

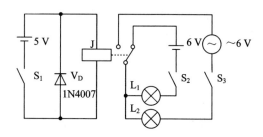

图 11-21 电磁继电器控制信号灯电路

2）电磁继电器控制直流电机

（1）电磁继电器控制直流电机转动电路如图 11-22(a)所示，观察闭合、断开 S₁ 时的电路现象。

（2）电磁继电器控制直流电机正、反转电路如图 11-22(b)所示，观察下列不同条件下的电路现象。

闭合 S₁、S₂，LED _____，电机 MG _____。

闭合 S₂，断开 S₁，LED _____，电机 MG _____。

断开 S₂，闭合 S₁，LED _____，电机 MG _____。

断开 S₂、S₁，LED _____，电机 MG _____。

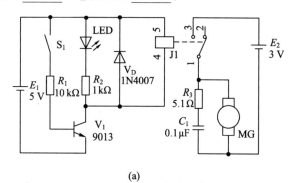

(a)

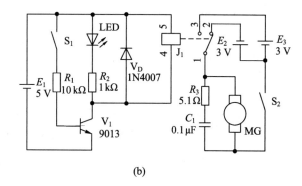

(b)

图 11-22 电磁继电器控制直流电机电路图

四、实验效果检查

（1）画出所测电磁继电器的符号及引脚图。

（2）画出实验电路图。

五、思考题

（1）简述电磁继电器的工作原理及作用。

（2）分析图 11-21 中二极管 V_D 的作用。

（3）分析图 11-22(b)所示电路的工作原理。

11.11　导线加工工艺、导线的焊接

一、实验目的

（1）掌握绝缘导线端头的加工工艺。

（2）掌握焊接的"五步操作法"。

（3）掌握多孔印制板上导线的焊接。

二、实验器材

万用表、单芯绝缘导线、多芯绝缘导线、烙铁架、电烙铁、焊锡丝、松香、小镊子、斜口钳、多孔印制板、砂纸等。

三、实验内容

1. 准备工作

先用万用表检查所用的电烙铁，判断其质量好坏；然后看烙铁头是否需要修整，若需修整，应及时修整；通电观察电烙铁是否发热，若不发热，应及时更换。

绝缘导线加工工序：剪裁→剥头→清洁→捻头（多芯绝缘导线）→浸锡。

注意事项：浸锡工序不能少，否则易虚焊；剥头工序中，不能损伤单芯线、多芯线的内芯。

2. 焊接

五步操作法：准备、加热被焊件、放上焊锡丝、移开焊锡丝、移开电烙铁。

在多孔印制板上一个挨一个地焊接一排加工好的导线，要求相邻两点间不能连焊，每个焊点光亮且浸锡适中。焊接时应注意：

（1）助焊剂的用量要合适。

（2）要掌握好焊接的温度和时间。

（3）焊接时手要快、稳。

（4）烙铁头要同时接触引线和铜箔。

（5）焊接结束后，应将焊点周围的残渣清除干净，并检查焊点的质量，看有无拉尖、桥接、损伤导线绝缘层、焊料过多、焊料过少、焊料飞溅、松香过多、虚焊等现象，将每根导线拉一拉，看有无松动现象。

四、实验效果检查

（1）检查所焊焊点的质量，质量不好的须返工。

（2）维修实验导线、万用表表笔，检查所焊焊点的质量。

五、思考题

排除元件不佳的可能，若焊接工艺较差会造成电子产品哪些方面的缺陷？后果会如何？

11.12　焊 接 及 拆 焊

一、实验目的

（1）掌握焊接的方法与技巧。

（2）掌握实验器材的焊接技巧。

（3）掌握拆焊的方法与技巧。

二、实验器材

万用表、旧电路板（上有导线和元器件）、单芯绝缘导线、多芯绝缘铜芯线、中频变压器、电烙铁、烙铁架、焊锡丝、松香、小镊子、斜口钳、香蕉插头、鳄鱼夹、实验元件、套管、多孔印制板、砂纸、损坏的实验接插导线、万用表表笔、万用表探头。

三、实验内容

1. 焊接

（1）焊接香蕉插头、鳄鱼夹等的实验连接线。首先应清除被焊件表面的氧化层，然后浸锡，再将加工好的导线进行焊接。

（2）学会套管的使用。两导线焊接头处、导线与所焊接线端子处通常需加套管。

（3）综合焊接练习。根据需要制作一些实验模块。维修损坏的实验接插导线、万用表表笔、万用表探头等。

2. 拆焊

将旧电路板上所有的焊线及元件拆焊下来，然后将旧电路板原焊点处的焊锡清理干净（可利用废多芯铜芯线来帮助清理），要求焊盘露出引脚孔。

拆焊时应注意：

（1）不可损坏拆除的元器件、导线。

（2）不可损坏焊盘和印制导线。

（3）不可烫伤周围其他物件。

3. 中频变压器的焊接与拆焊

（1）检查所发中频变压器质量的好坏。

（2）将好的中频变压器插在多孔板上并将其焊接好。

（3）检查焊点质量。

（4）小心拆焊中频变压器，并使多孔板上的拆焊点露出通孔。

（5）检查已拆下的中频变压器质量的好坏，检查多孔板上的拆焊点处有无损坏。

4. 实验设备的维修

利用所学知识检查相应的实验设备，如仪表、实验箱、实验台的部分模块等，更换损坏的元件，检查重换后的效果。

四、实验效果检查

（1）检查拆焊效果、每个拆焊点的质量及被拆元件的质量。

（2）维修示波器探头，制作实验导线，检查所焊焊点的质量。

五、思考题

(1) 总结拆焊的技巧。

(2) 总结焊接的操作方法。

(3) 试着维修自己家里的小电器。

(4) 查找资料,制作一根家庭用的网线,并详细介绍其制作方法。

11.13 贴片元件的检测

一、实验目的

(1) 了解常用贴片元件的封装。

(2) 掌握使用万用表检测常用贴片元件的方法。

二、实验器材

指针式万用表、数字万用表、单芯绝缘导线、贴片电阻、贴片电容、贴片二极管、贴片发光二极管、贴片三极管。

三、实验内容

1. 贴片电阻的检测

贴片电阻封装上标有标称值,其识读与检测的方法与一般电阻的相同。检测 5 只贴片电阻,按要求填写表 11-8。

表 11-8 贴片电阻的检测

序号	标示	标称值/Ω	指针式万用表测阻值/Ω
1			
2			
3			
4			
5			

2. 贴片电容的检测

检测 5 只不同标示方法的贴片电容,按要求填写表 11-9。

表 11-9 贴片电容的检测

序号	标示	标称值/F	数字万用表测容值/F	质量
1				
2				
3				
4				
5				

3. 贴片二极管、贴片发光二极管的检测

（1）检测 3 只不同贴片二极管的极性与好坏。

（2）检测 3 只不同贴片发光二极管的极性与好坏。

4. 贴片三极管的检测

测量 3 只贴片三极管的材料、管型及 h_{FE} 值，按要求填写表 11 - 10。

表 11 - 10　贴片三极管的检测

序号	标示	材料	类型	h_{FE} 值
1				
2				
3				

四、实验效果检查

（1）任选一只贴片电阻或贴片电容，要求能识读与检测。

（2）任选一只贴片二极管或贴片三极管，要求会识别极性或引脚，并能判断其质量好坏。

五、思考题

总结常用贴片元件的检测方法。

11.14　贴片元件的手工焊接与拆焊

一、实验目的

（1）掌握贴片元件手工焊接的方法。

（2）掌握贴片元件手工拆焊的方法。

二、实验器材

万用表、单芯绝缘导线、多芯绝缘铜芯线、贴片电阻、贴片电容、贴片集成电路、IC座、贴片元件印制电路板、单排插针、热风枪、电烙铁、烙铁架、焊锡丝、松香、小镊子、斜口钳、砂纸等。

三、实验内容

1. 贴片元件的手工焊接

（1）先在贴片元件的其中一个焊盘上熔化点上一点焊锡。

（2）用小镊子夹好一个贴片元件，使其待焊点一一对准印制电路板上相应的各焊盘，用电烙铁点在刚才有焊锡的焊盘处，使焊锡熔化焊住贴片元件。

（3）焊好贴片元件的其他焊点。

2. 贴片元件的手工拆焊练习

要求拆焊后不损坏元件和焊盘。

（1）阻容贴片元件的手工拆焊。

（2）贴片集成电路的手工拆焊。

3. 贴片集成电路转接插件的制作

图 11-23(a)为 SOP8 转 DIP8 的转接插件 PCB，图 11-23(b)为 SOP14 转 DIP14 的转接插件 PCB。

将贴片集成电路焊在相应的转接插件上，这样贴片集成电路就转换成了插件集成电路，可插在插件集成电路的 IC 座上使用。转接插件的连接插脚用单排插针，其他的板间连接可用焊接插件元件(如 1N4007)后剪下的多余引脚替代，不用再专门购置了。完成制作后检查转接插件能否正常插入 IC 座，并测试各点是否接通。

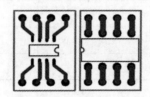 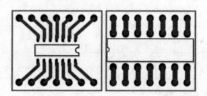

(a) SOP8转DIP8转接插件PCB　　　　　(b) SOP14转DIP14转接插件PCB

图 11-23　贴片集成电路转接插件 PCB

4. 贴片集成电路的拆焊与重焊

对制作好的贴片集成电路转接插件通过实际电路在线检查其功能良好后，拆焊该贴片集成电路，经教师检查后，再次将此贴片集成电路焊回到原处，并仍通过原实际电路检查其功能是否良好。

四、实验效果检查

(1) 检查每个焊点的质量。

(2) 检查拆焊效果，检查被拆元件质量。

五、思考题

总结贴片元件手工焊接与拆焊的方法。

第 12 章　电子工艺综合实训

12.1 闪烁彩灯电路的安装与调试
（采用单孔型的单面多孔板）

一、实训目的

（1）了解 Proteus 仿真软件的使用。

（2）掌握电子电路的识图方法和分析技巧。

（3）掌握元器件的识读与检测，掌握电子电路焊接的基本技能。

（4）掌握多孔印制板的使用，掌握电路板元件布局与布线的方法和技巧。

（5）学习电子电路故障分析与处理的方法。

二、实训器材

计算机、Proteus 软件、万用表、实训元件一套（清单见表 12 - 1）、电烙铁、烙铁架、焊锡丝、松香、电源插线板、小镊子、斜口钳、砂纸。

表 12 - 1　闪烁彩灯套件材料清单

序号	名称	规格	数量	检 测			
1	多孔板	7×9 单面单孔型、镀锡	1	质量_____			
2	三极管	9013（NPN 型）	2	图示引脚名		h_{FE1} =_____	h_{FE2} =_____
3	电阻	47 kΩ、1/4 W	2	色环	实测值		
4	电阻	510 Ω、1/4 W	4	色环	实测值		
5	电解电容	22 μF、25 V	2	壳体上标出了_____极，较长的引脚为_____极			
6	发光二极管	φ5 mm	4	较长的引脚为_____极，质量			
7	小开关	单刀双掷	1	质量_____			
8	插针		4				
9	集成稳压器	7805	1	图示引脚号			
10	二极管	1N4007	4	有银环一侧的引脚为_____极			
11	电解电容	470 μF　50 V	1	壳体上标出了_____极，较长的引脚为_____极			
12	电解电容	100 μF　50 V	1	壳体上标出了_____极，较长的引脚为_____极			
13	电容	0.33 μF	1	标示_____，实测_____			
14	电容	0.1 μF	1	标示_____，实测_____			

三、实训原理

闪烁彩灯套件电路如图 12 - 1 所示，由三极管无稳态多谐振荡电路和＋5 V 直流稳压电源两个部分组成。其中，三极管无稳态多谐振荡电路驱动 2 组 LED（每组 2 只，共 4 只 LED，颜色分别为红、绿、黄、蓝），使 2 组 LED 不断地交替闪亮；＋5 V 直流稳压电源为三极管无稳态多谐振荡电路提供所需的工作电压。该电路夜间使用时更为绚丽、极富动感。

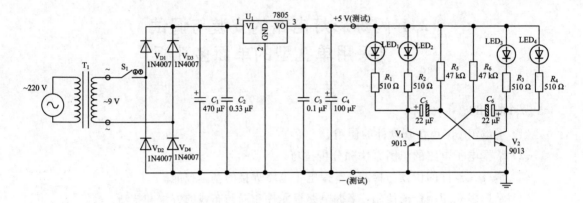

图 12 - 1　闪烁彩灯套件电路原理图

1. 三极管无稳态多谐振荡电路

1）电路原理

三极管无稳态多谐振荡电路如图 12 - 2 所示。

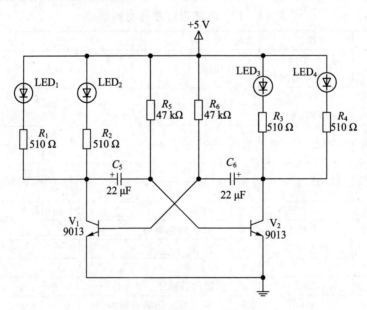

图 12 - 2　三极管无稳态多谐振荡电路

（1）电源接通瞬间。2 只三极管的发射结均加上了正向电压时都应是饱和导通状态，但由于元器件存在差异，会有 1 只三极管先饱和导通。假设 V_1 先饱和导通，则 V_1 集电极和发射极间相当于开关闭合(三极管饱和导通时集电极和发射极的极间饱和电压 U_{CES} 很小，近似认为 $U_{CES} \approx 0$ V)，V_1 集电极(C_5 左端)电位约为 0 V，故接在 V_1 集电极的 $LED_1 - LED_2$ 组可点亮。同时由于换路瞬间电容两端的电压不能突变，使得电容 C_5 右端(V_2 基极)电位也被拉到约为 0 V，因此 V_2 截止，V_2 集电极和发射极间相当于开关断开，故接在 V_2 集电极的 $LED_3 - LED_4$ 组可熄灭。

（2）对 C_5、C_6 首次充电。由于此时 V_1 饱和导通、V_2 截止，电路中的电流流向(仿真)如图 12 - 3 所示。

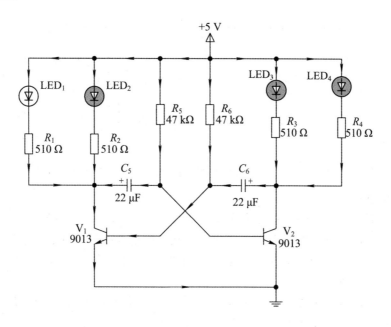

图 12 - 3　V_1 饱和导通、V_2 截止时的电流流向(仿真)

具体工作过程为：

① 电源对 C_6 正向充电(充电路径：电源 → LED_3(LED_4) → R_3(R_4) → C_6 → V_1 基极 → V_1 发射极 → 地)，C_6 于短时间内完成充电，C_6 右端(V_2 集电极)电位高于左端(V_1 基极)电位。

② 电源对 C_5 反向充电(充电路径：电源 → R_5 → C_5 → V_1 集电极 → V_1 发射极 → 地)，V_2 的基极电位逐渐升高，当超过 V_2 发射结饱和导通压降(约 0.7 V)时，V_2 由截止状态变为饱和导通状态，则 V_2 集电极和发射极间相当于开关闭合，V_2 集电极电位下降到约为 0 V 时，$LED_3 - LED_4$ 组灯点亮。与此同时，由于换路瞬间电容两端的电压不能突变，若换路前 C_6 右端(V_2 集电极)电位高于左端(V_1 基极)电位，则换路瞬间 C_6 右端(V_2 集电极)电位仍高于左端(V_1 基极)电位；若 V_2 的集电极电位下降到约为 0 V 时，则 V_1 基极电位降低到 0 V 以下，即为负电位值，所以 V_1 由饱和导通变为截止，V_1 集电极和发射极之间相当于开关断开，$LED_1 - LED_2$ 组灯熄灭。

（3）C_5 反向放电再正向充电、C_6 正向放电再反向充电。由于此时 V_2 饱和导通、V_1 截止，电路中的电流流向(仿真)如图 12 - 4 所示。

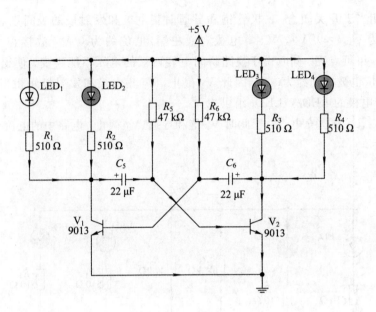

图 12-4　V_2 饱和导通、V_1 截止时的电流流向（仿真）

具体工作过程为：

① C_5 反向放电（放电路径：电源→LED_1（LED_2）→R_1（R_2）→C_5→V_2 基极→V_2 发射极→地），很快放电完毕；接着电源对 C_5 正向充电（充电路径：电源→LED_1（LED_2）→R_1（R_2）→C_5→V_2 基极→V_2 发射极→地），C_5 于短时间内完成充电，C_5 左端（V_1 集电极）电位高于右端（V_2 基极）电位。

② C_6 正向放电（放电路径：电源→R_6→C_6→V_2 集电极→V_2 发射极→地），很快放电完毕；接着电源对 C_6 反向充电（充电路径：电源→R_6→C_6→V_2 集电极→V_2 发射极→地），V_1 的基极电位逐渐升高，当超过 V_1 发射结饱和导通压降（约 0.7 V）时，V_1 由截止状态变为饱和导通状态，则 V_1 集电极和发射极间相当于开关闭合，V_1 集电极电位下降到约为 0 V 时，LED_1－LED_2 组灯点亮。与此同时，由于换路瞬间电容两端的电压不能突变，所以若换路前 C_5 左端（V_1 集电极）电位高于右端（V_2 基极）电位，则换路瞬间 C_5 左端（V_1 集电极）电位仍高于右端（V_2 基极）电位；若 V_1 的集电极电位已下降到约为 0 V，则 V_2 基极电位降低到 0 V 以下，即为负电位值，所以 V_2 由饱和导通变为截止，V_2 集电极和发射极间相当于开关断开，LED_3－LED_4 组灯熄灭。

（4）C_6 反向放电再正向充电、C_5 正向放电再反向充电。由于此时 V_1 饱和导通、V_2 截止，电路中的电流流向如图 12-3 所示。具体工作过程为：

① C_6 反向放电（放电路径：电源→LED_3（LED_4）→R_3（R_4）→C_6→V_1 基极→V_1 发射极→地），很快放电完毕，接着电源对 C_6 正向充电（充电路径：电源→LED_3（LED_4）→R_3（R_4）→C_6→V_1 基极→V_1 发射极→地），C_6 于短时间内完成充电，C_6 右端（V_2 集电极）电位高于左端（V_1 基极）电位。

② C_5 正向放电(放电路径:电源→R_5→C_5→V_1 集电极→V_1 发射极→地),很快放电完毕,接着电源对 C_5 反向充电(充电路径:电源→R_5→C_5→V_1 集电极→V_1 发射极→地),V_2 的基极电位逐渐升高,当超过 V_2 发射结饱和导通压降(约 0.7 V)时,V_2 由截止状态变为饱和导通状态,则 V_2 集电极和发射极间相当于开关闭合,V_2 集电极电位下降到约为 0 V 时,LED_3—LED_4 组灯点亮。与此同时,由于换路瞬间电容两端的电压不能突变,若换路前 C_6 右端(V_2 集电极)电位高于左端(V_1 基极)电位,则换路瞬间 C_6 右端(V_2 集电极)电位仍高于左端(V_1 基极)电位;若 V_2 的集电极电位已下降到约为 0 V,则 V_1 基极电位降低到 0 V 以下,即为负电位值,所以 V_1 由饱和导通变为截止,V_1 集电极和发射极间相当于开关断开,LED_1—LED_2 组灯熄灭。

(5) 循环。电路按照上述(3)、(4)过程循环,2 组 4 只 LED 灯交替闪亮,即达到了流动显示的效果。

R_5＝R_6＝R,C_5＝C_6＝C,估算电路的振荡周期 T＝T_1＋T_2＝$0.693RC$＋$0.693RC$＝$1.386RC$,频率 f＝$1/T$。

根据电路参数估算电路的振荡周期 T＝1.4 s,频率 f＝0.7 Hz。

2) 仿真结果

利用 Proteus ISIS 仿真软件运行仿真,效果如图 12－5 所示。观察到两组发光二极管交替闪亮,电压探针的变化显示 U_{CE1}、U_{CE2} 的值约在 $0.03\sim4.25$ V 之间变化,U_{BE1}、U_{BE2} 的值在 $-3.5\sim0.7$ V 之间变化;示波器显示 U_{CE2}、U_{BE2} 稳定后的波形,通过放置指针测量波形的振荡周期为 T＝1.3 s,与估算值较为接近,U_{CE2} 的值在 $0.05\sim4.25$ V 之间变化,U_{BE2} 的值在 $-3.5\sim0.7$ V 之间变化。

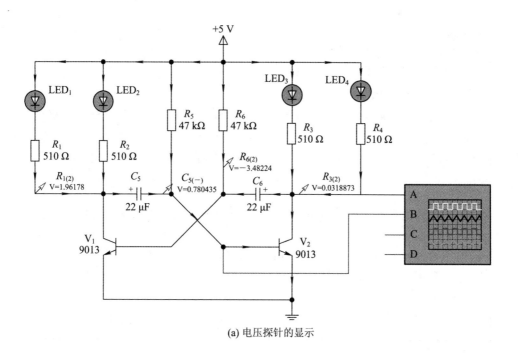

(a) 电压探针的显示

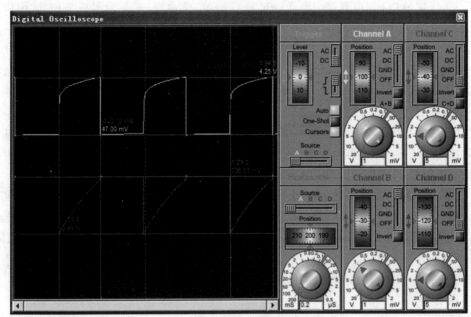

(b) U_{CE2}、U_{BE2}波形

图 12-5　仿真效果

3) 实测结果

用多孔板实际电路进行制作后通电观察，两组发光二极管交替闪亮，用数字万用表测量 U_{BE1}、U_{CE2} 的值约在 $0.06 \sim 3.42$ V 之间变化，U_{BE1}、U_{BE2} 的值在 $-2.61 \sim 0.69$ V 之间变化，与仿真时的规律相同且数值接近，有偏差是由于仿真元件与实际元件存在差异所致，如 Proteus ISIS 仿真软件中没有"9013"三极管，是用"NPN"三极管修改型号得到。用数字示波器实测波形形状与仿真相同，振荡周期为 1.3 s。

2. +5 V 直流稳压电源

+5 V 直流稳压电源由 U_1 集成稳压器 LM7805、电源变压器 T_1、整流二极管 $V_{D1} \sim V_{D4}$、电容 $C_1 \sim C_4$ 构成。220 V 工频交流电源经变压、单相桥式整流电容滤波及稳压电路后，输出电压值为 +5 V，为三极管无稳态多谐振荡电路提供所需的直流电压。

四、实训内容

采用单面单孔型多孔印制电路板为基板来进行实训电路的安装，装配图如图 12-6 所示。

安装前用铅笔在电路板上做好安装标记，画好安装线路。安装元件时先低后高、先易后难，要充分利用元件引脚进行元件之间的电路连接。当焊接较难固定的元件（如插针）时，可请同学帮助扶持。

除了可以按图 12-6 装配图安装外，鼓励学生自行设计装配电路，要求线路尽量简洁明了。

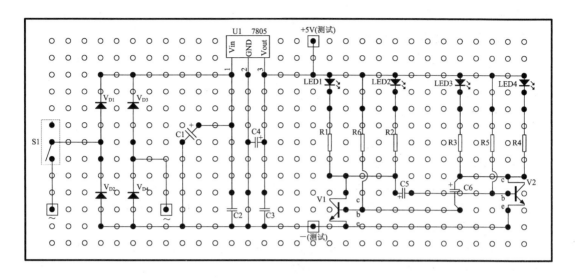

图 12-6　闪烁彩灯单面单孔型多孔印制电路板装配图

1. 安装三极管无稳态多谐振荡电路

1）电阻的检测与安装

注意电阻阻值的识别，不要装错。用万用表电阻挡测量其阻值。安装时要求电阻底部紧贴电路板。

2）发光二极管的检测与安装

用数字万用表二极管挡检测其质量，正向检测时若发光二极管能微微发光，说明被测发光二极管正常。

安装时注意发光二极管引脚的区分，不要装错。发光二极管较长的引脚为正极。安装时 4 只发光二极管的高度要求一致。

3）三极管的检测与安装

注意三极管 3 个引脚的区分，不要装错。把三极管引脚朝下且显示文字平面朝向自己，引脚从左向右依次为 e 发射极、b 基极、c 集电极。9013 为 NPN 型三极管，用万用表测量其 h_{FE} 值，此处应选择 2 只三极管的 h_{FE} 值是相近的。安装时 2 只三极管的高度要求一致。

4）电解电容器的检测与安装

注意电解电容器引脚正、负极的区分，不要装错。电解电容器壳体上标出了负极，较长的引脚为正极。用万用表检测其质量。安装时要求电解电容器的底部紧贴电路板。

5）调试三极管无稳态多谐振荡电路

接通电源前用万用表检测两接线端是否短路，如

图 12-7　三极管 9013 引脚图

果短路须查找原因并排除故障；如果没有短路，可接入＋5 V 电源，注意电源正、负极的区分，不要接错。观察电路是否能正常工作，如果不能正常工作，须查找原因并排除故障。要

求调试成功。

2. 安装＋5 V直流稳压电源

1）二极管的检测与安装

注意二极管引脚的区分，不要装错。二极管有银环一侧的引脚为负极，用万用表检测其质量好坏。安装时4只二极管要求紧贴电路板。

2）无极性电容器的检测与安装

安装无极性电容器时，要求电容器标示朝向易于观察的一面，且底部紧贴电路板。

3）电解电容器的检测与安装

注意电解电容器引脚正、负极的区分，不要装错。电解电容器壳体上标出了负极，较长的引脚为正极，用万用表检测其质量好坏。安装时要求电解电容器的底部紧贴电路板。

4）集成稳压器LM7805的安装

注意集成稳压器LM7805三个引脚的区分，不要装错。如图12-8所示，把LM7805引脚朝下且显示文字的平面朝向自己，引脚从左向右依次为1输入端、2公共端、3输出端。为了利于散热，要求不能剪短引脚，安装时按最高高度安装。

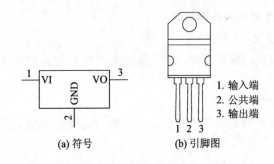

(a) 符号　　　　　　　(b) 引脚图

图12-8　LM7805集成稳压器

5）开关的安装

用万用表检测小开关的通断状态，做到心中有数。安装时要求小开关的底部紧贴电路板。

6）调试＋5 V直流稳压电源

接通电源前用万用表检测两接线端是否短路，如果短路须查找原因并排除故障；如果没有短路，可接入＋5 V电源。用万用表测量输出是否为＋5 V，如果不是，须查找原因并排除故障。要求调试成功。

3. 电路的整体联调

如果三极管无稳态多谐振荡电路和＋5 V直流稳压电源均分别调试成功，则可按图12-1连接好全部电路，检查无误后合上开关S_1接通交流电源，此时彩灯应能正常交替闪亮，如果不能，须查找原因并排除故障。要求调试成功。

五、实训报告

撰写电子版实训报告并发至教师邮箱。

六、总结与思考

(1) 简述闪烁彩灯电路的工作原理,并手工绘制电路原理图。

(2) 安装与调试。

① 三极管无稳态多谐振荡电路的安装与调试:

a. 当两组发光二极管交替闪亮时,调试成功。用数字万用表测量:

U_{CE2} 的值约在 ＿＿＿ ～ ＿＿＿ V 之间变化,U_{BE2} 的值约在 ＿＿＿ ～ ＿＿＿ V 之间变化。

b. 简述在安装与调试过程中的注意事项、出现的问题及解决的方法。

② ＋5 V 直流稳压电源的安装与调试:

a. 用数字万用表测量 LM7805 的 3、2 引脚间的电压为 ＿＿＿ V 时,调试成功。

b. 简述在安装与调试过程中的注意事项、出现的问题及解决的方法。

③ 电路的整体连接与调试:

a. 整体联调电路(能、否)正常工作。

b. 简述在安装与调试过程中的注意事项、出现的问题及解决的方法。

(3) 实训总结。

12. 2　旋转彩灯电路的仿真、安装与调试 (采用有多路连接点的单面多孔板)

一、实训目的

(1) 掌握 Proteus 仿真软件的使用。

(2) 掌握电子电路识图方法,掌握元器件的插装工艺。

(3) 掌握多孔印制板的使用,掌握电路板元件布局与布线的方法和技巧。

(4) 熟悉电路板组装工艺流程、调试工艺流程,掌握电子电路故障分析与处理的方法。

(5) 掌握 Protel 软件的使用,掌握电路原理图的绘制。

(6) 掌握常用技术文件的编制及修改。

(7) 掌握 Word 软件的使用,掌握文档的图文混排。

二、实训器材

计算机、Proteus 软件、Protel 软件、Word 软件、万用表、实验元件一套(清单见表 12－2)、电烙铁、烙铁架、焊锡丝、松香、电源插线板、小镊子、小十字及小一字螺钉旋具、斜口钳、砂纸。

表 12 – 2　旋转彩灯套件材料清单

序号	类型	参数值	数量	序号	类型	参数值	数量
1	IC	LM7805	1	10	发光二极管	LED	12
2	IC	NE555	1	11	电阻	10 kΩ	1
3	IC	4017	1	12	电阻	12 kΩ	1
4	电容	470 μF	1	13	电阻	200 Ω	3
5	电容	0.1 μF	2	14	变压器	～220 V/～9 V	1
6	电容	100 μF	1	15	IC 座	DIP16	1
7	电容	22 μF	1	16	IC 座	DIP8	1
8	电容	0.01 μF	1	17	单面多孔板	有多路连接点	1
9	二极管	1N4007	4	18	绝缘导线	单芯	若干

三、实训原理

旋转彩灯电路原理图如图 12 – 9 所示。

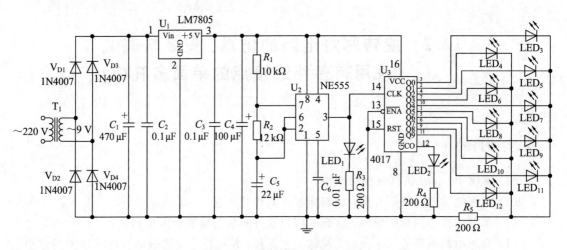

图 12 – 9　旋转彩灯电路原理图

四、实训内容

（1）根据图 12 – 9 电路及套件元件参数用 Proteus 软件画好仿真电路，并调试成功。

（2）根据套件元件及仿真电路用 Protel 软件绘制电路原理图，打印图纸，方便制作。

（3）认真观察有多路连接点的单面多孔板（如图 12 – 10 所示）的结构特点。在多孔印制板上按电路图将元器件反复合理布局，并用铅笔画出布线提示线，反复检查修改至正确无误。

（4）元器件插装前逐一检查质量。

（5）在多孔印制板上按电路图插装元器件，经检查无误后焊好，并焊好导线。

（6）先分级调试电路，然后整体联调至最佳效果。

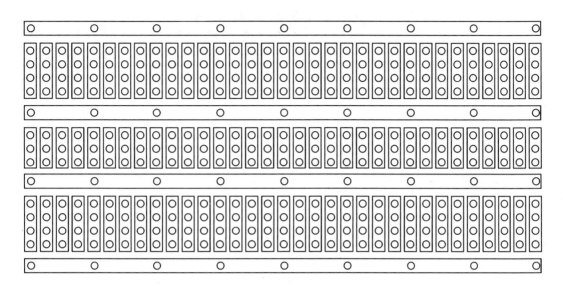

图 12-10　有多路连接点的单面多孔板

五、实训报告

撰写电子版实训报告并发至教师邮箱。

六、总结与思考

(1) 简述电路板组装工艺流程及调试工艺流程。

(2) 故障分析与处理。

(3) 实训总结。

(4) 自己用多孔板制作其他电子电路并调试成功。

12.3　报警器 PCB 的测绘、安装与调试（插件电子电路 PCB)

一、实训目的

(1) 掌握电子电路识图及分析的方法。

(2) 掌握根据实际印制电路板正确绘制电路原理图、PCB 图的基本方法。

(3) 掌握元器件的插装工艺,熟悉 PCB 板组装及调试工艺流程。

(4) 掌握 Word 软件的使用,掌握文档的图文混排。

二、实训器材

计算机、Protel 软件、Word 软件、万用表、示波器、实验元件一套(清单见表 12-3)、电烙铁、烙铁架、焊锡丝、松香、电源插线板、小镊子、小十字及小一字螺钉旋具、斜口钳、砂纸、多孔印制板、制作+5 V 直流稳压电源的元器件一套(自己准备)。

表 12 – 3　报警器套件材料清单

序号	类型	参数值	数量	序号	类型	参数值	数量
1	IC	NE555	2	11	电容	33 μF	1
2	IC	LM386	1	12	电容	0.022 μF	1
3	电位器	10 kΩ	1	13	电容	10 μF	1
4	电阻	10 kΩ	2	14	电容	220 μF	1
5	电阻	1 kΩ	1	15	发光二极管	红	1
6	电阻	6.8 kΩ	1	16	扬声器	8 Ω　0.5 W	1
7	电阻	30 kΩ	1	17	IC 座	DIP8	3
8	电阻	5.1 Ω	1	18	PCB 板		1
9	电容	0.01 μF	3	19	绝缘导线		若干
10	电容	47 μF	1				

三、实训原理

报警器电路原理图如图 12 – 11 所示。

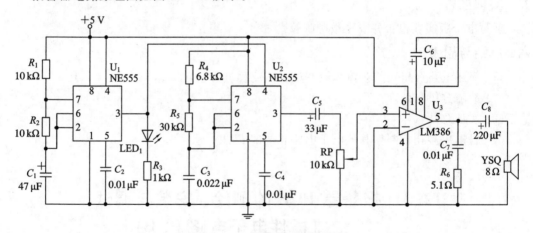

图 12 – 11　报警器电路原理图

四、实训内容

（1）根据已发报警器 PCB 板（如图 12 – 12 所示）手工绘出电路原理图，并正确分析该电路的工作原理。

（2）根据套件元件及手工绘制的电路原理图用 Protel 软件绘制电路原理图、PCB 图，打印电路原理图，方便制作。

（3）元器件插装前逐一检查质量。

（4）在 PCB 板上按电路图插装元器件，经检查无误后焊好，保证焊接质量。

（5）经检查无误后通电调试。先分级调试

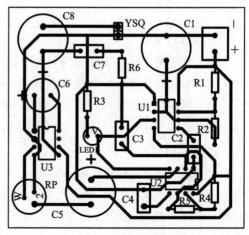

图 12 – 12　报警器 PCB 板

电路，然后联调至调出响亮的报警音，用示波器观察输出波形。

（6）在多孔板上设计、焊接、调试好一个+5 V 的直流稳压电源，将此+5 V 的直流稳压电源作为报警器的电源，整体联调成功。用 Protel 软件绘制整体电路图，电路的电源为～220 V。

五、实训报告

撰写电子版实训报告并发至教师邮箱。

六、总结与思考

（1）组装 PCB 板时应注意些什么？

（2）你能用 Protel 软件将原 PCB 图改进得更好吗？能降低制作成本吗？请试试！

（3）故障分析与处理。

（4）实训总结。

根据装配图或实物图测绘电路原理图的方法与技巧

测绘电路图要求做到准确无误，不多画、不漏画、不错画，把所有元器件的电流通路都表示清楚。

1. 测绘具体步骤

（1）绘出或拍照产品元器件装配图（包括元件布局图、面板装配图、印制电路图），然后打印出来。

（2）给所有元器件标出统一的序号，如 C_1、C_2、…、C_{10}、R_1、R_2、…、R_4 等，已有序号的按原序号标出，没有序号的需自己编上序号。

（3）查出电源正、负端位置，凡与电源正端相连的元件焊点、印制板电路结点均用彩笔画成红色，凡与电源负端相连的结点画成绿色。

（4）查清元器件间的相互连线及它们同印制板引出脚的连线，并画在装配图上。

（5）绘出电路草图。为防止出现漏画、重画现象，每查一个焊点必须把与此点相连的所有元器件引线查完后再查下一个点。边查边画，同时用铅笔将装配图上已查过的点、元器件勾去。

（6）复查。草图画完后再将草图与装配图对照检查一遍，看有无错、漏之处。

（7）将草图整理成标准的电路原理图。所谓标准的电路原理图，应具备以下条件：①电路符号、元器件序号正确。②元器件供电通路清晰。③元器件分布均匀、美观。

（8）结合装配图或实物图，综合分析所测绘的电路原理图的工作原理，根据电路的信号流向调整所绘电路原理图中的元件位置，按电路原理图的绘制规范最终绘制出正确无误的电路原理图。

（9）如果原装配图的元件没有序号，则审核分析所测绘的电路原理图正确无误后，还需对标准的电路原理图的元件按排列顺序重新编定序号。修改装配图元器件编号，使之与最后绘制的标准的电路原理图中的元器件编号一致。

2. 注意事项

在测绘电路图的过程中，要掌握一定的方法和技巧，以保证绘制出的图形正确无误。

(1) 认清单元电路功能。

(2) 认清 PCB 板上集成电路或元件的型号。

(3) 识别出集成电路型号后，查阅相关资料，参考该芯片的典型应用电路结合装配图或实物图进行分析，绘制出实际的电路图形。

(4) 以核心元件的供电端和信号输入、输出端作为识别的出发点。

12.4　自动照明电路 PCB 的测绘、安装与调试
(贴片电子电路 PCB)

一、实训目的

(1) 掌握电子电路识图及分析的方法。

(2) 掌握根据实际印制电路板正确绘制电路原理图、PCB 图的基本方法。

(3) 掌握贴片 PCB 板组装方法，掌握贴片元件及贴片集成电路的焊接。

(4) 掌握电子电路的调试方法，掌握查找故障的基本方法。

(5) 掌握 Word 软件的使用，掌握文档的图文混排。

二、实训器材

计算机、Protel 软件、Word 软件、万用表、印制电路板、实验元件一套（清单见表 12 - 4）、电烙铁、烙铁架、焊锡丝、松香、电源插线板、小镊子、小十字及小一字螺钉旋具、斜口钳、砂纸。

表 12 - 4　自动照明电路元件选择参考表

序号	元件标号	参数值	封装	数量	序号	元件标号	参数值	封装	数量
1	R_1	2 kΩ	1206	1	14	U_1	7805	TO - 126	1
2	R_2、R_3	1 kΩ	AXIAL0.4	共 2	15	U_2	CS3020	TO - 126	1
3	R_4	10 kΩ	1206	1	16	U_3	NE555	SO8	1
4	R_5	1 kΩ	1206	1	17	U_4	4013	SO14	1
5	R_6	300 Ω	1206	1	18	LED	φ5	自画	2
6	C_1	470 μF	自画	1	19	CG	磁钢		1
7	$C_2 \sim C_3$	0.1 μF	1206	共 2	20	LAMP	~220 V 15 W		1
8	$C_4 \sim C_5$	100 μF	自画	共 2	21	IC 座		DIP8	2.5
9	C_6	0.01 μF	1206	1	22	IC 座		DIP14	1
10	$V_{D1} \sim V_{D4}$	1N4007	DIODE0.4	共 4	23		单排插针		22 针
11	T_1	Z0409MF	TO - 126	1	24		绝缘导线		
12	T_r	~220 V/~9 V		1	25	PCB(自画)	图 12 - 16		1
13		2 线连接器	自画	3	26	PCB(自画)	图 11 - 23		2 对

三、实训原理

霍尔开关 CS3020 基本应用电路如图 12-13 所示。磁钢(CG)靠近 CS3020 时，其 3 脚输出低电平(约 0.1 V)；磁钢(CG)离开 CS3020 时，其 3 脚输出高电平(约 5 V)。

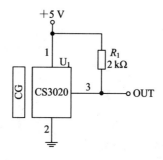

图 12-13　CS3020 基本应用电路

自动照明模拟电路如图 12-14 所示。

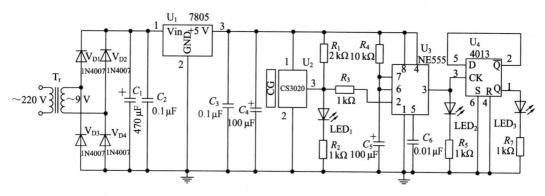

图 12-14　自动照明模拟电路

自动照明模拟电路工作过程如下：

初始状态设定为磁钢(CG)离开 CS3020，且此时 LED₁ 亮，LED₂、LED₃ 灭。

(1) 磁钢(CG)靠近 CS3020，此时 LED₁ 灭，LED₂、LED₃ 亮，LED₂ 延时一段时间灭；很快磁钢(CG)离开 CS3020，LED₁ 亮，LED₃ 仍亮。

(2) 磁钢(CG)靠近 CS3020，此时 LED₁ 灭，LED₂ 亮，LED₃ 灭，LED₂ 延时一段时间灭；很快磁钢(CG)离开 CS3020，LED₁ 亮，LED₃ 仍灭。

自动照明电路原理图如图 12-15 所示。

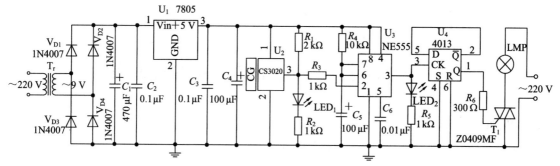

图 12-15　自动照明电路原理图

四、实训内容

(1) 根据已发自动照明的电路 PCB 板(如图 12 - 16 所示)手工绘出电路原理图,并正确分析该电路的工作原理。

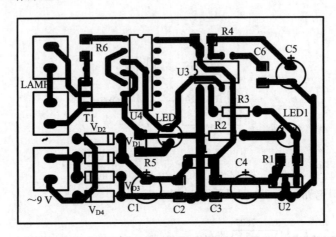

图 12 - 16　自动照明电路 PCB 图

(2) 根据套件元件及手工绘制的电路原理图用 Protel 软件绘制电路原理图、PCB 图,打印电路原理图,方便制作。

(3) 在印制电路板上焊好各元件和集成电路插座,要求焊接工艺良好。

(4) 贴片集成电路转接插件的制作。将贴片集成电路焊好,进一步完成 SO8 转 DIP8 的转接插件和 SO14 转 DIP14 的转接插件的制作。

(5) 按图 12 - 15 安装好全部元器件,检查无误后接通电源,先分级调试,再整机调试至成功。

五、实训报告

撰写电子版实训报告并发至教师邮箱。

六、总结与思考

(1) 分析图 12 - 14 自动照明模拟电路的工作原理。

(2) 分析图 12 - 15 自动照明电路的工作原理。

(3) 如果制作产品,图 12 - 15 中的 LED_1、LED_2、R_2、R_5 能否不要,为什么?能作进一步的改进吗?画出改进后的原理图和 PCB 图。

(4) 故障分析与处理。

(5) 实训总结。

12.5　ZX2031FM 微型收音机的安装与调试

一、实训目的

(1) 了解贴片元器件的封装,掌握贴片元器件的检测。

(2) 熟悉 SMT 工艺流程。

（3）掌握贴片元器件的手工焊接。进一步练习焊接技术。

（4）熟悉电子产品的调试工艺流程。

二、实训器材

万用表、ZX2031FM 微型贴片收音机套件一套（清单见表 12-5）、7 号电池一对、电烙铁、烙铁架、焊锡丝、松香、电源插线板、小镊子、小十字及小一字螺钉旋具、斜口钳、砂纸。

表 12-5　ZX2031FM 微型收音机套件材料清单

类别	代号	规格	型号/封装	数量	备注	类别	代号	规格	型号/封装	数量	备注
电阻	R_1	153	2012 公制 （0805 英制）	1		电感	L_1			1	磁珠
	R_2	154		1			L_2	4.7 μH		1	黄紫金银
	R_3	122		1			L_3	78 nH		1	8 匝
	R_4	562		1			L_4	70 nH		1	5 匝
	R_5	681	蓝灰棕金	1		半导体	V_{D1}	B910 Q06		1	变容 二极管
电容	C_1	222	2012 公制 （0805 英制）	1			V_{D2}	绿	φ3	1	发光二极管
	C_2	104		1			V_1	L6	SOT-23	1	NPN 型三极管
	C_3	221		1			V_2	2A	SOT-23	1	PNP 型三极管
	C_4	331		1		塑料件			前盖	1	
	C_5	221		1					后盖	1	
	C_6	332		1					电位器钮（内、外）	各1	
	C_7	181		1					开关钮（有缺口）	1	Scan 键
	C_8	681		1					开关钮（无缺口）	1	Reset 键
	C_9	683		1					卡子	1	
	C_{10}	104		1		金属件			电池片（3 件）		正、负连接片各 1
	C_{11}	223		1					自攻螺钉	3	
	C_{12}	104		1					电位器螺钉	1	φ1.6×5
	C_{13}	471		1		其他			印制电路板	1	55 mm×25 mm
	C_{14}	33 pF		1					耳机 32Ω×2	1	
	C_{15}	82 pF		1					RP（带开关电位器）	1	51 kΩ
	C_{16}	104		1			S_1、S_2（轻触开关）			各1	
	C_{17}	332	CC	1			XS（耳机插座）			1	φ3.5
	C_{18}	100 μF	CD	1	φ6×6				实习指导书	1	
	C_{19}	223	CT	1							
IC	SC1088	SOP16		1							

三、FM 微型贴片收音机实训产品简介

1. 产品特点

ZX2031FM 微型收音机外观如图 12-17 所示，该产品具有如下特点：

（1）采用电调谐单片 FM 收音机贴片集成电路，调谐方便准确。

（2）接收频率为 87～108 MHz。

（3）较高接收灵敏度。

（4）外形小巧，便于随身携带。

（5）电源范围大，1.8～3.5 V。

（6）内设静噪电路，抑制调谐过程中的噪声。

图 12-17　外观图

2. 工作原理

ZX2031FM 微型收音机电路原理图如图 12-18 所示。电路的核心是单片收音机贴片集成电路 SC1088，它采用特殊的低中频（70 kHz）技术，外围电路省去了中频变压器和陶瓷滤波器，使电路简单可靠，调试方便。SC1088 采用 SO-16 封装，引脚功能如表 12-6 所列。

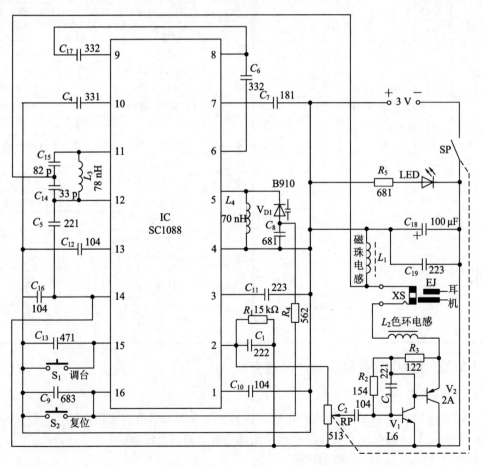

图 12-18　ZX2031FM 微型收音机电路原理图

表 12－6　SC1088 引脚功能

引脚	功能	引脚	功能	引脚	功能	引脚	功能
1	静噪输出	5	本振调谐回路	9	中频输入	13	限幅器失调电压电容
2	音频输出	6	中频反馈	10	中频限幅放大器的低通电容器	14	接地
3	AF 环路滤波	7	1 dB 放大器的低通电容器	11	射频信号输入	15	全通滤波电容搜索调谐输入
4	Vcc	8	中频输出	12	射频信号输入	16	电调谐 AFC 输出

注：AFC 即自动频率控制(Automatic Frequence Control)。

1) FM 信号输入

调频信号由耳机线馈入经 C_{14}、C_{15} 和 L_3 的输入电路进入 IC 的 11、12 脚混频电路。此处的 FM 信号没有调谐的调频信号，即所有调频电台信号均可进入。

2) 本振调谐电路

本振电路中关键元器件是变容二极管，它是利用 PN 结的结电容与偏压有关的特性制成的"可变电容"。

如图 12－19(a)所示，变容二极管加反向电压 U_d，其结电容 C_d 与 U_d 的特性曲线如图 12－19(b)所示，是非线性关系。这种电压控制的可变电容广泛用于电调谐、扫频等电路。

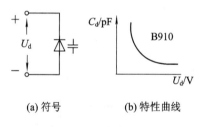

(a) 符号　　　　　　(b) 特性曲线

图 12－19　变容二极管

本电路中，控制变容二极管 V_{D1} 的电压由 IC 第 16 脚给出。当按下扫描开关 S_1 时，IC 内部的 RS 触发器打开恒流源，由 16 脚向电容 C_9 充电，C_9 两端电压不断上升，V_{D1} 电容量不断变化，由 V_{D1}、C_8、L_4 构成的本振电路的频率不断变化而进行调谐。当收到电台信号后，信号检测电路使 IC 内的 RS 触发器翻转，恒流源停止对 C_9 充电，同时在 AFC (Automatic Frequence Control)电路作用下，锁住所接收的广播节目频率，从而可以稳定接收电台广播，直到再次按下 S_1 开始新的搜索。当按下 Reset 开关 S_2 时，电容 C_9 放电，本振频率回到最低端。

3) 中频放大、限幅与鉴频

电路的中频放大、限幅及鉴频电路的有源器件及电阻均在 IC 内。FM 广播信号和本振电路信号在 IC 内混频器中混频产生 70 kHz 的中频信号经内部 1 dB 放大器、中频限幅器，送到鉴频器检出音频信号，经内部环路滤波后由 2 脚输出音频信号。电路中 1 脚的 C_{10} 为静噪电容，3 脚的 C_{11} 为 AF(音频)环路滤波电容，6 脚的 C_6 为中频反馈电容，7 脚的 C_7 为低通电容，8 脚与 9 脚之间的电容 C_{17} 为中频耦合电容，10 脚的 C_4 为限幅器的低通电容，13

脚的 C_{12} 为中频限幅器失调电压电容，C_{13} 为滤波电容。

4）耳机放大电路

由于用耳机收听，所需功率很小，本机采用了简单的晶体管放大电路，2 脚输出的音频信号经电位器 RP 调节电量后，由 V_1、V_2 组成复合管甲类放大。R_1 和 C_1 组成音频输出负载，线圈 L_1 和 L_2 为射频与音频隔离线圈。这种电路耗电大小与有无广播信号以及音量大小关系不大，不收听时要关断电源。

四、实训产品安装工艺

1. 安装流程

SMT 实训产品手工装配工艺流程如图 12-20 所示。

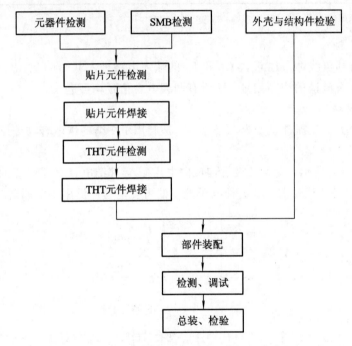

图 12-20　SMT 实训产品手工装配工艺流程

2. 安装步骤及要求

1）技术准备

（1）了解 SMT 基本知识及相关术语。

SMT 基本知识包括：SMC/SMD 特点及安装要求、SMB 设计及检验、SMT 工艺流程、再流焊工艺及设备。

SMT 相关术语：

SMT——表面组装技术，SMB——表面组装印制电路板，SMC——表面组装元件，SMD——表面组装器件，THT——通孔插装技术，THC——通孔插装元件。

（2）了解实训产品简单原理。

（3）了解实训产品结构及安装要求。

2）安装前检查

（1）对照图 12-21 检查 SMB。

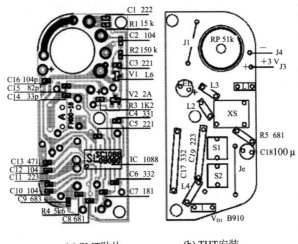

(a) SMT贴片   (b) THT安装

图 12-21 印制电路板安装

- 图形是否完整，有无短路、断路缺陷。
- 孔位及尺寸。
- 表面涂覆（阻焊层）。

（2）外壳及结构件检查。

- 按材料表清查零件品种、规格及数量。
- 检查外壳有无缺陷及外观损伤。
- 耳机。

（3）THT 元件检测。

- 电位器阻值调节特性。
- 电容、线圈、插座、开关的好坏。
- 判断 LED、电解电容、变容二极管的好坏及极性。

3）贴片元件检测及焊接

（1）贴片元件检测。

- 贴片电阻、贴片电容的好坏。
- 判断贴片三极管的好坏及 e、b、c 极的判断。
- 贴片集成电路 SC1088（SOP16 封装）外观检查。

（2）对照图 12-21（a）手工焊接贴片元件。焊完所有贴片元件后仔细检查，在需要的地方吸掉多余的焊锡，以消除任何短路和搭接。最后用镊子检查是否有虚焊，检查完成后，将硬毛刷浸上酒精沿引脚方向仔细擦拭，直到助焊剂消失为止。

焊接顺序：C_1/R_1、C_2/R_2、C_3/V_1、C_4/V_2、C_5/R_3、$C_6/SC1088$、C_7、C_8/R_4、C_9、C_{10}、C_{11}、C_{12}、C_{13}、C_{14}、C_{15}、C_{16}。

注意：

① SMC 和 SMD 不得用手拿。

② 用镊子夹持元件体，不可夹持到引线上。

③ SC1088 标记方向不能装错。

④ 贴片电容表面没有标志，一定要保证准确、及时焊到指定位置。

⑤ NPN 型与 PNP 型贴片三极管要认清，避免焊错。

⑥ 贴片阻容元件每测完一个要立即进行焊接。

（3）检查焊接质量及修补。

4）安装 THT 元器件

参见图 12 - 21(b)。

（1）安装并焊接电位器 RP，注意电位器要与印制电路板平齐。

（2）焊接耳机插座 XS。

（3）焊接轻触开关 S_1、S_2 跨接线 J_1、J_2(可用剪下的元件引线)。

（4）焊接变容二极管 V_{D1}(注意极性方向标记)、R_5、C_{17}、C_{19}。

（5）焊接电感线圈 $L_1 \sim L_4$(小磁珠 L_1，红色 L_2，8 匝线圈 L_3，5 匝线圈 L_4)。

注意：小磁珠 L_1 的两引线端为漆包线，引线不能剪得太短，焊前要将其端头的漆用砂纸去掉后上锡，然后再焊接，否则易虚焊。

（6）焊接电解电容 C_{18}(100 μF)，注意贴板装。

（7）焊接发光二极管 LED，注意极性要正确，高度以刚好嵌入面板为宜。

（8）焊接电源连接线 J_3、J_4，要注意正、负连线的颜色。

3. 调试及总装

1）调试

（1）所有元器件焊接完成后须目视检查。

· 元器件：型号、规格、数量及安装位置、方向是否与图纸符合。

· 焊点：有无虚焊、漏焊、桥接、飞溅等缺陷。

（2）测总电流。

① 检查无误后将电源线焊到电池片上。

② 在电位器开关断开的状态下装入电池。

③ 插入耳机。

④ 用万用表的直流电流挡 200 mA(数字表)或 50 mA 挡(指针表)跨接在开关两端测电流。用指针式万用表时注意表笔极性。

正常电流应为 7～30 mA(与电源电压有关)且 LED 正常点亮。表 12 - 7 为样机测试参考结果。

表 12 - 7　正常情况下工作电压与工作电流的关系

工作电压/V	1.8	2	2.5	3	3.2
工作电流/mA	8	11	17	24	28

注：如果电流为零或超过 35 mA 应检查电路。

（3）搜索电台广播。如果电流在正常范围，可按下 S_1 搜索电台广播。只要元器件质量完好，安装正确，焊接可靠，不用调任何部分即可收到电台广播。

如果收不到电台广播应仔细检查电路，特别要检查有无错装、虚焊、漏焊等缺陷。

（4）调接收频段(俗称调覆盖)。我国调频广播的频率范围为 87～108 MHz，调试时可找一个当地频率最低的 FM 电台，适当改变 L_4 的匝间距，使按过 Reset 键后第一次按 Scan 键便可收到这个电台。由于 SC1088 集成度高，如果元器件一致性较好，一般收到低端电台后均可覆盖 FM 频段,故可不调高端电台而仅做检查即可(可用一个成品 FM 收音机对照检查)。

如果能听到声音而收不到电台,有可能是 SC1088 质量不佳,可更换芯片后再试。

拆焊 SC1088 芯片时一定要注意不要损坏 PCB 上的焊盘。

(5)调灵敏度。本机灵敏度由电路及元器件决定,一般不用调整,调好覆盖后即可正常收听。

无线电爱好者可在收听频段中间电台时适当调整 L_4 匝距,使灵敏度最高(耳机监听音量最大)。不过实际效果不明显。

2)总装

(1)蜡封线圈。调试完成后将适量泡沫塑料填入线圈 L_4(注意不要改变线圈形状及匝距),再滴入适量蜡使线圈固定。

(2)固定 SMB/装外壳。

① 将外壳面板平放到桌面上(注意不要划伤面板)。

② 将 2 个按键帽放入孔内,如图 12 - 22 所示。

注意:Scan 键帽上有缺口,放键帽时要对准机壳上的凸起,Reset 键帽上无缺口。安装完后两按键帽不得凹陷,并应按动灵活。

③ 将 SMB 对准位置放入外壳内。

a. 注意对准 LED 位置,若有偏差可轻轻掰动,偏差过大必须重焊。

b. 注意三个孔与外壳螺柱的配合,如图 12 - 23 所示。

c. 注意电源线不应妨碍机壳装配。

④ 装上中间螺钉,如图 12 - 24 所示,注意螺钉的旋入手法。

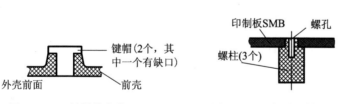

图 12 - 22　键帽的安放　　　　图 12 - 23　螺纹连接　　　　图 12 - 24　螺钉位置

⑤ 装电位器旋钮,注意旋钮上的凹点位置(参照图 12 - 17)。

⑥ 装后盖,紧固两边的两个螺钉。

注意:如果两个螺钉上到位后,前后外壳间仍不能完全合拢,通常是由于螺钉太长了,可想办法在螺钉与外壳间垫上一些东西使螺钉上到位后前后外壳间可紧密合拢,或将螺钉太长的地方用斜口钳剪掉。千万不可为了让前后外壳完全合拢而强行拧螺钉。

⑦ 装卡子。

3)检查

总装完毕装入电池,插入耳机进行检查。要求:

(1)电源开关手感良好。

(2)音量正常可调。

（3）收听正常。

（4）表面无损伤。

五、实训报告

撰写电子版实训报告并发至教师邮箱。

六、总结与思考

总结贴片收音机的调试方法。

附　　录

附录 A　电子电路设计软件 Protel 99 SE 的常用元件

1. 原理图元件

用 Protel 99 SE 绘制电路原理图时，常用元件集中在 Miscellaneous Devices. ddb数据库中，如表 A - 1 所示；常用集成电路则集中在 Protel DOS Schematic Libraries. ddb 数据库中，如表 A - 2 所示。

表 A - 1　Miscellaneous Devices. lib 常用元件

元件名		图　形	元件名		图　形
RES	电阻		POT2	电位器	
CAP	电容		ELECTRO1	电解电容	
DIODE	二极管		ZENER1	稳压二极管	
LED	发光二极管		FUSE1	熔断器	
BATTERY	电池组		LAMP	灯	
INDUCTOR1	电感		INDUCTOR2	铁芯电感	
CAPVAR	可变电容		TRANS1	铁芯变压器	
VOLTREG	集成稳压器 7805～7824		BRIDGE1	整流桥	
BUZZER	蜂鸣器		SPEAKER	扬声器	
CRYSTAL	晶振		PHOTO	光敏二极管	
NPN	NPN 型 三极管		PNP	PNP 型 三极管	
NPN- PHOTO	NPN 型 光敏三极管		PNP- PHOTO	PNP 型 光敏三极管	

续表

元件名		图形	元件名		图形
SCR	单向晶闸管		TRIAC	双向晶闸管	
SW – SPST	开关		SW – PB	按钮	
OPTOISO1	光耦		SW – SPDT	转换开关	
RELAY – SPST	有1组常开触点的继电器		RELAY – SPDT	有1组转换触点的继电器	
JFET N	N 沟道结型场效应管		JFET P	P 沟道结型场效应管	
MOSFETN	N 沟道绝缘栅场效应管		MOSFET P	P 沟道绝缘栅场效应管	
SOURCE VOLTAGE	电压源		SOURCE CURRENT	电流源	

表 A – 2　Protel DOS Schematic Libraries. ddb 常用元件

原理图元件库	常用元件
Protel DOS Schematic 4000 CMOS. lib	CMOS 4000 系列
Protel DOS Schematic Comparator. lib	LM311、LM339、LM393、TL331
Protel DOS Schematic Linear. lib	NE555、NE556
Protel DOS Schematic Operational Amplifiers. lib	LM324、LM358、OP – 07、UA741
Protel DOS Schematic TTL. lib	TTL 74、74ALS、74AS、74F、74HC、74LS、74S 系列
Protel DOS Schematic Voltage Regulators. lib	LM317H、LM337H、LM7805CT、LM7905CT

2. PCB 封装

Protel 99 SE 中的常用印制板元件库 Advpcb. ddb 及其他元件库中的元件封装如表 A – 3、表 A – 4 所示。

表 A-3　PCB Footprints. lib 常用封装

封装	图形	常用元件	引线间距	常用封装
AXIAL0.3~1.0		电阻		AXIAL0.4
DIODE0.4 DIODE0.7		二极管		DIODE0.4
RAD0.1~0.4		无极性电容		RAD0.1~0.2
RB.2/.4~ RB.5/1.0		电解电容		RB.2/.4
TO-126		三极管、场效应 管、集成稳压器	100 mil	
XTAL1		晶振	200 mil	
POWER4		4 针连接器	200 mil	
FLY4		4 针连接器	150 mil	
SIP2~9		单列直插	100 mil	
DIP8~40		双列直插	100 mil	
VR5		电位器		
0402、0603… …7243、7257		矩形贴片 电阻、电容		1206、0805
SOT-23		贴片三极管		
MELF1 MELF2		MELF 圆柱形 贴片电阻		
SOP		小外型封装集成 电路翼形引脚	50 mil	
SOJ		小外型封装集成 电路 J 形引脚	50 mil	
PLCC		塑料片式载体集成 电路 J 形引脚	50 mil	
QFP		四边引线扁平封装 翼形引脚		

表 A－4　其他常用封装

PCB 元件库	封装	图形	引线间距	常用元件
Transistors. ddb /Transistors. lib	TO92C		100 mil	三极管
International Rectifiers. ddb /International Rectifiers. lib	D－38			整流桥
	SMB/P4.5			贴片二极管

附录 B　电子电路仿真软件 Proteus ISIS 的常用元件

Proteus ISIS 中的库元件是按类存放的，存放顺序：类→子类→元件，常用元件如表 B－1～表B－19 所列。

表 B－1　Analog ICs（模拟集成器件类）

子类	含义	常用元件		
Amplifier	放大器	LM386		
Comparators	比较器	LP311、LP339、TLC393、TLC339		
Miscellaneous	混杂器件	ULN2803、ULN2003A、LM331、LM2907		
Regulators	集成稳压器	7805 ～7824	7905 ～7924	TL431
		LM317T	LM337T	
Timers	定时器	555、7555、NE555		

表 B－2　Capacitors（电容类）

子类	含义	常用元件		
Generic	普通电容	CAP	电容	
		CAP－ELEC	电解电容	

表 B - 3　CMOS 4000 series（CMOS 4000 系列数字电路）

常用门电路			
AND 与门	U1:A 4081	NAND 与非门	U1:A 4011
OR 或门	U1:A 4071	NOR 或非门	U1:A 4001
NOT 非门	U1:A 4069	XOR 异或门	U1:A 4030

注：具体的各类元件直接输入型号（如 4511）即可查找。

表 B - 4　Diodes（二极管类）

子类	含义	常用元件	
Bridge Rectifiers	整流桥	Bridge、2W04、2W08	
Generic	普通二极管	Bridge 整流桥	
		DIODE - ZEN 稳压二极管	
		DIODE 二极管	
Rectifiers	整流二极管	1N4001～1N4007、1N5400～1N5408	
Switching	开关二极管	1N4148、1N4448	
Zener	稳压二极管	1N4073～1N992B	

表 B - 5　Electromechanical（电机类）

常用元件			常用元件		
MOTOR	直流电机		MOTOR - STEPPER	步进电机	+88.8

表 B - 6　Inductors（电感类）

子类	含义	常用元件	
Generic	普通电感	IND - AIR 空芯电感	
		IND - IRON 铁芯电感	
Transformers	变压器	TRAN - 2P2S	

表 B - 7　Microprocessor ICs(微处理器芯片类)

子类	含义	常用元件
8051 Family	8051 系列	80C51、AT89C2051、AT89C51、AT89C52、MAX232

表 B - 8　Miscellaneous(常用混杂元件类)

常用元件	常用元件	
IRLINK 光耦	BATTERY 电池组	
TORCH - LDR 光敏电阻	CELL 电池	
TOUCHPAD 触摸键	CRYSTAL 晶振	
TRAFFIC LIGHTS 交通灯	FUSE 熔断器	

表 B - 9　Operational Amplifiers(运算放大器类)

子类	含义	常用元件
Dual	双运放	LM358N、OP200AP
Quad	四运放	LM324、OPA4342PA
Ideal	理想运放	OP1P、OPAMP
Single	单运放	741、LM741、OP07

表 B - 10　Resistors (电阻类)

子类	含义	常用元件	
Generic	普通电阻	RES	
Variable	电位器	POT - LIN(直线式)	
		POT - LOG(对数式)	
		POT - HG(指数式)	

表 B - 11　Simulator Primitives (仿真源类)

子类	含义	常用元件	
Sources	输入源	ALTERNATOR	交流电压源	
		BATTERY	电池组	
		CLOCK	时钟脉冲	
		CSOURCE	直流电流源	
		VSOURCE	直流电压源	

表 B - 12 Optoelectronics（光电器件类）

子类	含义	子类	含义
7(14、16)- Segment Displays	7(14、16)段显示	LCD Controllers	液晶控制器
		LCD Panels Displays	液晶面板显示
Alphanumeric LCDs	液晶数码显示	LEDs	发光二极管
Bargraph Displays	条形显示	Optocouplers	光电耦合
Dot Matrix Displays	点阵显示	Serial LCDs	液晶显示
Graphical LCDs	液晶图形显示	Lamps	灯

表 B - 13 7 - Segment Displays 子类（常用元件）

7SEG - COM - AN - BLUE	蓝色1位7段共阳数码管（无小数点）	
7SEG - COM - AN - GRN	绿色1位7段共阳数码管（无小数点）	
7SEG - COM - ANODE	红色1位7段共阳数码管（无小数点）	
7SEG - COM - CAT - BLUE	蓝色1位7段共阴数码管（无小数点）	
7SEG - COM - CAT - GRN	绿色1位7段共阴数码管（无小数点）	
7SEG - COM - CATHODE	红色1位7段共阴数码管（无小数点）	
7SEG - MPX1 - CA	红色1位7段共阳数码管（有小数点）	
7SEG - MPX1 - CC	红色1位7段共阴数码管（有小数点）	

表 B - 14 LEDs 子类（常用元件）

LED(发光二极管)	
LED - BLUE、LED - GREEN、LED - RED、LED - YELLOW(发光二极管)	

表 B - 15 Speaker & Sounders(扬声器类)

常用元件	
BUZZER 蜂鸣器	
SPEAKER 扬声器	
SOUNDER 音响发声器	

表 B‑16　**Switches and Relays**(开关和继电器类)

子类	含义	常用元件	
Relays(Generic)	普通继电器	RLY‑SPCO 有 1 组转换触点的继电器	
		RLY‑SPNO 有 1 组常开触点的继电器	
Switches	开关	BUTTON 按钮	
		SW‑DPDT 双联转换开关	
		SW‑DPST 双联开关	
		SW‑SPDT 转换开关	
		SW‑SPST、SWITCH 开关	
		各种开关	

表 B‑17　**Switching Devices**(开关器件类)

子类	含义	常用元件					
Generic	普通开关元件	DIAC 双向二极管		SCR 单向晶闸管		TRIAC 双向晶闸管	

表 B‑18　**Transistors**(晶体管类)

子类	含义	常用元件	
Generic	普通晶体管	NJFET N 沟道结型场效应管	
		PJFET P 沟道结型场效应管	
		NMOSJFET N 沟道绝缘栅场效应管	
		PMOSJFET P 沟道绝缘栅场效应管	
		NPN NPN 型三极管	
		PNP PNP 型三极管	
Bipolar	双极型晶体管		
JFET	结型场效应管		
MOSFET	金属氧化物场效应管		

表 B-19 TTL 74 系列数字电路

类	含 义	类	含 义
TTL 74 series	74 系列	TTL 74HC series	74HC 系列
TTL 74ALS series	74ALS 系列	TTL 74HCT series	74HCT 系列
TTL 74AS series	74AS 系列	TTL 74LS series	74LS 系列
TTL 74F series	74F 系列	TTL 74S series	74S 系列

注：具体的各类元件直接输入型号（如 74LS138）即可查找。

附录 C 实验、实训报告的撰写

实验、实训报告的撰写非常重要。学生以理论知识为基础，先对实验、实训课题进行深入的研究与准备，再通过实践完成操作与制作，在实践的过程中每一位学生无一例外地反复进行了理论知识指导实践、实践巩固加深理论知识的探究，实验的成功使他们收获很多，这时通过实验、实训报告的撰写及时记录从预习到完成实验的整个过程中的分析与思考很有必要。通过实验、实训报告的撰写将学生所学理论与实践相结合，使其专业知识与技能得到升华内化，不易遗忘。特别是一份高质量的电子版实训报告的成功撰写给学生带来的成就感远远胜过实训本身，这样的实训报告既能作为学生毕业后的求职资料，还能作为学生大学生涯的纪念。

1. 手工实验报告撰写格式

实际操作的电子工艺实验的实验报告通常采用手工撰写，不要求千篇一律，但应主要包含实验名称、实验目的、实验器材、实验原理图、实验内容（包括实验步骤及调试方案）、实验记录与分析、故障分析与处理、实验总结等内容。具体撰写格式详见"手工实验报告格式范例"。

2. 电子版电子工艺实训报告撰写格式

由于每个实际操作的电子工艺实训的内容十分丰富，覆盖全面，受时间、地点及实验条件等多种限制，仿真实验可在学生自己的电脑上完成，实际操作在课堂上没完成的也可课后继续完成，即将实训延伸到课后，有利于学生的自主学习。每个电子工艺实训的实训报告通常采用电子文档的形式撰写，不要求千篇一律，但应主要包含封面、实验目的、实验要求、实验设备、实验项目、实验内容（实验步骤、电路工作原理、故障分析与处理）、实验总结等内容。具体撰写格式详见"电子版实训报告模板"。

手工实验报告格式范例

实 验 名 称

一、实验目的

1. 了解……

2. 掌握……

3. ……

二、实验器材

（列出实验所用元件、材料、设备、仪器仪表、工具等。）

三、实验原理图

（手工绘制，要求用尺、笔规范制图，按规范标明元件标号及参数等。）

四、实验内容

（写出具体的实验内容与步骤，要求顺序合理，操作规范，安全可行。）

五、实验记录与分析

1. 列表记录实验数据。

2. 画出各种图形。

六、总结与思考

1. 分析实验电路的工作原理。

2. 分析工艺流程。

3. 故障分析与处理。

4. 实验总结。（收获与提高）

电子版实训报告模板

××××职业技术学院

电子工艺实训报告

课题名称_____

学　　号_____

姓　　名_____

专业班级_____

指导老师_____

年　月

信　息　工　程　系

一、实训目的

1. 掌握电子电路仿真调试的方法。
2. 掌握电子电路识图，掌握元器件的插装工艺。
3. 掌握多孔印制板的使用，掌握电路板元件布局与布线的方法和技巧。
4. 熟悉电路板组装、调试工艺流程，掌握故障分析与处理。
5. 掌握 Protel 软件的使用，掌握电路原理图、PCB 图的绘制。
6. 掌握常用技术文件的编制及修改，掌握 Word 软件的图文混排。

二、实训设备及器材

计算机、Proteus 软件、Word 软件、Protel 软件、实验元件一套（见元件清单）、电烙铁、烙铁架、松香、焊锡丝、工具一套、砂纸。

三、实训内容

1. 彩灯控制电路工作原理

（1）彩灯控制电路方框图（Word 软件绘制）。

（2）彩灯控制电路仿真原理图（Proteus 软件绘制），仿真中出现的问题及解决的方法。

（3）彩灯控制电路原理图和 PCB 图（Protel 软件绘制），绘图中出现的问题及解决的方法。

（4）电路工作原理分析（包括技术指标，如稳压电源输出电压、彩灯流动频率等）。

2. 编制彩灯控制电路安装与调试的工艺文件

（1）安装工艺流程。

（2）调试工艺流程。

（3）注意事项。

3. 在多孔印制板上设计制作电路

（1）观察多孔印制板上的印制导线。

该多孔印制板的特点：

（2）元件检测（自己制表，格式参见表 C-1）。

表 C-1　元件检测数据记录表

序号	类型	标称值或参数	数量	测量值或质量

（3）元件布局。

注意事项：

布局时出现的问题及解决的方法：

（4）电路板布线。

注意事项：

布线安装中出现的问题及解决的方法：

（5）调试。

调试中出现的问题及解决的方法：

（6）效果（照片）。

四、实训总结（收获与提高、感想与体会等）

要求：打印实训报告上交，所做 Proteus、Protel、Word 文件（以中文姓名和班级命名）打包发至教师邮箱。

参 考 文 献

［1］ 杨清学. 电子装配工艺［M］. 北京：电子工业出版社，2003.

［2］ 何丽梅. SMT：表面组装技术［M］. 北京：机械工业出版社，2006.

［3］ 李晓虹. 电子电路设计实例教程［M］. 北京：中国铁道出版社，2014.

［4］ 胡宴如. 模拟电子技术［M］. 北京：高等教育出版社，2008.

［5］ 华容茂. 数字电子技术与逻辑设计教程［M］. 北京：电子工业出版社，2002.